Pythonで作って学べるゲームのアルゴリズム入門

廣瀬 豪 著

ソーテック社

- 本書はWindows 10およびmacOS Catalinaで動作確認を行っています。
- 本書で使用しているPythonは、Windows版・Mac版ともにバージョン3.9.1で解説しています。

まえがき

本書はPythonというプログラミング言語を用いて、ゲームを制作しながらアルゴリズムを学ぶ入門書です。

Pythonはソフトウェア開発や学術研究の分野で広く用いられるようになり、企業や教育機関で使われる主要なプログラミング言語の1つになりました。また、**基本情報技術者試験にPythonが加わる**など、情報処理を学ぶ人たちにとっても触れる機会の多い言語になっています。

Pythonの人気が高まったのは、

・記述の仕方がシンプルで、他のプログラミング言語より短い行数でプログラムを組める
・記述したプログラムを即座に実行でき、開発効率に優れている
・ライブラリが豊富で、それらの多くが使いやすい

などの理由からです。

Pythonはプログラミング言語の中で特に学びやすく、誰もが習得できる言語であることも、広く普及した理由として挙げられるでしょう。

本書はアルゴリズムの学習に力を入れています。初学者が理解できるようにプログラミングの基礎からスタートし、**やさしいアルゴリズムから段階を踏んで高度な内容を学ぶ構成**になっていますので、どなたにも安心して手に取っていただけます。

ここで言うアルゴリズムとは、問題を解決するための手順や手法のことです。アルゴリズムを学ぶとさまざまな問題を解決する力が伸びるといわれており、しばらく前からアルゴリズムを学ぶ大切さが、色々なところで説かれるようになりました。

アルゴリズムと聞くと難しそうと考えてしまう方もいるかもしれませんが、心配は無用です。本書は**ゲームを制作していく過程で色々なアルゴリズムを習得できる**ようになっています。

みなさん、ゲームを作りながら、プログラミングとアルゴリズムを楽しく学んでいきましょう！

廣瀬 豪

Contents

Chapter 1 プログラミングとアルゴリズム

Chapter 2 プログラミングの基礎

Chapter 3 ミニゲームを作ろう

Chapter 4 キャンバスに図形を描こう

Chapter 5 三目並べを作ろう

Chapter 6 神経衰弱を作ろう

Chapter 7 リバーシを作ろう ～前編～

Chapter 8 リバーシを作ろう ～後編～

Appendix 特別付録 エアホッケーを作ろう

はじめに　本書のご利用方法

ここでは、読者のみなさんと共にアルゴリズムを学ぶ登場人物を紹介し、本書の活用の仕方とサポートページの利用方法など、はじめに知っておいていただきたいことを説明します。

登場人物プロフィール

本書には次の二人が登場し、みなさんを正しい理解へと導くお手伝いをします。
「鳩山 りか」は補足説明を行うアシスタント、「豊川 優斗」は共に学ぶ青年です。

鳩山 りか

慶王大学理工学部で情報処理を学んだ理系女子。大学卒業後、中堅ソフトウェア制作会社の「パイソン システムズ」に入社し、技術部門でプログラマーをしている。優秀な技術力を買われ、社内の教育係も任されている。

豊川 優斗

明収大学経済学部を卒業後、パイソン システムズの営業販売部門に就職。パイソン システムズは新入社員に技術部門で研修させる決まりがあり、現在、鳩山の下でプログラミングを学んでいる。

本書の学習の流れ

次のステップでプログラミングとアルゴリズムを学んでいきます。

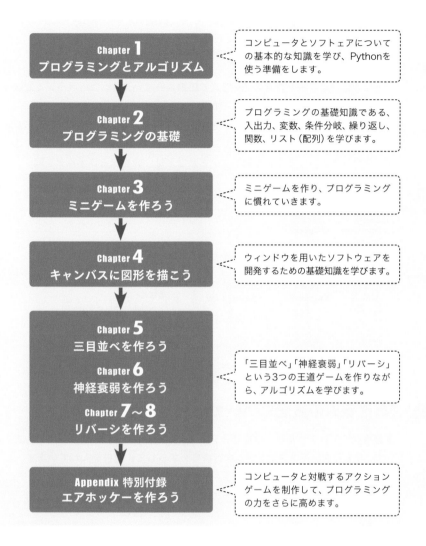

Chapter 1 プログラミングとアルゴリズム

コンピュータとソフトウェアについての基本的な知識を学び、Pythonを使う準備をします。

↓

Chapter 2 プログラミングの基礎

プログラミングの基礎知識である、入出力、変数、条件分岐、繰り返し、関数、リスト（配列）を学びます。

↓

Chapter 3 ミニゲームを作ろう

ミニゲームを作り、プログラミングに慣れていきます。

↓

Chapter 4 キャンバスに図形を描こう

ウィンドウを用いたソフトウェアを開発するための基礎知識を学びます。

↓

Chapter 5 三目並べを作ろう

Chapter 6 神経衰弱を作ろう

Chapter 7～8 リバーシを作ろう

「三目並べ」「神経衰弱」「リバーシ」という3つの王道ゲームを作りながら、アルゴリズムを学びます。

↓

Appendix 特別付録 エアホッケーを作ろう

コンピュータと対戦するアクションゲームを制作して、プログラミングの力をさらに高めます。

筆者からのアドバイス

難しい内容に出会っても、その場で全てを理解しようと悩む必要はありません。すぐに理解できない箇所があれば、付箋紙を貼るなどし、まずはその章を最後まで読んでみましょう。章を通読したら、難しかった箇所を読み直してください。プログラミングは、ある部分が飲み込めると、それまで判らなった別の部分が自然と理解できることがあります。一か所で立ち止まることなく、まずは一通り目を通してみることをお勧めします。本書はゲーム開発が題材ですから、気軽に、そして楽しく学んでいただければと思います。

サンプルプログラムの利用方法

本書に掲載しているプログラムは、書籍のサポートページからダウンロードできます。次のURLからアクセスしてください。

サポートページ　**http://www.sotechsha.co.jp/sp/1284/**

ファイルはパスワード付きのZIP形式で圧縮されています。295ページに記載されているパスワードを正しく入力し、解凍してお使いください。

サンプルは下図のように章ごとにフォルダ分けして保存されています。どのプログラムを使っているかは本書の解説ごとに、リストの上部にファイル名を明記してあります。ご自身でプログラムを入力してうまく動かないときなどは、該当するフォルダを開いてサンプルを参照してください。

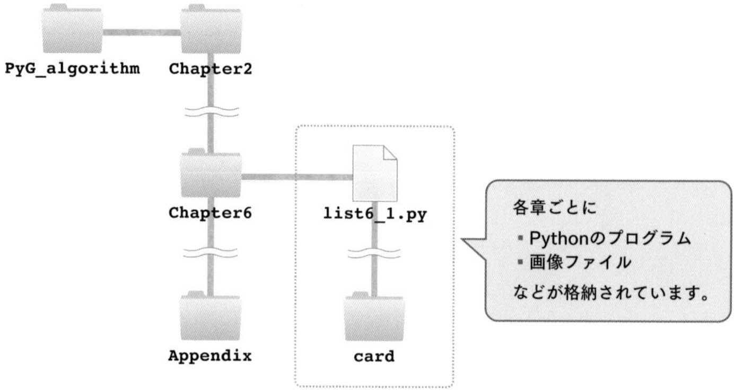

プログラムの表記について

本書掲載のプログラムは、行番号・プログラム・解説の3列で構成されています。
1行に収まらない長いプログラムは行番号をずらして、空白を入れています。

リスト▶例

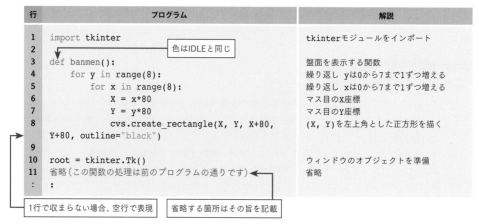

行	プログラム	解説
1	`import tkinter`	tkinterモジュールをインポート
2		
3	`def banmen():`	盤面を表示する関数
4	`    for y in range(8):`	繰り返し　yは0から7まで1ずつ増える
5	`        for x in range(8):`	繰り返し　xは0から7まで1ずつ増える
6	`            X = x*80`	マス目のX座標
7	`            Y = y*80`	マス目のY座標
8	`            cvs.create_rectangle(X, Y, X+80,`	(X, Y)を左上角とした正方形を描く
	`Y+80, outline="black")`	
9		
10	`root = tkinter.Tk()`	ウィンドウのオブジェクトを準備
11	省略（この関数の処理は前のプログラムの通りです）	省略
:	:	

色はIDLEと同じ

1行で収まらない場合、空行で表現

省略する箇所はその旨を記載

はじめてプログラミングを学ばれる方の中には「コンピュータのプログラムってどんなもの？」「アルゴリズムとは何のこと？」という疑問をお持ちの方もいらっしゃることでしょう。
本書ではプログラミングの学習に入る前にそれらの疑問にお答えします。コンピュータについて詳しい方も新しい発見があるかもしれません。一通り目を通してみてください。
それからこの章では、みなさんのパソコンにPythonをインストールし、プログラミングを始める準備をします。

Chapter 1 プログラミングとアルゴリズム

Lesson 1-1 コンピュータ機器とプログラミング言語

コンピュータのプログラムについて理解するには、コンピュータ機器がどのように動いているかを知る必要があります。ここではそれを説明します。

ハードウェアとソフトウェア

パソコン、スマートフォン、ゲーム機などのコンピュータ機器はハードウェアと呼ばれます。それらの機器はシステムソフトウェア（オペレーティングシステム）により制御されています。

パソコンやスマートフォンの中では色々なソフトやアプリが動いています。それらはオペレーティングシステム（OS）上で動くアプリケーションソフトウェアです。例えばインターネットを閲覧するEdgeやSafariなどのブラウザ、文書を入力するWordや表計算を行うExcelなどのオフィスソフトを多くの方が使っていますが、ブラウザやオフィスソフトが代表的なアプリケーションソフトウェアです。

ハードウェアを制御するソフトウェアがOS、OS上で動くソフトウェアがアプリケーションソフトウェアであり、それらの関係をイメージで表すと次のようになります。

図1-1-1　ハードウェア、OS、アプリケーションソフトウェア

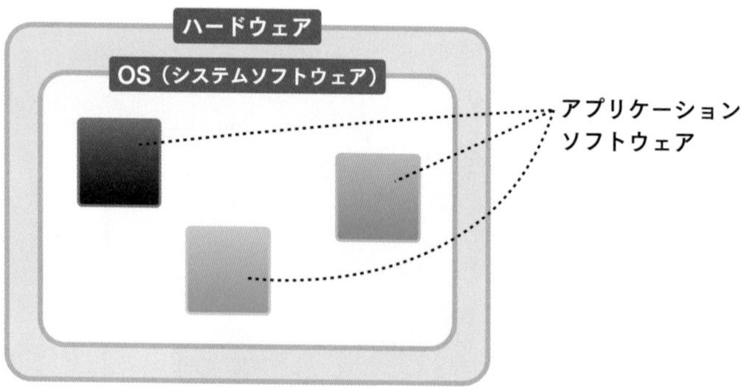

スマートフォンを例にもう少し説明します。スマホにはiOSやAndroidなどのOSが搭載されています。スマートフォンの用途は電話を掛けるだけでなく、SNSアプリを使ったり、カメラを起動して写真を撮ったり、電卓アプリで計算したりします。SNSアプリ、カメラ、電卓などはスマホに搭載されたOS上で動くアプリケーションソフトウェアです。

ハードウェアの基本的な制御を行う**システムソフトウェアと、その上で動く各種のアプリケーションソフトウェアは、全て何らかのプログラミング言語を記述して作られたもの**です。

プログラムは身近な機器の中で動いている

パソコンやスマートフォンを例に説明しましたが、電子回路とプログラムによって動いているものはそれだけではありません。テレビ、エアコン、冷蔵庫、洗濯機、掃除機などの家電製品、自動車やバイク、電車や飛行機などの乗り物、自動販売機、銀行のATM、コンビニのマルチメディア端末など、今日ではあらゆる機器や機械の中にコンピュータ部品が組み込まれています。そしてそれらの製品はさまざまなコンピュータ・プログラムにより制御されています。

図1-1-2　身近な製品の中でプログラムが動いている

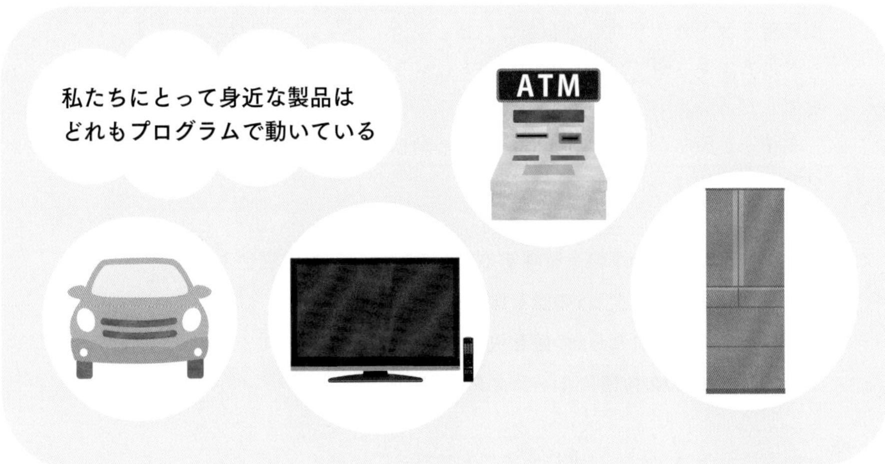

私たちにとって身近な製品は
どれもプログラムで動いている
ATM

そうだったのか。ボクたちは生活の中で、コンピュータのプログラムによって動いている便利なものを色々と使っているのですね。

そうね。私たちの生活は、電子回路とプログラムなしには、もはや成り立たないといっても言い過ぎではないでしょうね。

Lesson 1-2 プログラムとは

コンピュータ・プログラムとは、具体的にどのようなものかについて説明します。

》》》コンピュータのプログラムとは

コンピュータ・プログラムは**コンピュータ機器に処理を命じる指示書**のようなものです。指示書とはどのようなものかをコンピュータ・ゲームを例に説明します。パソコンのキーボードの方向キーや、ゲーム機のコントローラーで主人公のキャラクターを操るゲームを想像してください。

左キーを押すとキャラクターは左に移動し、右キーを押すと右に移動します。これはプログラムで、

- **キャラクターの座標を管理するxやyという変数を用意せよ**
- **左キーが押されたらxの値を決められた数だけ減らせ**
- **右キーが押されたらxの値を決められた数だけ増やせ**
- **画面の(x, y)の位置にキャラクターを描画せよ**

という指示をコンピュータに出すことで行っています。

図1-2-1　コンピュータに指示を出してキャラクターを動かす

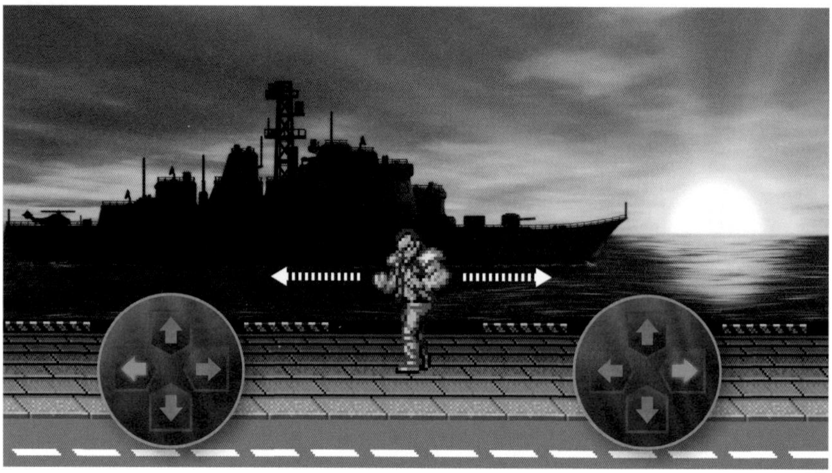

ゲームソフトやゲームアプリだけでなく、全てのソフトウェアやアプリケーションは計算式や命令を組み合わせたコンピュータへの指示書であるプログラムによって動いています。

コンピュータのプログラムはソースコードと呼ばれたり、単にプログラムと呼ばれたりし

ます。本書ではこの先、“プログラム”という呼び方で統一します。またコンピュータ・ゲームは“ゲーム”と呼んで説明します。

色々なプログラミング言語

プログラムを記述する有名なプログラミング言語に、C言語、C++、C#、Java、JavaScriptなどがあります。

図1-2-2　さまざまなプログラミング言語

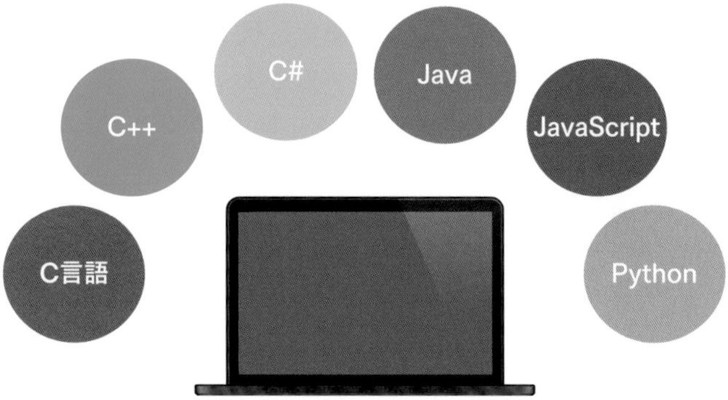

これらの他にSwift、Perl、Ruby、VBAなどの言語があることをご存知の方もいらっしゃるでしょう。

本書で学ぶPythonはさまざまなプログラミング言語の中で、近年、人気が急上昇しました。社内のシステム開発などをPythonで行う企業が増え、基本情報技術者試験にもPythonが採用されるなど、技術者や情報処理を学ぶ人たちにとって触れる機会が増えたプログラミング言語です。

C言語、C++、Javaはシステムソフトウェア開発など広い分野で使われているわ。C#はWindows用のソフトウェア開発に用いられるの。Unityというツールと組み合わせてスマートフォンアプリを開発するのにもC#は用いられているわ。

JavaScriptはどんなプログラミング言語ですか？

JavaScriptはブラウザの裏側で動いているプログラミング言語よ。ホームページに最新情報を表示したり、画像を更新するなどの処理をJavaScriptで行っているの。

プログラムはあらゆるところで動いているのですね。

Lesson 1-3 アルゴリズムとは

アルゴリズムとはどのようなものかを説明します。

アルゴリズムとは

アルゴリズムとは問題を解くための計算方法や、問題を解決する手段を意味する言葉です。アルゴリズムという言葉は古くは筆算を意味しました。例えば78964×251や98435÷736を暗算で計算することは難しいですが、筆算のやり方を覚えれば、途中の計算ミスがない限り、大きな桁数の掛け算や割り算の答えを出すことができます。筆算は大きな数の計算を行うときの重要な手法になります。

現在ではアルゴリズムという言葉は、問題を解く一連の手順を意味します。例えば数学の有名なアルゴリズムに、2つの自然数の最大公約数を求める「ユークリッドの互除法」があります。

プログラムにおけるアルゴリズム

プログラミングでもアルゴリズムという言葉がよく用いられます。コンピュータのプログラムにおけるアルゴリズムとは、ある問題を解く手順をプログラミング言語で記述したものを指します。例えばデータを扱うためのアルゴリズムとして、

- **多数のデータの中から目的の値を探すサーチ**
- **ばらばらに並んだ数値を順に並べ替えるソート**

というアルゴリズムがあります。

図1-3-1　アルゴリズムの例　サーチ

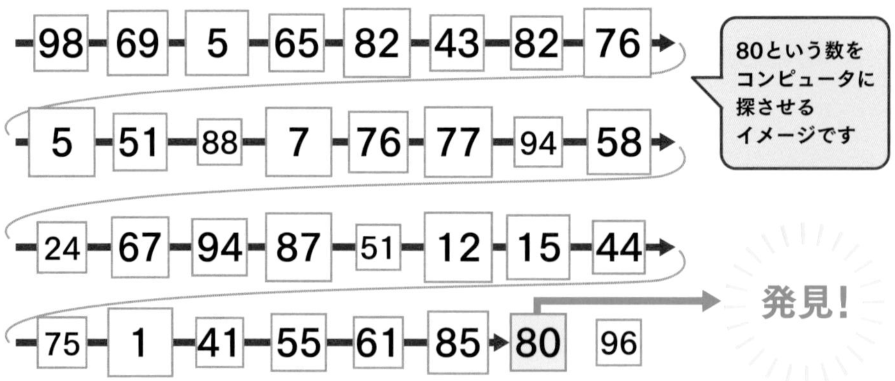

図1-3-2　アルゴリズムの例　ソート

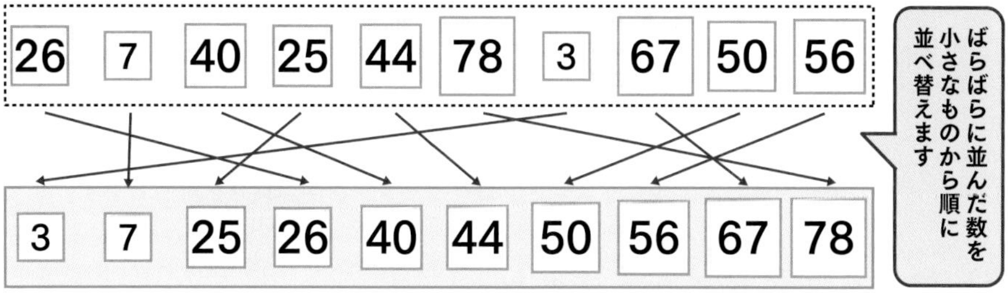

サーチは文書ファイル内にある単語を検索するとき、ソートはコンピュータグラフィックスを描くときなどに用いられます。単語検索やCGの描画はあくまで例の1つであり、実際にはさまざまな処理でサーチやソートのアルゴリズムが使われています。

ゲーム開発では有名なアルゴリズムとして、2つの物体が接触したかを判定するヒットチェックというものがあります。ヒットチェックは本書の特別付録でエアホッケーを制作するときに説明します。

ゲーム開発の問題を解く

さて、ここでLesson 1-2のゲームのキャラクターを動かすことに話を戻します。

キャラクターの画像だけが与えられ、「そのキャラクターをキー入力に応じて動かせ」という問題が出されたとしましょう。キー入力に応じた座標計算と、その位置に画像を描画する方法を知っていれば、その問題を解くプログラムを記述していくことができます。

つまり「キャラクターをキー入力に応じて動かせ」という問題を解く手順（アルゴリズム）は「キー入力に応じた座標計算とその位置に画像を描画すること」になります。コンピュータのプログラムのアルゴリズムとは、この例のように数学などで用いられるアルゴリズムという言葉より、もう少し幅広い意味で使われます。

なるほど、アルゴリズムって目に見えないものと勘違いしていました。そうではなく、具体的な手順のことなのですね。何となく判ってきたけれど、実際にどんなものかが、まだはっきりしない感じです。

二章でプログラミングの基礎を学び、三章からゲーム制作に入るの。アルゴリズムがどのようなものかは、色々なプログラムを組むうちに判ってくるわ。ここで焦らなくて大丈夫よ。

そうですか。それを聞いて安心しました。

Lesson 1-4

ゲーム開発でアルゴリズムを学ぶ

ゲーム開発を通してアルゴリズムとプログラミングを学ぶ意味を説明します。

ゲーム開発で学ぶメリット

本書では、ゲーム開発を通してプログラミングの技術とアルゴリズムを学びます。「なぜゲーム開発なの？」という疑問に対する答えはずばり、ゲームを開発しながら学べば、楽しみながらアルゴリズムに関する知識を身に付けることができるからです。

図1-4-1　楽しみながら学ぶ

アルゴリズムやプログラミングという言葉だけを聞くと、「難しそう」「手を出しにくい」と考える方もいらっしゃるでしょう。一方、ゲーム開発と聞くと、「難しそうだけれど興味はある」「自分にできるならやってみたい」とお考えになる方が多いと思います。

もちろん高度なゲームを作るには高い技術力が必要であり、そのようなプログラミング技術は一朝一夕には身に付きません。ですが簡単なゲームであれば、プログラミングの基礎知識を学べば誰もが作れるようになります。

本書ではまずシンプルなミニゲームを制作し、プログラミングに慣れながら初歩的なアルゴリズムを学びます。そして徐々に高度な内容に進んでいきます。最後はリバーシの思考ルーチン（人工知能）の組み込みにも挑戦します。

楽しみながら学ぶことでアルゴリズムやプログラミング技術を自然と身に付けることができます。楽しいことなら長続きすることは言うまでもなく、学習を継続的に行うことができれば、力は着実に伸びていきます。

初学者にやさしいPython

Pythonは各種の命令が判りやすく、記述の仕方がシンプルで、短いプログラムで処理を記述できます。Pythonを用いれば気軽にプログラムを組んで動作を確認できるのです。著者はC、C++、C#、Java、JavaScriptなどさまざまなプログラミング言語を使って仕事をしています。それらの言語の中で、Pythonは初心者がプログラミングやアルゴリズムを学ぶのにうってつけだと確信を持って言えます。

Pythonでプログラミングの基礎を身に付ければ、C系言語やJavaなどの言語にも挑戦しやすくなります。ハードもソフトも高度複雑化の一途をたどる情報処理の世界で、Pythonという学びやすい言語の人気が高まり、広く普及したのは歓迎すべきことでしょう。

楽しければ続けられる、納得です。
先輩も楽しみながらプログラミングを学んだのですか？

私は難しいプログラミング言語であるJavaから入ったので、けっこう苦しみながら学んだのよ。

そ、そうだったんですね（汗）
ボクの研修で使う言語はPythonでよかった。

Pythonは記述の仕方がシンプルだけど、覚えることは色々あるわ。
気を抜かずにね。

了解です。

COLUMN

継続は力なり

著者は子供のときからコンピュータ・ゲームが大好きです。自分でゲームソフトを作りたいという気持ちからプログラミングを学び始めました。最初のうちは思うようにゲームを作れるようになりませんでした。ですが諦めずにコツコツ学ぶうちに、やがて簡単なミニゲームが作れるようになりました。そしてプログラミングを続けると、少しずつ複雑なゲームが作れるようになっていきました。

技術が未熟なうちは何でこんなこともできないのだろうと考えたこともありますが、プログラミングを学んだ過程全体を思い返せば、楽しみながら学ぶことができました。それは自分の力でオリジナルゲームを作るという夢があったからです。そのような気持ちでプログラミングを続けられたことは幸せだったと思います。

読者のみなさんの中にはプログラミングを習得しようと、すでに苦労された方もいらっしゃるでしょう。Pythonの入門書を読んだけれど自分のものになった気がしないという方もおられるのではないでしょうか。みなさん、ぜひ楽しみながら本書を読み進めてください。「継続は力なり」ということわざの通り、続けるうちに力が付いてきます。そしてこの本を読破したとき、技術力がぐっと伸びたと自信を持っていただけるはずです。

Lesson 1-5

プログラミングの準備1 ― 拡張子の表示 ―

ここからはプログラミングを行う準備に入ります。まずは拡張子を表示しましょう。拡張子を表示するとファイルを管理しやすくなります。すでに表示している方は、この節は飛ばしてLesson 1-6へ進んでください。

››› 拡張子とは

拡張子とはファイル名の末尾に付く、ファイルの種類を示す文字列のことです。ファイル名と拡張子はドット(.)で区切られます。

図1-5-1　ファイルの拡張子

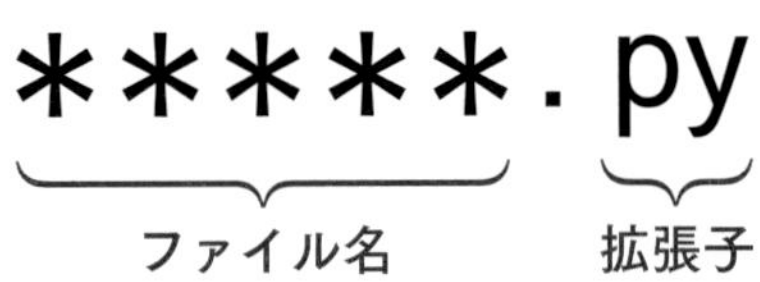

テキストファイルのtxt、ワード文書のdocxやdoc、画像ファイルのbmp、png、jpegなどが有名な拡張子です。

プログラミング言語を記述したプログラムの拡張子には、次のようなものがあります。

表1-5-1　プログラムの拡張子の種類

プログラミング言語	拡張子
Python	py
C/C++	c、cpp
Java	java
JavaScript	js

Windowsをお使いの方、Macをお使いの方、それぞれ次ページの方法で拡張子を表示しましょう。

Windowsで拡張子を表示する

フォルダを開いて「表示」タブをクリックし、「ファイル名拡張子」にチェックを入れます。

図1-5-2　Windowsで拡張子を表示

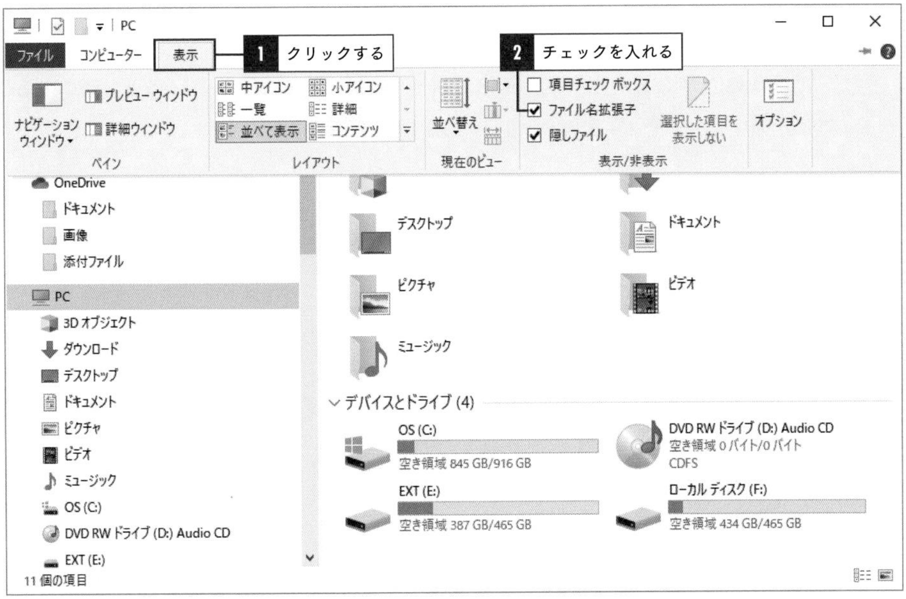

Macで拡張子を表示する

Finderの「環境設定」を選び、「詳細」タブの「すべてのファイル名拡張子を表示」にチェックを入れます。

図1-5-3　Macで拡張子を表示

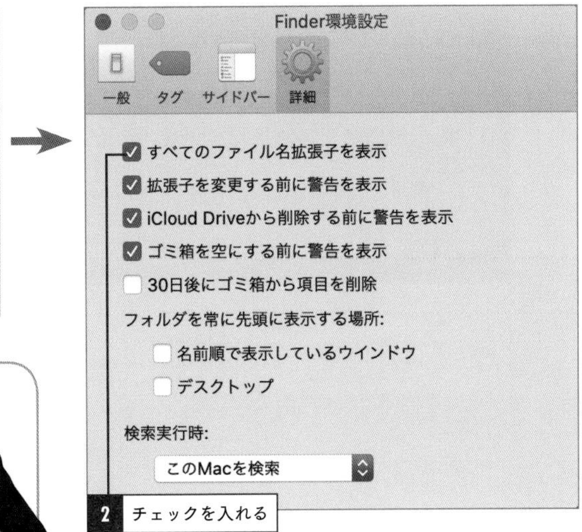

Lesson 1-6 プログラミングの準備2 ― Pythonのインストール ―

Pythonをインストールします。Pythonをインストール済みの方は、この節は飛ばしてLesson 1-7へ進みましょう。

WindowsとMacそれぞれへのインストール方法を説明します。Macをお使いの方は25ページに進んでください。

公式サイトからPythonをインストールすれば、すぐにプログラミングを始めることができます。

››› Windowsパソコンへのインストール

Webブラウザで次のURLにアクセスしてください。

https://www.python.org/

「Downloads」をクリックし、「Windows」の「Python 3.*.*」のボタンをクリックします。

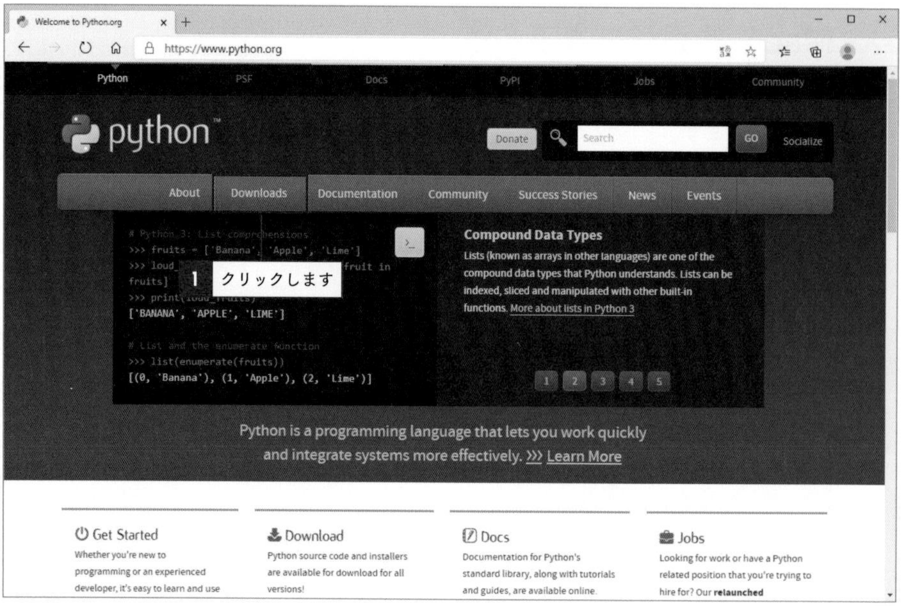

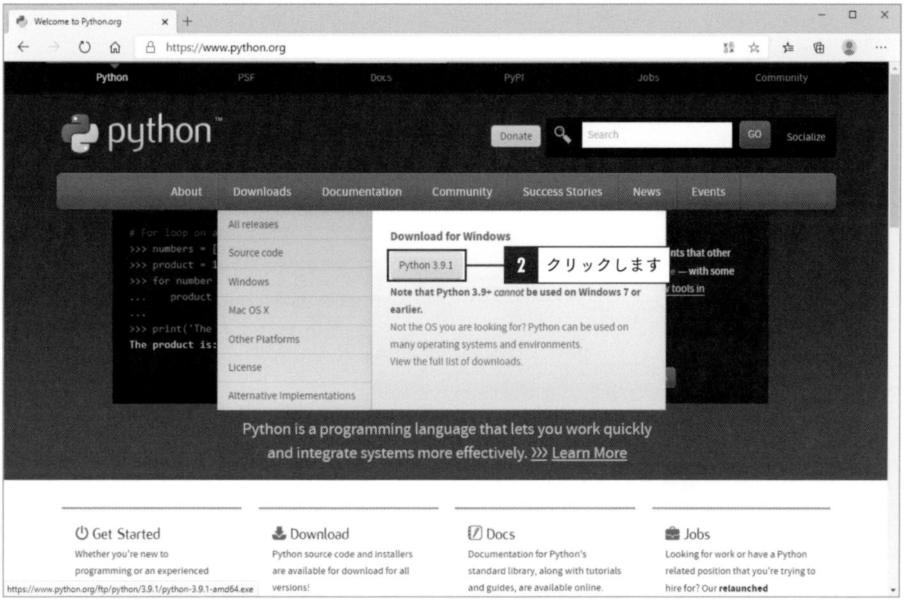

「ファイルを開く」や「実行」を選んで、インストールを始めます。

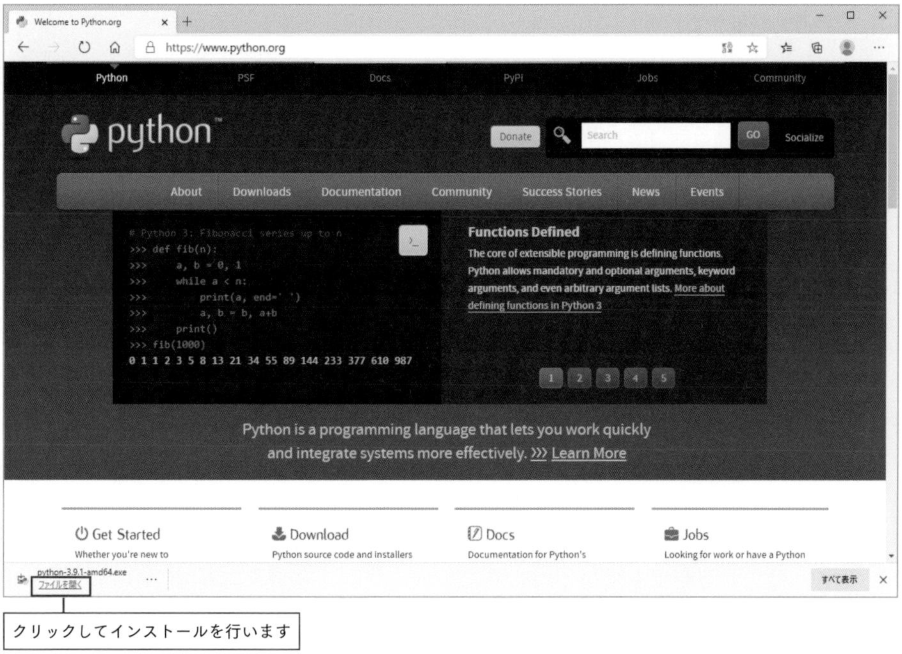

「Add Python 3.* to PATH」をチェックし、「Install Now」をクリックしてインストールを進めます。

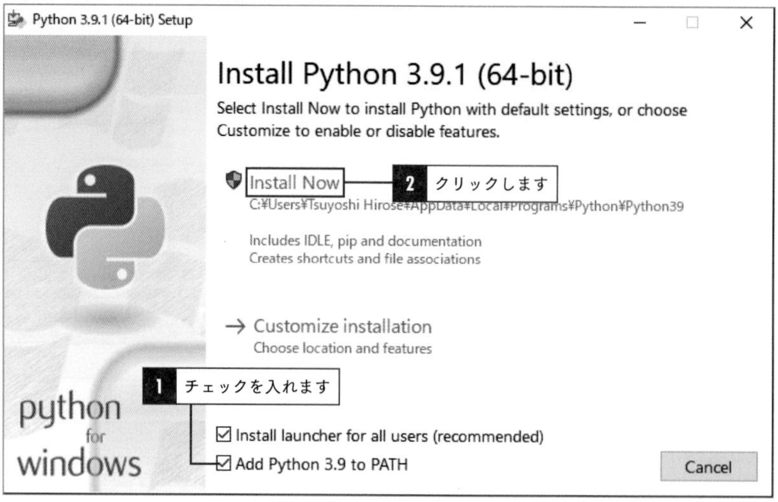

「Setup was successful」の画面で「Close」をクリックします。これで、インストール完了です。

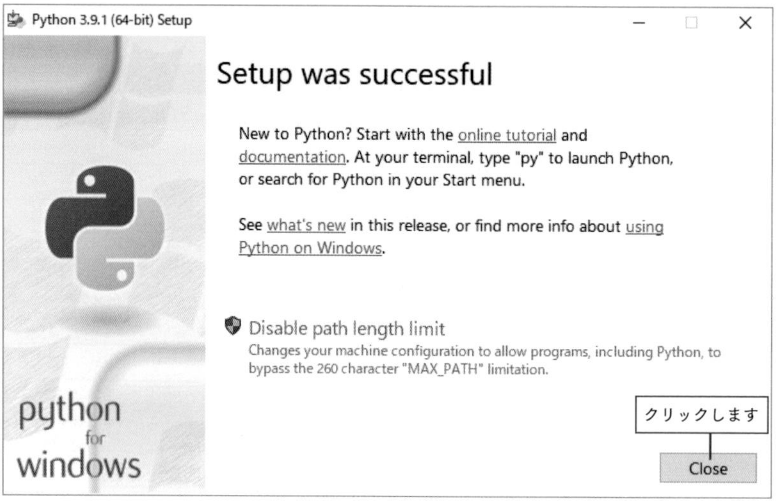

⟫⟫ Macへのインストール

Webブラウザで次のURLにアクセスしてください。

https://www.python.org/

「Downloads」をクリックし、「Mac OS X」の「Python 3.*.*」のボタンをクリックします。

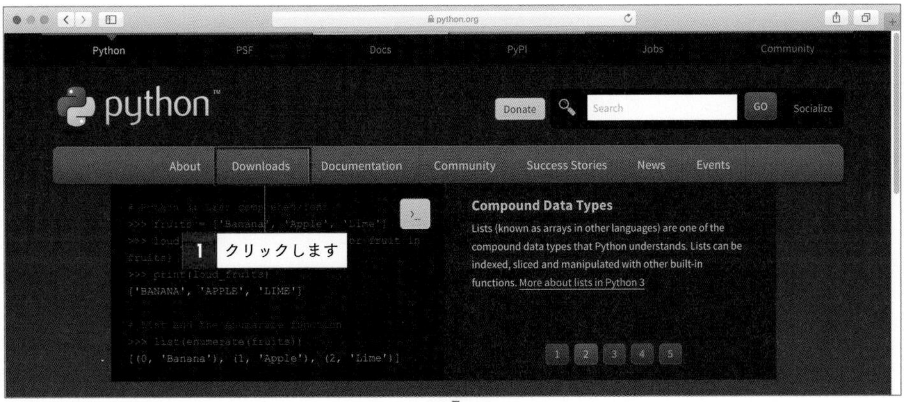

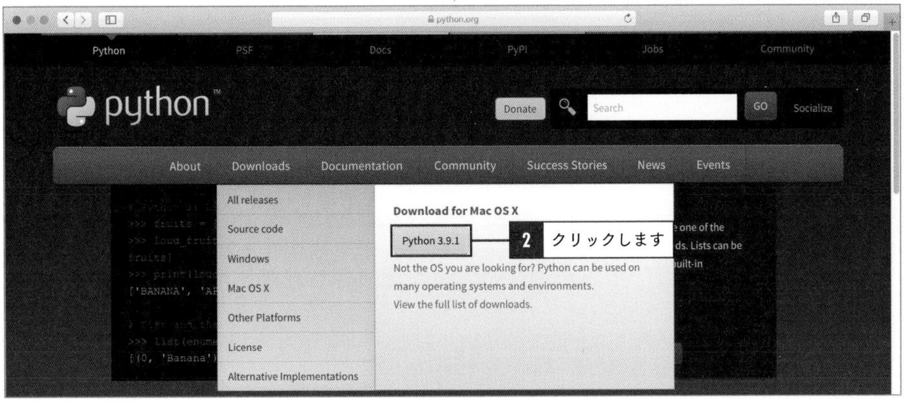

ダウンロードした「python-3.*.*-macosx***.pkg」をクリックします。

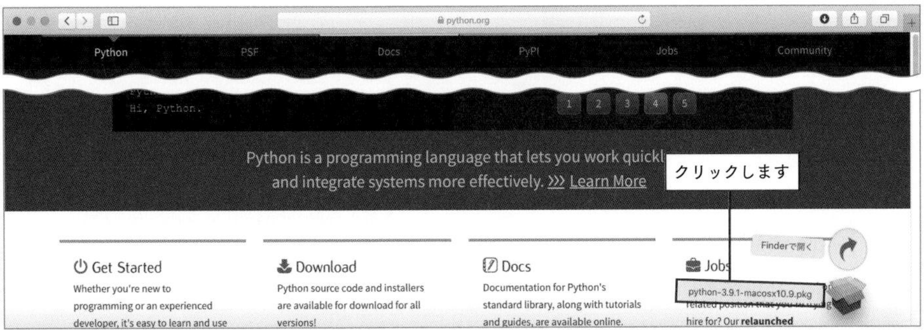

「続ける」をクリックしてインストールを始めます。

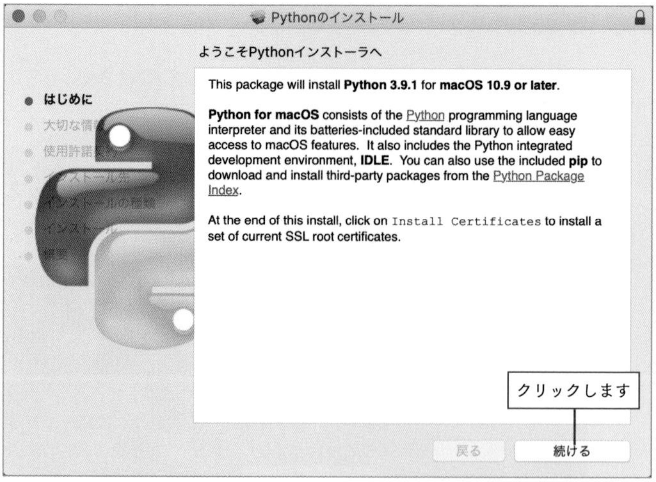

「続ける」をクリックしてインストールを続けます。

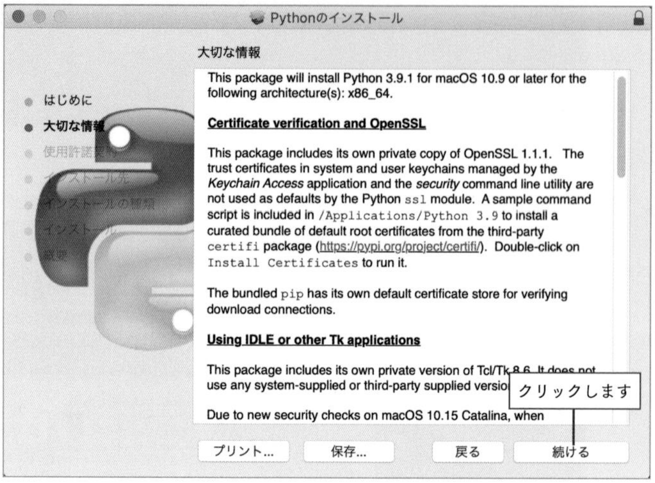

使用許諾の条件で「同意する」をクリックして、インストールを続けます。

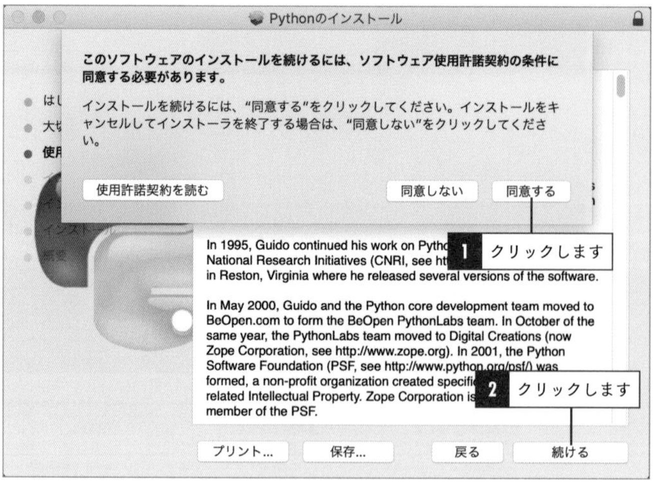

カスタマイズは不要です。そのまま続けてください。

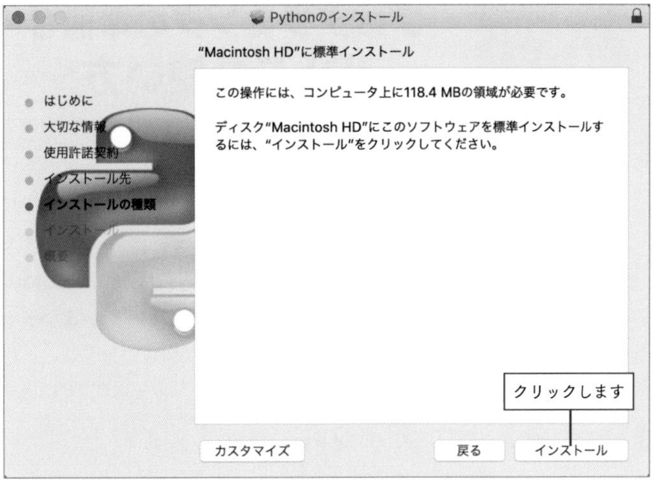

「インストールが完了しました。」まで進んだら、「閉じる」をクリックします。

これで、インストール完了です。

Lesson
1-7

プログラミングの準備3 — IDLEの使い方 —

本書ではPython付属のIDLE（アイドル）という統合開発環境を使って、プログラムの入力と動作確認を行います。統合開発環境とはソフトウェア開発を支援するツールのことをいいます。

使い慣れたテキストエディタや統合開発環境でPythonのプログラミングをしている方は、もちろんそれを、そのままお使いいただいてかまいません。その場合はこの節は飛ばして先へ進みましょう。

››› テキストエディタについて

Pythonは単体のテキストエディタでプログラムを入力し、開発を行うこともできます。例えば、Windowsに付属の「メモ帳」やMacに付属の「テキストエディット」でもプログラムの入力は可能です。ただしソフトウェア開発においては、やはりプログラム入力専用のエディタを用いるべきです。統合開発環境にはテキストエディタがセットになっており、IDLEには**エディタウィンドウ**というテキストエディタが付属しています。

無料で使える有名なテキストエディタを本章末のコラムで紹介します。

››› IDLEのシェルウィンドウとエディタウィンドウ

IDLEの使い方を説明します。IDLEを起動すると次のような画面になります。この画面をShellウィンドウといいます（以下、カタカナで「シェルウィンドウ」とします）。

図1-7-1　シェルウィンドウ

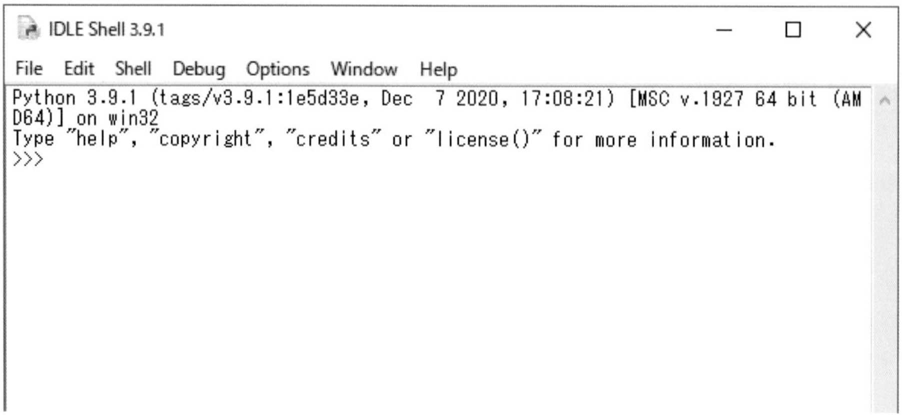

シェルウィンドウのメニューバーの【File】➡【New File】を選んでください。

図1-7-2　ファイルの新規作成

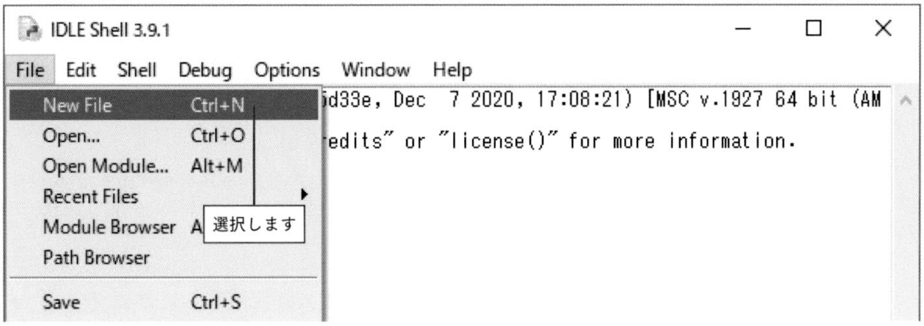

次のようなEditor（エディタ）ウィンドウが起動します（以下、カタカナで「エディタウィンドウ」とします）。

プログラムは、このエディタウィンドウに入力します。

図1-7-3　エディタウィンドウ

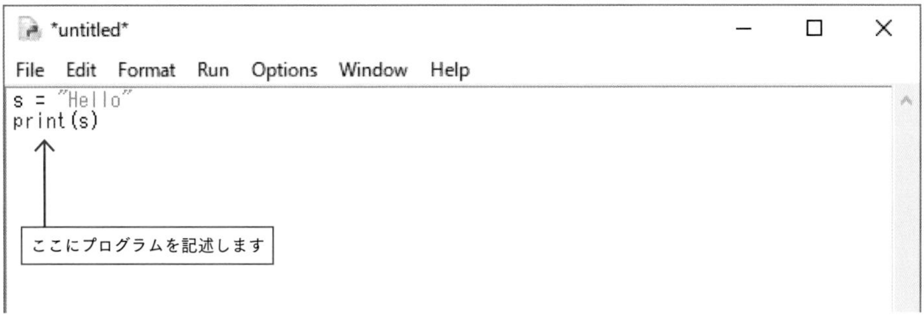

Python 3.8以降であれば、メニューバーの【Options】➡【Show Line Numbers】を選ぶと、行番号を表示できます。

図1-7-4　行番号の表示

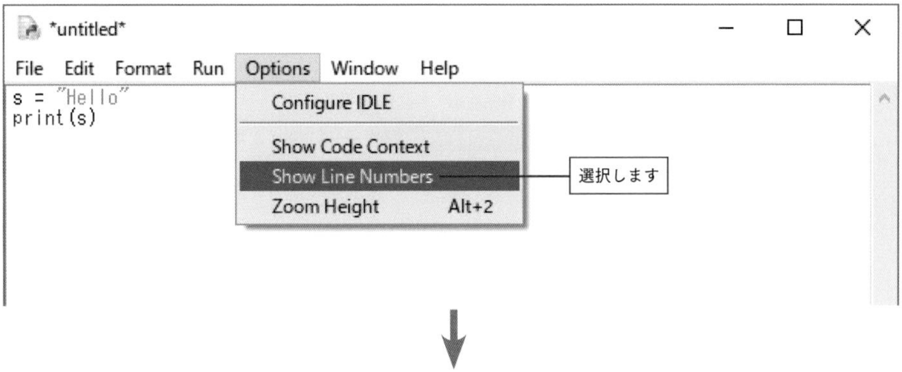

行番号が表示される

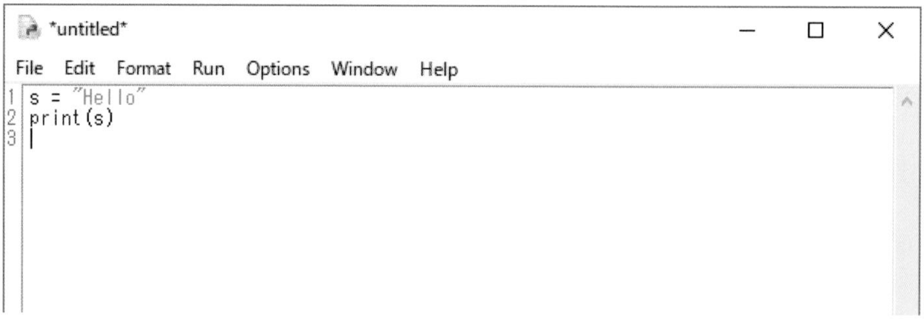

プログラムを入力したら、エディタウィンドウのメニューバーにある【File】➡【Save As...】を選び、適切なファイル名を付けて保存します。一度保存すれば、その後は【File】➡【Save】を選ぶか、Ctrl＋Sキーで上書き保存できます。

図1-7-5　プログラムの保存

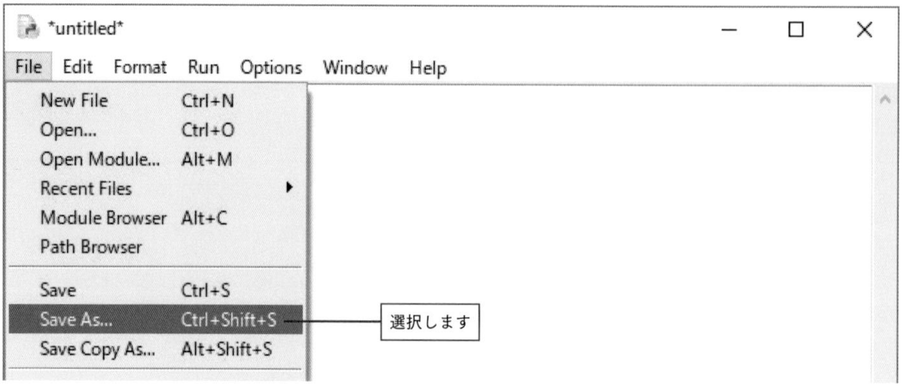

プログラムを保存したら、エディタウィンドウのメニューバーの【Run】➡【Run Module】を選んで実行します。F5キー（ファンクションボタンがあるキーボードではFn＋F5）でも実行できます。

図1-7-6　プログラムの実行

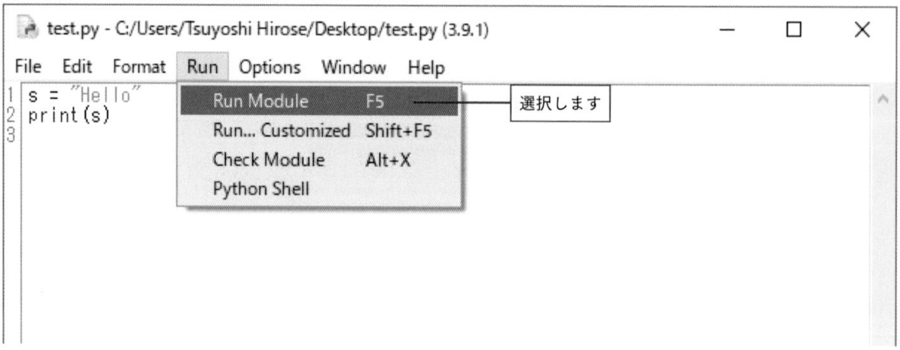

実行結果は、シェルウィンドウに出力されます。

図1-7-7　実行結果

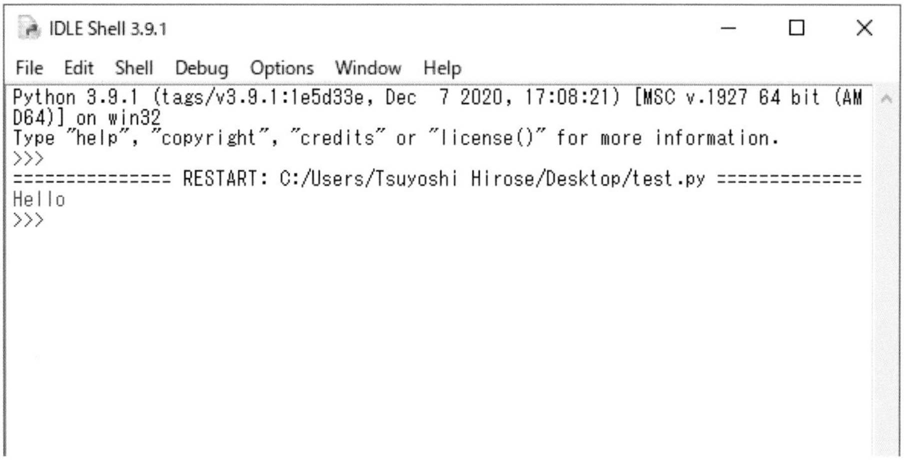

IDLEの使い方をまとめると、次のようになります。

IDLEを起動するとシェルウィンドウが開く

↓

エディタウィンドウを開いて、プログラムを入力する

↓

ファイル名を付けてプログラムを保存する

↓

Run Moduleで実行し、シェルウィンドウに出力される結果を確認する

エディタウィンドウでプログラムを入力し、ファイル名を付けて保存すると。
そして実行するとシェルウィンドウに結果が表示される…先輩、覚えましたよ。

では次へ進みましょう。二章では実際にプログラムを
入力し、プログラミングの基礎知識を学んでいくわ。

COLUMN

開発に便利なテキストエディタの紹介

インターネット上にはさまざまなテキストエディタが公開されています。それらの多くは無料で使うことができます。プログラミングを行うための有名なテキストエディタを紹介します。

表1-C-1　テキストエディタ

Visual Studio Code	Microsoftが開発するテキストエディタ https://code.visualstudio.com/
Brackets	Adobeが開発するオープンソースのテキストエディタ http://brackets.io/
Atom	GitHubが開発するオープンソースのテキストエディタ https://atom.io/

この表のテキストエディタはどれも無料で使うことができ、Python、C/C++、Java、JavaScriptなど多くのプログラミング言語に対応しています。

次の章からIDLEでの開発を前提に説明していきますが、みなさんの使い慣れたテキストエディタがあれば、それを使っていただいてかまいません。

IDLEは動作が機敏で学習には便利なツールですが、プログラミングを支援する高度な機能はあまり備わっていません。一方、ここで紹介したテキストエディタにはプログラミングを支援するさまざまな機能が備わっています。本格的なソフトウェア開発を行う段階になったら、ここに挙げたようなテキストエディタの中から、自分に合うものを見つけると開発がはかどります。

この章では、入出力、変数、条件分岐、繰り返し、関数、配列（リスト）といった、プログラミングの基礎知識を学びます。それらはどのようなプログラムを組む際にも必要となる大切な知識です。
Pythonをすでに使っており、これらの知識を習得済みであれば、この章は飛ばして次へ進んでいただいてかまいません。

プログラミングの基礎

Chapter 2

Lesson
2-1
入力と出力

入力と**出力**はソフトウェアの最も基本的な動作です。Pythonでは文字列の出力をprint()、入力をinput()という命令で行います。入出力を理解していただくため、コンピュータの基本動作について説明した後、print()とinput()を使ったプログラムを確認します。

》》入力と出力について

コンピュータの最も基本的な処理は、入力されたデータの値を元に計算し、必要な結果を出力することです。

図2-1-1　入力と出力

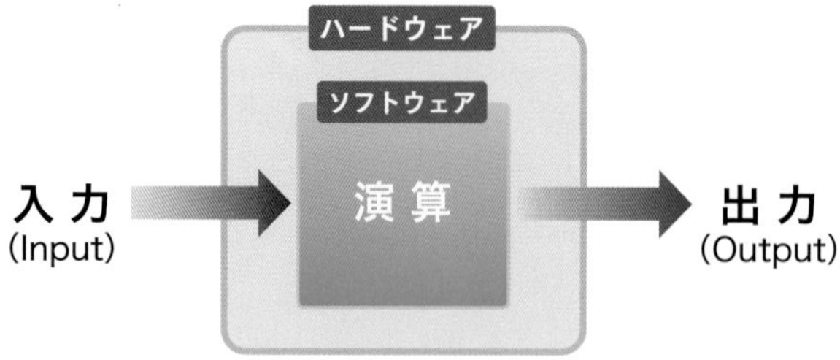

この流れは家庭用ゲーム機で考えると判りやすいでしょう。ゲーム機（ハードウェア）で動くゲームソフト（ソフトウェア）は、コントローラからの入力を元に、キャラクターの移動や点数計算が行われて、液晶画面やテレビに映像が出力され、スピーカーから音が出力されます。

このような処理の流れは、電子回路とプログラムで制御される、多くの機器や機械に共通するものです。エアコンを例に挙げて考えてみましょう。エアコンは温度センサで調べた温度（入力値）によって、冷風あるいは温風をどれくらい吹き出すべきかを判断し、室温を一定温度に保ちます。吹き出す空気を出力と捉えると判りやすいでしょう。

もう１つの例として飲料の自動販売機を挙げます。自販機は硬貨や紙幣が投入されたことをセンサで感知しますが、まずそれが入力になります。入れられたお金が飲料の値段に達したら、販売できる飲料のボタンのランプを点灯させます。ランプの点灯は出力です。そしてお客がボタンを押すという入力を行ったら、指定された缶やペットボトルを取り出し口に落とす仕組みになっています。飲み物が出ることを出力と捉えると、全ての流れが入力と出力で説明できます。

エアコンと自動販売機は別の機器ですが、どちらも電子回路とそれにつながる機械部品、そしてプログラムによって各種の入出力が行われているのです。

なるほど。そう考えると機器や機械には入力と出力があって、
中ではコンピュータが何らかの計算を行っているのですね。

その通りよ。

コンピュータ機器の基本動作なんて、これまで考えたことがなかったので、参考になりました。

ではプログラミングの第一歩を踏み出しましょう。
コンピュータの動作の最も基本となる入力と出力を確認します。

››› print()命令を使おう

手始めに文字列を出力する**print()**命令を記述して動作を確認します。

IDLEを起動して、メニューバーの【File】➡【New File】を選び、エディタウィンドウ（テキストエディタ）を開きましょう。

エディタウィンドウに次のプログラムを入力してください。1行でできたプログラムです。

入力したら名前を付けて保存し、メニューバーの【Run】➡【Run Module】（F5キー）を選んで実行しましょう。

リスト2-1-1▶print_1.py

行番号	プログラム	説明
1	`print("プログラミングを始めよう！")`	print()命令で文字列を出力する

図2-1-2　実行結果

```
プログラミングを始めよう！
```

このプログラムはprint()で文字列を出力しています。**文字列を扱うときは、文字列の前後をダブルクォート(")でくくります。** Pythonではシングルクォート(')を用いることもできますが、本書は基本的にダブルクォートで統一します。

正しく動作しないときは、print()にスペルミスがないか確認してください。
プログラミングでは大文字と小文字を区別するので、
例えば、printのPを大文字にしたらエラーになって動きません。

》》》変数の値を出力してみよう

次は変数の値を出力するプログラムで、print()命令の使い方に慣れていきます。**変数とは数や文字列を入れる箱**のようなもので、Lesson 2-2で詳しく説明します。

次のプログラムを入力して名前を付けて保存し、実行して動作を確認しましょう。

リスト2-1-2▶print_2.py

```
1  a = 100       aという名の変数に値を代入
2  print(a)      aの値を出力する
```

図2-1-3　実行結果

```
100
```

このプログラムは1行目で変数aに数を代入し、2行目でその値を出力しています。

》》》input()命令を使ってみる

Pythonでは**input()**という命令で文字列を入力します。次のプログラムでinput()の使い方を確認します。

このプログラムを実行すると、シェルウィンドウに「あなたの名前は？」と表示され、カーソルキー|が点滅します。そこに何か文字列を入れて Enter キー（Macは return キー）を押すと、Pythonが「○○さん、名前を教えてくれてありがとう」と返します。

リスト2-1-3▶input_1.py

```
1  name = input("あなたの名前は？ ")                    input()命令で入力した文字列を変数に代入
2  print(name+"さん、名前を教えてくれてありがとう")    文字列を+でつなぎ出力する
```

図2-1-4　実行結果

```
あなたの名前は？廣瀬　豪
廣瀬　豪さん、名前を教えてくれてありがとう
```

変数 = input(メッセージ)と記述すると、シェルウィンドウにメッセージが出力され、入力を受け付ける状態になります。何かを入力して Enter キーを押すと、入力した文字列が変数に代入されます。

2行目では、変数nameの中身と、「さん、名前を教えてくれてありがとう」という文字列を、プラスの記号でつないで出力しています。Pythonでは文字列同士を+を用いてつなぐことができます。

このプログラムでは変数名をnameとしています。変数名はa、s、xなどのアルファベット1文字だけでなく、名付け方のルールを守れば、任意の名称にすることができます。

変数名の付け方は、Lesson 2-2で説明します。

print()とinput()の使い方を覚えておいてね。

はい、printもinputも英単語の意味通りの処理が行われ、
判りやすいので覚えることができました。

OK。入力命令で知っておいて欲しいことを1つ教えておくわ。
それはinput()で半角数字も入力できるけど、
Pythonのinput()は数を入力しても文字列として扱われるの。

そうなんですね。数を入力したいときは、どうすればよいのですか？

input()で入力した文字列を数にするには、
int()やfloat()という命令で整数や小数に変換するの。
次節で詳しく教えるわ。

判りました。

COLUMN

プログラミングの記述ルール

コンピュータのプログラムにはいくつかの記述ルールがあり、それを守る必要があります。ここでPythonの主なルールを説明します。一度に覚えることは難しいかもしれないので、一通り目を通したら先へ進み、実際にプログラムを入力しながら身に付けていきましょう。

❶ プログラムは半角文字で入力し、大文字、小文字を区別する

```
○ print("こんにちは")
× Print("こんにちは")
```

次ページへ続く

❷ 文字列を扱うときはダブルクォート(")かシングルクォート(')でくくる

変数に文字列を代入するprint()で文字列を出力するときなど、前後を"か'でくくります。

```
○ txt = "文字列を扱う"
× txt = 文字列を扱う
```

❸ スペースの有無について［その1］

変数の宣言、値の代入、命令の()内の半角スペースは、あってもなくてもかまいません。

```
○ a=10
○ a␣=␣10
○ print("Python")
○ print(␣"Python"␣)
```

❹ スペースの有無について［その2］

命令の後ろに必ず半角スペースを入れる箇所があります。

```
○ if␣a == 1:  ── ifの後ろにスペースを入れる
× ifa == 1:
○ for␣i␣in␣range(10):  ── 3か所、スペースを入れる
× foriinrange(10):
```

if、for、rangeなどの命令を他のアルファベットにくっ付けてしまうと、Pythonはそれらが命令であると判らなくなります。

❺ プログラムの中にコメントを入れられる

コメントとはプログラム中に書くメモのことです。難しい命令の使い方や、処理の内容をコメントとして記しておくと、プログラムを見直すときなどに役に立ちます。Pythonでは#を用いてコメントします。

```
print("こんにちは") # ここにコメントを書く
```

#以降、改行するまでの記述が実行時に無視されます。

例えば #print("こんにちは") とすると、print()命令が実行されなくなります。これをコメントアウトするといいます。実行したくない命令を残しておきたいときにもコメントアウトを用いましょう。

Lesson 2-2 変数

変数で数や文字列を扱う方法を学びます。

》》》変数とは

変数とはコンピュータのメモリ上に用意された、データを入れる箱のようなものです。次の図はxという名の箱（変数）に10という数を、sという箱にPythonという文字列を代入するイメージです。

図2-2-1　入力と出力

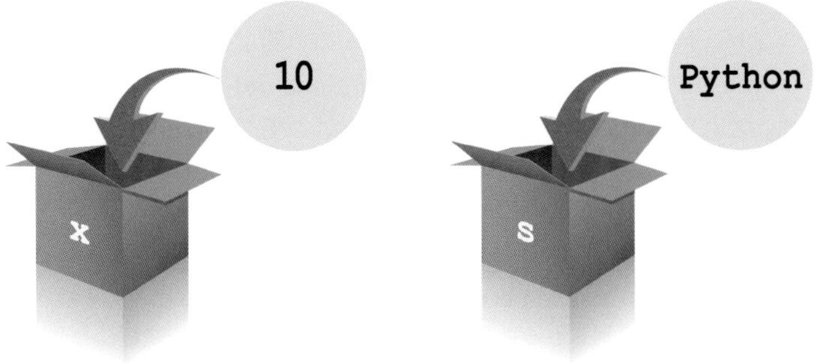

この図を実際にPythonで記述すると、次のようなプログラムになります。

リスト2-2-1▶variable_1.py

```
x = 10
s = "Python"
print("x の値は", x)
print("s の値は", s)
```

x = 10	変数xに値を代入
s = "Python"	変数sに値を代入
print("x の値は", x)	「xの値は」という文字列と、xの値を出力
print("s の値は", s)	「sの値は」という文字列と、sの値を出力

図2-2-2　実行結果

```
xの値は 10
sの値は Python
```

このプログラムは変数xとsに値を代入し、それらの値を出力しています。Pythonのprint()命令は()の中に複数の文字列や変数をコンマで区切って記すことができます。

変数名の付け方

変数はプログラムを組む人が名称を決めて用意します。変数名はアルファベット、数字、アンダースコア(_)を組み合わせて付けます。変数名の付け方には次のルールがあります。

- **アルファベットとアンダースコア(_)を組み合わせ、任意の名称にできる**

例 ○score = 10000、○my_name = "Python"

- **数字を含めることができるが、数字から始めてはいけない**

例 ○data1 = 20、✕1data = 20

- **予約語は使えない**

例 ✕if = 0、✕for = -5、✕and = 100

予約語とは、コンピュータに基本的な処理を命じるための語です。

Pythonには、**if elif else and or for while break continue def import False True**などの予約語があります。これらの予約語の意味と使い方は、この先で順に説明します。

Pythonの変数名は小文字で付けることが推奨されており、本書でも小文字を用います。ただし理由があるなら大文字を用いてかまいません。大文字と小文字は区別されるので、例えばbookとBookは別の変数になります。

変数の値を変更する

Pythonではイコール(=)を用いて変数に最初の値（**初期値**）を代入した時点から、その変数が使えるようになります。これを変数の**宣言**といい、値を入れる=を**代入演算子**といいます。

変数の値はいつでも入れ直すことができます。変数=の後に計算式を記述して値を変更することもできます。

変数宣言時の初期値を、別の値に変更するプログラムを確認します。

リスト2-2-2▶variable_2.py

```
n = 10                                  nという変数を宣言し、初期値を代入
print("nの初期値", n)                    nの値を出力
n = n + 20                              nの値に20を足し、nに代入
print("nに20を足すと", n, "になる")       nの値を出力
n = 500                                 nに新たな値を代入
print("nに新たな", n, "を代入")           nの値を出力
```

図2-2-3　実行結果

```
nの初期値 10
nに20を足すと 30 になる
nに新たな 500 を代入
```

1行目で変数nを宣言し、初期値を代入して、2行目でその値を出力しています。
3行目ではnの値に20を足したものをnに代入し、4行目でその値を出力しています。
5行目でnに新たな値を代入し、6行目でその値を出力しています。

プログラミング言語のイコールは変数に値を代入するために用いるのですね。
数学で左右の式が等しいという意味で使うイコールとは違いますね。

その通りよ。いいところに気付いたじゃない！

演算子について

variable_2.pyの3行目の n = n + 20 は、「nに20を足した値をnに代入する」という意味です。これを n += 20 と記述することもできます。

足し算、引き算、掛け算、割り算を行う記号を**演算子**といいます。掛け算は*（アスタリスク）、割り算は/（スラッシュ）で記述します。

表2-2-1　四則算の演算子

四則算	プログラムで使う記号
足し算(＋)	＋
引き算(－)	－
掛け算(×)	＊
割り算(÷)	／

これらの他に、累乗を求める演算子、割り算の商を求める演算子、割り算の余り（**剰余**）を求める演算子があります。

表2-2-2　その他の演算子

	Python で使う記号
累乗	＊＊
割り算の商	／／
割り算の余り	%

//と%の使い方を図で説明します。

リスト2-2-3▶variable_3.py

```
print("20÷8=",20//8,"余り",20%8)
```

図2-2-4　//と%の使い方

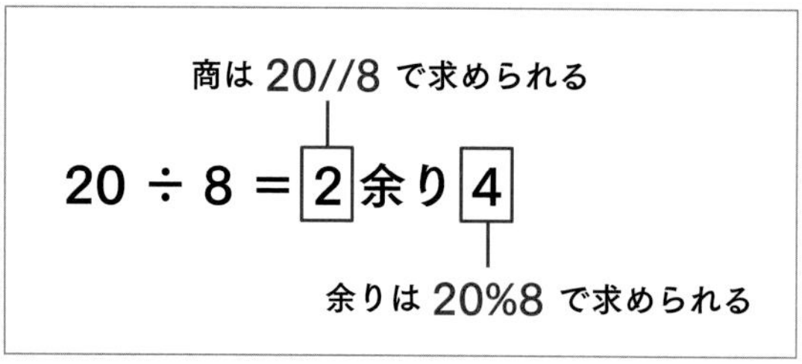

》》》文字列⇔数の変換

int() と **float()** という命令で文字列を数に変換できます。int() は文字列や小数を整数にし、float() は文字列や整数を小数にします。

int() の使い方を確認します。文字列を整数に変えるプログラムで、出力される777777は文字列、1554が数になります。

リスト2-2-4▶variable_4.py

`s = "777"`	変数sに文字列777を代入
`print("文字列の足し算", s+s)`	sとsの値を+でつないで出力
`i = int(s)`	sの値を整数に変換して変数iに代入
`print("数の足し算", i+i)`	iとiの値を+で足して出力

図2-2-5　実行結果

```
文字列の足し算 777777
数の足し算 1554
```

数を文字列に変換するには**str()**命令を用います。その使い方を確認します。

リスト2-2-5▶variable_5.py

1	`f = 3.14159`	変数fを宣言し、小数を代入
2	`s = "πは"+str(f)`	「πは」と、文字列にしたfの値をつなぎ、sに代入
3	`print(s)`	sの値を出力

図2-2-6　実行結果

```
πは3.14159
```

「πは」という文字列と、3.14159という数をつなぐには、2行目のようにstr()命令を用います。s = "πは" + f と記述するとエラーになるので注意しましょう。

ここまでの学習はどうかしら？
そうですね、だいたい頭に入ったと思いますが、
//と％の使い方を忘れそうです。
そこに付箋紙を貼って、後で見直します。

Lesson 2-3 条件分岐

プログラム内の計算式や命令は、記された順に実行され、処理が進んでいきます。条件分岐とは、その処理の流れを、何らかの条件が成り立ったときに分岐させる仕組みです。

》》》条件分岐を理解する

条件分岐は**if**という命令と、条件が成立したかどうかを調べる**条件式**を記述して行います。ifによる条件分岐を言葉で表すと、「ある条件が成立したら、この処理をしなさい」となります。

次の図は、ifを用いて処理を分岐させる様子を表したものです。

図2-3-1　ifによる条件分岐

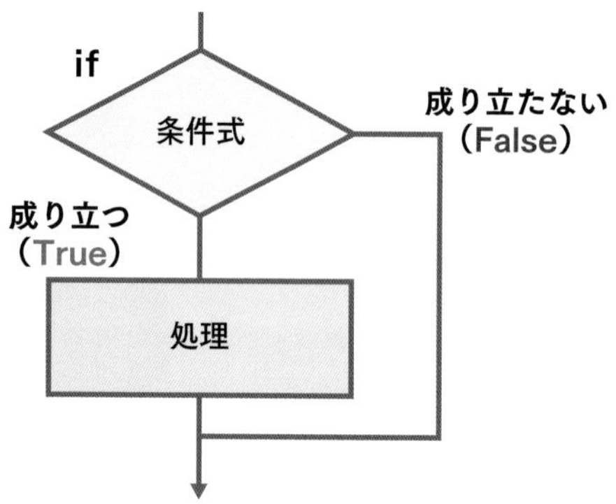

処理の流れを図示したものを**フローチャート**といい、いくつかの部品を線で結んで描きます。この図は条件分岐の様子をフローチャートの部品で示したものです。

》》》if文の書式

ifを用いて記述する処理をif文といいます。Pythonのif文は、次のように記述します。

図2-3-2　Pythonのif文

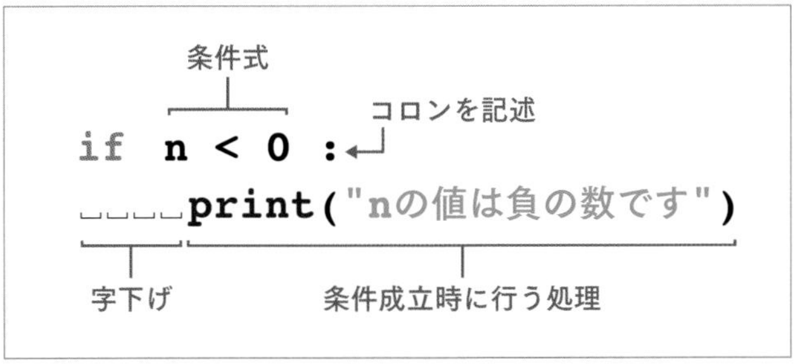

ifと条件式の間に半角スペースを入れます。

条件成立時に行う処理を**字下げ（インデント）**して記述します。字下げした部分は**ブロック**と呼ばれる“処理のまとまり”になります。**Pythonには字下げによりブロックを構成する決まりがあります。**

Pythonの字下げは、通常、半角スペース4文字分とします。

》》》ifを用いたプログラム

if文を記述したプログラムを確認します。

リスト2-3-1▶if_1.py

```
n = 0                          変数nに値を代入
if n > 0:                      nが0より大きいなら
    print("nの値は0より大きい")  「nの値は0より大きい」と出力
if n < 0:                      nが0より小さいなら
    print("nの値は0より小さい")  「nの値は0より小さい」と出力
if n == 0:                     nが0なら
    print("nの値は0")           「nの値は0」と出力
```

図2-3-3　実行結果

```
nの値は0
```

1行目で変数nに0を代入しています。2行目のn>0と、4行目のn<0という条件式は成り立たず、6行目のn==0という条件式が成り立ちます。そのため、7行目の処理が実行されます。変数がある数と等しいかを調べるには、6行目のようにイコールを2つ並べて記述します。

このプログラムの1行目をn = -10とすると、どうなるかしら？

えーと、2行目のn>0は成り立たず、4行目のn<0が成り立って、「nの値は0より小さい」と出力されるんじゃないですか？

その通り。1行目のnの値を、色々変えて動作を確認してみて。
入力と動作確認を繰り返すほど、プログラミングは身に付いていくものよ。

了解です！

≫≫ 条件式について

条件式の書き方を覚えましょう。条件式は次のように記述します。

表2-3-1　条件式

条件式	何を調べるか
a == b	aとbの値が等しいかを調べる
a != b	aとbの値が等しくないかを調べる
a > b	aはbより大きいかを調べる
a < b	aはbより小さいかを調べる
a >= b	aはb以上かを調べる
a <= b	aはb以下かを調べる

Pythonでは条件式が成り立つときは**True**、成り立たないときは**False**になります。TrueとFalseは論理型と呼ばれる値で、この章の最後にあるコラムで説明します。ここでは**if文は条件式がTrueのとき、ブロックに記述した処理が行われる**と頭に入れておきましょう。

条件分岐はifの他に、if elseと、if elif elseという書き方があります。それらを順に見ていきます。

»» if～else

if～elseという記述で条件式が成り立ったときと、成り立たなかったときに、別の処理を行うことができます。

図2-3-4　if～elseの処理の流れ

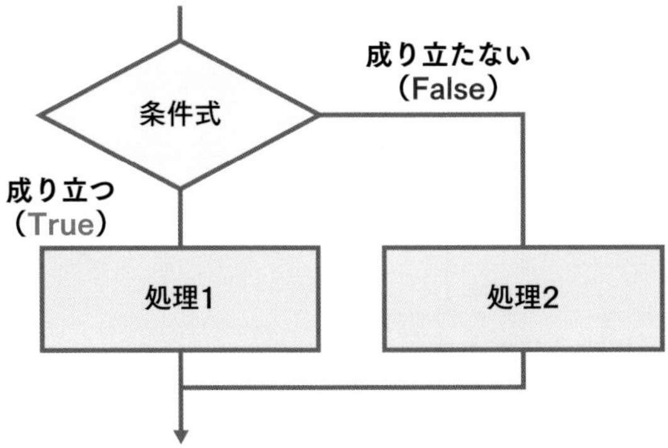

if～elseを用いたプログラムを確認します。

リスト2-3-2▶if_2.py

```
1  n = -10                        変数nに値を代入
2  if n > 0:                      nの値が0より大きいなら
3      print("nは0より大きな値")   「nは0より大きな値」と出力
4  else:                          そうでなければ
5      print("nは0以下の値")       「nは0以下の値」と出力
```

図2-3-5　実行結果

```
nは0以下の値
```

このプログラムは1行目でnに負の数を代入しており、2行目の条件式は成り立たず、elseのブロックに記述した5行目が実行されます。

elseを用いるときは、elseの後ろのコロンを忘れないようにしましょう。

⟫⟫ if～elif～else

if～elif～elseという記述で、複数の条件を順に調べることができます。

図2-3-6　if～elif～elseの処理の流れ

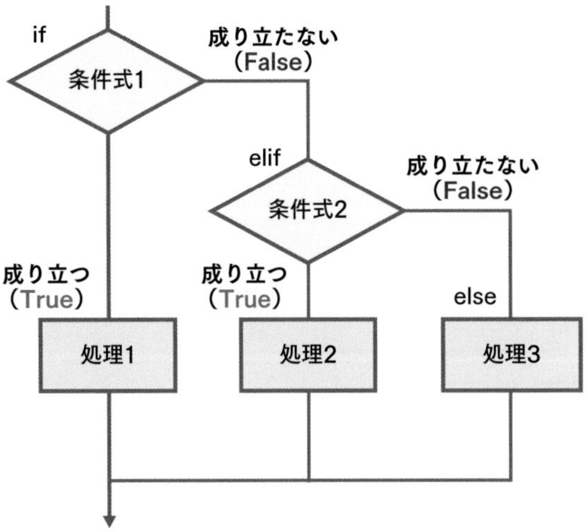

if～elif～elseを用いたプログラムを確認します。

リスト2-3-3▶if_3.py

```
1  n = 1000                    nに値を代入
2  if n == 0:                  nが0なら
3      print("nは0です")        「nは0です」と出力
4  elif n > 0:                 そうでなく0より大きいなら
5      print("nは正の数です")    「nは正の数です」と出力
6  else:                       いずれの条件も成り立たないなら
7      print("nは負の数です")    「nは負の数です」と出力
```

図2-3-7　実行結果

```
nは正の数です
```

1行目でnに1000を代入したので、4行目の条件式が成り立ち、5行目が実行されます。

このプログラムはelifを1つだけ記述しましたが、if～elif～ … ～elif～elseというように、elifを2つ以上記述し、複数の条件を順に判定できます。

1行目のnの値を0や負の数に書き換えて動作を確認しましょう。

»» andとor

andやorを用いてif文に複数の条件式を記述できます。**and**は“かつ”、**or**は“もしくは”の意味です。andとorを用いたプログラムを順に確認します。

リスト2-3-4▶if_and.py

```
1  x = 1                              変数xに値を代入
2  y = 2                              変数yに値を代入
3  if x>0 and y>0:                    xが0より大きく、かつ、yが0より大きいなら
4      print("変数xとyはどちらも正の値")   「変数xとyはどちらも正の値」と出力
```

図2-3-8　実行結果

```
変数xとyはどちらも正の値
```

x、yともに0より大きな数を代入したので、3行目のandを用いた条件式が成り立ち、4行目が実行されます。xやyを0や負の数にすると3行目が成り立たなくなり、何も出力されないことを確認しましょう。

リスト2-3-5▶if_or.py

```
1  v = 10                             変数vに値を代入
2  w = 0                              変数wに値を代入
3  if v == 0 or w == 0:               vが0、もしくは、wが0なら
4      print("vとwのどちらかは0")         「vとwのどちらかは0」と出力
```

図2-3-9　実行結果

```
vとwのどちらかは0
```

vに10、wに0を代入しており、3行目のorを用いた条件式が成り立つので、4行目が実行されます。vとwともに0以外の数を代入すると、3行目が成り立たなくなり、何も出力されないことを確認しましょう。

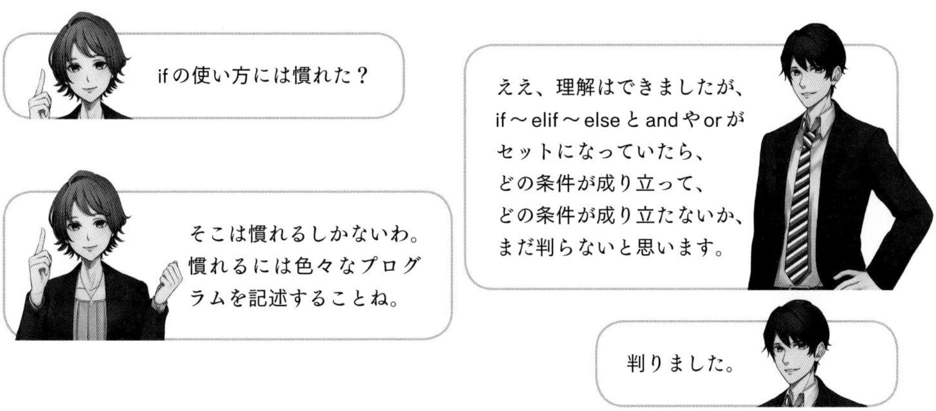

ifの使い方には慣れた？
ええ、理解はできましたが、if～elif～elseとandやorがセットになっていたら、どの条件が成り立って、どの条件が成り立たないか、まだ判らないと思います。
そこは慣れるしかないわ。慣れるには色々なプログラムを記述することね。
判りました。

Lesson 2-4

繰り返し

繰り返しとは、コンピュータに一定回数、反復して処理を行わせることです。

繰り返しを理解する

繰り返しはforやwhileという命令で行います。繰り返しを言葉で表すと、次のようになります。

- **forを使った繰り返し → 変数の値をある範囲で変化させ、その間、処理を繰り返せ**
- **whileを使った繰り返し → ある条件が成り立つ間、処理を繰り返せ**

forの繰り返しから見ていきましょう。whileは55ページで説明します。

for文の書式

forを用いて記述した繰り返しをfor文といいます。for文の流れは次のようになります。

図2-4-1　forによる繰り返し

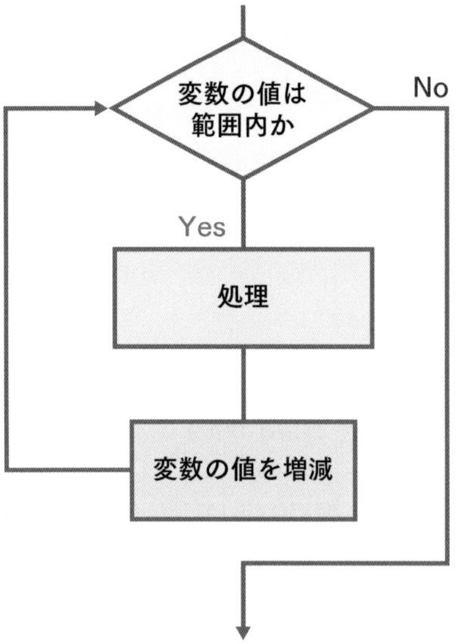

Pythonではfor文を次のように記述します。

図2-4-2　Python のfor 文

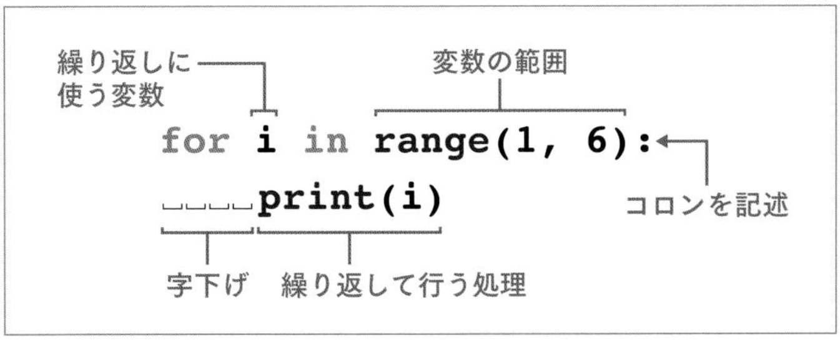

range() という命令で変数の値の範囲を指定します。range() には次の書き方があります。

表2-4-1　for文で用いるrange()命令

書き方	意味
range(繰り返す回数)	変数の値は0から始まり、指定回数、繰り返す
range(初期値, 終値)	変数の値は初期値から始まり、1ずつ増えながら、終値の1つ手前まで繰り返す
range(初期値, 終値, いくつずつ変化させるか※)	初期値から終値の1つ手前まで、指定の値ずつ変数を変化させながら繰り返す

※マイナスの値も指定できます。

range() は指定した範囲の数の並びを意味します。
例えばrange(1, 5) は1, 2, 3, 4 という数の並びになります。
終値の5は入らない点に注意しましょう。

⟫⟫⟫ forを用いたプログラム

for 文の動作を確認します。繰り返しに使う変数は慣例的にiとすることが多く、このプログラムでもiを用いています。

リスト2-4-1▶for_1.py

```
for i in range(10):        繰り返しiは0から始まり10回繰り返す
    print(i)               iの値を出力
```

図2-4-3　実行結果

```
0
1
2
3
4
5
6
7
8
9
```

iの値は最初0で、1ずつ増えながら9になるまで、2行目の処理を繰り返します。
最後の値はrange()の引数の10でないことに注意しましょう。

⟫⟫⟫ range()の範囲を理解する

range(初期値, 終値)で指定する繰り返しを確認します。range()の引数の範囲を理解しましょう。

リスト2-4-2▶for_2.py

```
for i in range(1, 6):      繰り返しiは1から始まり、5まで1ずつ増える
    print(i)               iの値を出力
```

図2-4-4　実行結果

```
1
2
3
4
5
```

変数の最後の値は終値の1つ手前になるので、このプログラムで6は出力されません。

次はrange(初期値, 終値, いくつずつ変化させるか)の記述で、値を減らしていく繰り返しを確認します。

リスト2-4-3▶for_3.py

```
for i in range(12, 5, -1):      繰り返しiは12から始まり、6まで1ずつ減る
    print(i)                    iの値を出力
```

図2-4-5　実行結果

```
12
11
10
9
8
7
6
```

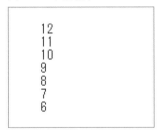

range(12, 5, -1)の範囲指定で値は12から始まり、1ずつ減りながら、終値の1つ手前の6まで出力されます。

forの面白い使い方を教えるわ。
次のように記述して実行してみて。

```
for i in "Python":
    print(i)
```

えーと、こう記述して…
あっ、P、y、t、h、o、nと一文字ずつ出力されました。

Pythonのforは範囲に文字列を指定し、
その文字列から一文字ずつ取り出すことができるの。
こんなこともできるという豆知識の1つよ。

break と continue

breakという命令で繰り返しを中断したり、**continue**という命令で繰り返しの先頭に戻ることができます。

breakとcontinueの使い方を順に確認します。breakとcontinueはifと組み合わせて使います。

リスト2-4-4▶for_break.py

```
for i in range(10):        繰り返しiは0から始まり、10回繰り返す
    if i == 5:             iの値が5であれば
        break              breakで繰り返しを抜ける
    print(i)               iの値を出力
```

図2-4-6　実行結果

```
0
1
2
3
4
```

1行目で繰り返し範囲をrange(10)とし、10回繰り返すように指定しています。しかし、2行目の条件式でiの値が5になったとき、そのif文に記したbreakで繰り返しを中断するので、5以上の数は出力されません。

リスト2-4-5▶for_continue.py

```
1  for i in range(10):        繰り返しiは0から始まり、10回繰り返す
2      if i < 5:              iの値が5未満であれば
3          continue           continueで繰り返しの先頭に戻る
4      print(i)               iの値を出力
```

図2-4-7　実行結果

```
5
6
7
8
9
```

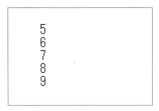

このプログラムも10回繰り返すように指定していますが、2～3行目のif文で、iの値が5未満ならcontinueで繰り返しの先頭に戻しています。そのためiが5未満の間は4行目の処理には入らず、iが5以上になるとcontinueは行われずにprint(i)が実行されます。

》》》whileで繰り返す

whileによる繰り返しを説明します。whileの処理の流れは、次のようになります。

図2-4-8　whileの繰り返し

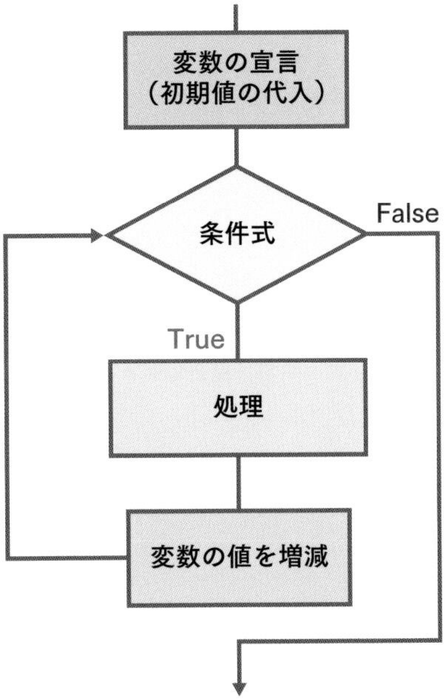

Pythonではwhile文を次のように記述します。

図2-4-9　Pythonのwhile 文

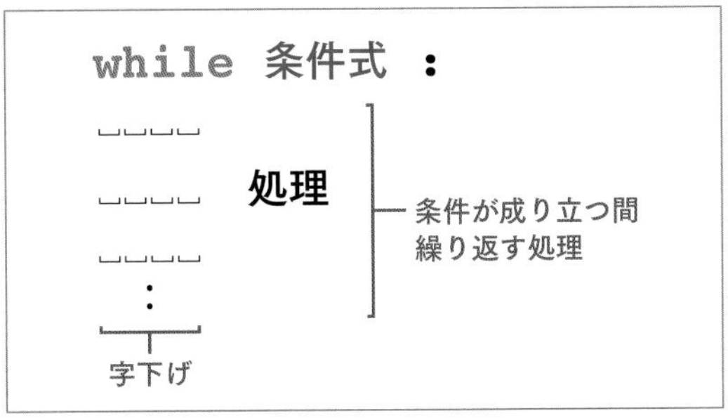

次のプログラムでwhileの動作を確認します。繰り返しに用いる変数は、whileの前で宣言します。

リスト2-4-6▶while_1.py

```
1  n = 1                              繰り返しに使う変数nに初期値1を代入
2  while n <= 128:                    whileの条件式をn<=128とし、繰り返す
3      print(n, "→", end=" ")        nの値を出力
4      n *= 2                         nの値を2倍し、nに代入
```

※4行目のn *= 2はn = n * 2と同じ意味です。

図2-4-10　実行結果

```
1 → 2 → 4 → 8 → 16 → 32 → 64 → 128 →
```

1行目でwhile文の処理に使う変数nを宣言しています。2行目の条件式をnが128以下の間とし、3～4行目の処理を繰り返しています。

print()命令には複数の引数を指定できます。このプログラムではnの値と「→」を出力し、**end=" "**と指定することで出力の最後を半角スペースとし、改行せずに数を横に並べています。

print()で出力する文字列や数を改行したくないならend=の指定を用います。たくさんのデータを出力するときに役立つので、覚えておきましょう。

while Trueの繰り返し

while Trueと記述すると常に条件式が成り立ち、処理が延々と繰り返されます。

while Trueの動作を次のプログラムで確認します。

リスト2-4-7▶while_2.py

```
1 while True:                          whileの条件式をTrueとし、無限に繰り返す
2     s = input("文字列を入力してください ")  入力した文字列を変数sに代入
3     print(s)                         sの値を出力
4     if s=="" or s=="end":            何も入力しないか、endと入力したら
5         break                        whileを抜ける
```

図2-4-11　実行結果

```
文字列を入力してください Python
Python
文字列を入力してください プログラミング
プログラミング
文字列を入力してください アルゴリズム
アルゴリズム
文字列を入力してください end
end
>>>
```

このプログラムは、入力した文字列をそのまま出力することを繰り返します。

何も入力せずに[Enter]([return])キーを押すか、endと入力すると、4～5行目のifとbreakで繰り返しを抜けて処理を終了します。

プログラムの強制中断

プログラムの記述ミスなどで処理が延々と続いてしまうとき、**Windowsパソコンでは Ctrl ＋ C キー、Macでは control ＋ C キーでプログラムを強制終了できます。** このプログラムを再度、実行し、万が一のときのために Ctrl ＋ C キーによるプログラムの中断を確認しておきましょう。

図2-4-12　Macでプログラムを中断した例

```
================= RESTART: /Users/th_macbookair/Desktop/test.py ================
..............................................................................
.........Traceback (most recent call last):
  File "/Users/th_macbookair/Desktop/test.py", line 2, in <module>
    print(".", end="")
KeyboardInterrupt
>>>
```

同じ処理を延々と繰り返すことを無限ループというの。
記述ミスで無限ループに入るようなプログラムはNGだけど、
もし入ってしまったときのために中断方法を覚えておきましょう。

判りました。

COLUMN

forの多重ループ

for文中に別のfor文を入れることができます。forの中にforを記述することを、forを**入れ子にする**や、**ネストする**と表現します。

forを3つ入れ子にする、4つ入れ子にするなど、for文内に別のforをいくつも入れることができ、それらをまとめてforの**多重ループ**といいます。forの中にもう1つのforを入れる**二重ループ**は特によく使われます。

図2-C-1　forの二重ループ

```
for 変数1 in 変数1の範囲:
␣␣␣␣for 変数2 in 変数2の範囲:
␣␣␣␣␣␣␣␣処理
```

こう記述すると、繰り返しの中でもう1つの繰り返しが行われる

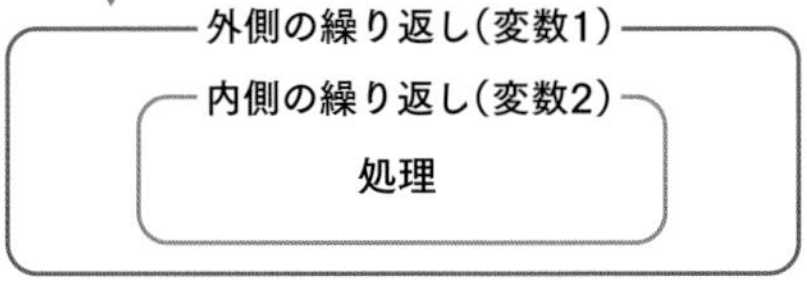

次ページへ続く

多重ループでさまざまな繰り返し処理ができます。

次の例は、二重ループのfor文で九九の式を出力するプログラムです。

リスト2-C-1▶kuku.py

```
1  for y in range(1, 4):                        繰り返しyは1から3まで1ずつ増える
2      print("---", y, "の段 ---")              区切り線と「○の段」を出力
3      for x in range(1, 10):                   繰り返しxは1から9まで1ずつ増える
4          print(y, "×", x, "＝", y*x)          y × x ＝ y*xの値を出力
```

図2-C-2　実行結果

```
--- 1 の段 ---
1 × 1 ＝ 1
1 × 2 ＝ 2
1 × 3 ＝ 3
1 × 4 ＝ 4
1 × 5 ＝ 5
1 × 6 ＝ 6
1 × 7 ＝ 7
1 × 8 ＝ 8
1 × 9 ＝ 9
--- 2 の段 ---
2 × 1 ＝ 2
2 × 2 ＝ 4
2 × 3 ＝ 6
2 × 4 ＝ 8
2 × 5 ＝ 10
2 × 6 ＝ 12
2 × 7 ＝ 14
2 × 8 ＝ 16
2 × 9 ＝ 18
--- 3 の段 ---
3 × 1 ＝ 3
3 × 2 ＝ 6
3 × 3 ＝ 9
3 × 4 ＝ 12
3 × 5 ＝ 15
3 × 6 ＝ 18
3 × 7 ＝ 21
3 × 8 ＝ 24
3 × 9 ＝ 27
```

このプログラムで1行目のyの値は1から始まります。yが1のとき、xは1→2→3→4→5→6→7→8→9と1ずつ増えながら、4行目のprint()命令で一の段の式を出力します。

次にyの値は2になり、xは再び1→2→3→4→5→6→7→8→9と1ずつ増えて、二の段の式が出力されます。同様にyが3になり、三の段が出力されると、全ての繰り返しが終わります。

Lesson 2-5 関数

関数とはコンピュータが行う処理を1つのまとまりとして記述したものです。何度も行う処理があれば、それを関数として定義することで、無駄がなく、判読しやすいプログラムを組むことができます。

⟫⟫⟫ 関数のイメージ

関数には**引数**でデータを与え、関数内でそのデータを加工し、加工した値を**戻り値**として返す機能を持たせることができます。そのイメージを表したものが次の図です。

図2-5-1　関数のイメージ

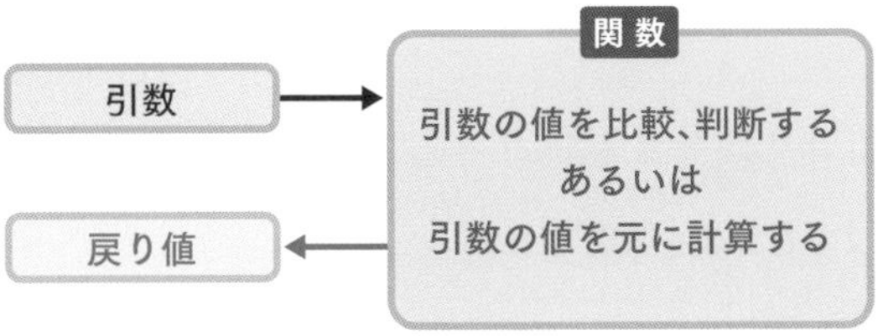

引数と戻り値は必須なものではなく、それらを持たない関数も定義できます。引数と戻り値の有無を表で示します。

表2-5-1　引数と戻り値の有無

	引数なし	引数あり
戻り値なし	①	②
戻り値あり	③	④

引数と戻り値の有無で考えると、
関数は4パターンあります。

関数を定義する

Pythonでは**def**で関数を定義します。

図2-5-2　Pythonの関数の定義

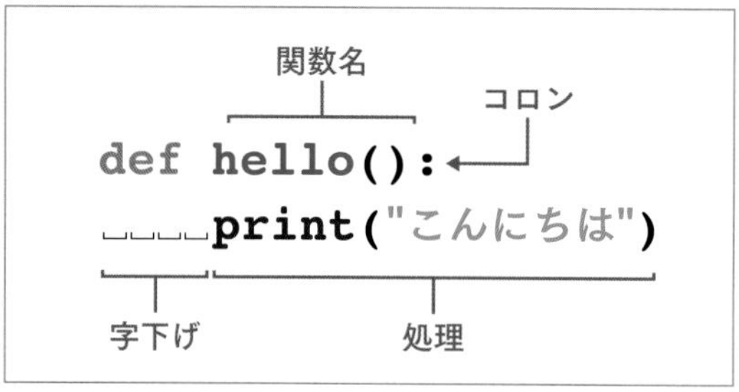

関数名には()を記述します。関数で行う処理は、ifやforと同様に字下げしたブロックに記述します。

引数も戻り値もない関数

引数も戻り値もないシンプルな関数を確認します。

リスト2-5-1▶function_1.py

```
1  def hello():                    hello()という関数を定義
2      print("こんにちは")         print()で文字列を出力
3
4  hello()                         定義した関数を呼び出す
```

※4行目で関数を実行することが判りやすいように、3行目を空行にしています。

図2-5-3　実行結果

```
こんにちは
```

関数名の付け方のルールは、変数名の付け方(40ページ参照)と一緒です。このプログラムでは1～2行目でhello()という関数を定義し、4行目でhello()を呼び出しています。**関数は定義しただけでは働かず、呼び出して実行**します。

このプログラムの1～2行目だけでは何も動作しません。
試しに4行目を削除するか、#hello()とコメントアウトして実行すると、何も起きないことが判ります。

引数あり、戻り値なしの関数

次は引数あり、戻り値なしの関数を確認します。引数を持たせるときは、関数名の()内に引数となる変数を記述します。

リスト2-5-2▶function_2.py

```
1  def even_or_odd(n):
2      if n%2==0:
3          print(n, "は偶数です")
4      else:
5          print(n, "は奇数です")
6
7  even_or_odd(2)
8  even_or_odd(7)
```

1	even_or_odd()という関数を定義
2	引数nの値が2で割り切れるなら
3	「nは偶数です」と出力
4	そうでなければ
5	「nは奇数です」と出力
7	引数を与えて関数を呼び出す
8	引数を与えて関数を呼び出す

図2-5-4　実行結果

```
2 は偶数です
7 は奇数です
```

1～5行目で引数の値が偶数か奇数かを判断する関数を定義しています。2行目のif文で、余りを求める%演算子を用いて、引数の値が2で割り切れるかを調べています。

この関数を実際に働かせているのが7行目と8行目です。引数を設けた関数なので、引数を与えて呼び出しています。

このプログラムは関数を二回呼び出していますね。

そうね。関数は一度定義すれば、何度でも呼び出すことができるの。

引数あり、戻り値ありの関数

関数に戻り値を持たせるには、関数内のブロックにreturn戻り値と記述します。戻り値は変数名や計算式、あるいはTrueやFalseなどの値を記述します。**戻り値に変数名を記述すればその値が返り、計算式を記述すればその計算結果が返ります。**

長方形の幅と高さを引数で与え、面積を返す関数を定義します。その関数の動作を確認しながら、引数と戻り値を理解していきましょう。

図2-5-5　長方形の面積

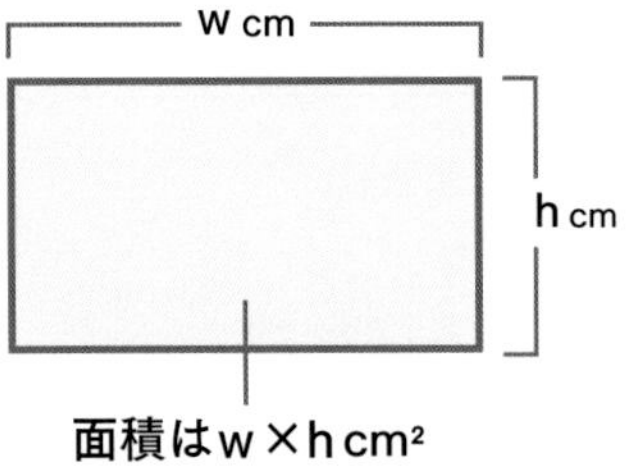

リスト2-5-3▶function_3.py

1	`def area_rect(w, h):`	area_rect()という関数を定義
2	`    return w * h`	引数wとhを掛けた値を戻り値として返す
3		
4	`a = area_rect(20, 10)`	関数で求めた20×10の長方形の面積をaに代入
5	`print("幅20cm,高さ10cmの長方形の面積は", a, "cm2")`	print()でその値を出力
6	`print("幅12cm,高さ30cmの長方形の面積は", area_rect(12,30), "cm2")`	print()の引数にarea_rect()を記述し、12×30の長方形の面積を出力

図2-5-6　実行結果

```
幅20cm,高さ10cmの長方形の面積は 200 cm2
幅12cm,高さ30cmの長方形の面積は 360 cm2
```

1～2行目で定義したarea_rect()関数は、引数で幅と高さを受け取り、計算した面積を戻り値として返します。

4行目でこの関数に引数を与えて呼び出し、戻り値を変数aに代入し、5行目でaの値を出力しています。a = area_rect(20, 10)という記述で、関数の戻り値を変数に代入する様子を表すと、次のようになります。

図2-5-7　戻り値を変数に代入する

6行目では、定義した関数をprintの()内に記述しています。このようにして関数の戻り値を変数に代入せず、直接、扱うこともできます。

プログラミングでは長方形を矩形（くけい）と呼ぶことがあります。
矩形を意味する英単語はrectangleで、rectと略して用いることがあります。

変数の有効範囲について

変数はグローバル変数とローカル変数に分かれ、それぞれ使える範囲が違います。関数の定義では、変数の有効範囲の決まりごとを知っておく必要があるので、ここで説明します。

- **グローバル変数**とは関数の外部で宣言した変数
- **ローカル変数**とは関数の内部で宣言した変数

変数の有効範囲を**スコープ**といいます。グローバル変数とローカル変数のスコープを図示すると次のようになります。

図2-5-8　変数のスコープ

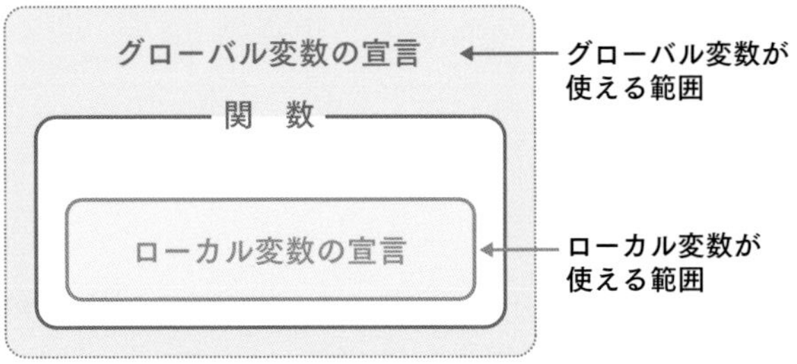

グローバル変数は、それを宣言したプログラムのどの位置でも使うことができます。一方、ローカル変数は、それを宣言した関数内でのみ使うことができます。

ifやforのブロック内で宣言した変数もローカル変数です。それらはそのブロック内でのみ使うことができます。

変数はそれを宣言したブロック内で使えると覚えておきましょう。

global宣言を用いる

Pythonには、関数内でグローバル変数の値を変更するなら、その関数内で変数名を**global**宣言する決まりがあります。

図2-5-9　global宣言

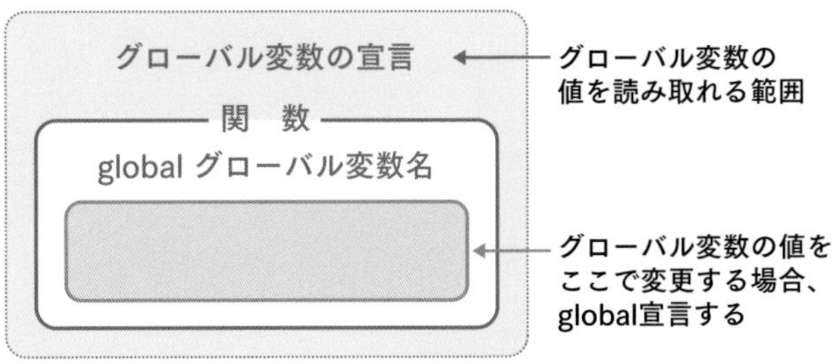

次のプログラムで、変数のスコープとglobalの使い方を確認します。1行目のtotalという変数がグローバル変数で、4行目のloopsがローカル変数です。

リスト2-5-4▶global_local.py

1	`total = 0`	totalという変数を宣言し初期値0を代入
2	`def kasan():`	kasan()という関数を定義
3	`    global total`	totalをグローバル変数として扱うと宣言
4	`    loops = 11`	loopsというローカル変数に11を代入
5	`    for i in range(loops):`	for文でloops回、繰り返す
6	`        total += i`	totalにiの値を足し、totalに代入
7		
8	`print("totalの初期値", total)`	totalの初期値を出力
9	`kasan()`	kasan()を呼び出す
10	`print("関数実行後のtotalの値", total)`	関数実行後のtotalの値を出力

図2-5-10　実行結果

```
totalの初期値 0
関数実行後のtotalの値 55
```

関数の外側の1行目の宣言したtotalがグローバル変数です。この変数の値を関数内で変更するので、3行目で**global** totalとグローバル宣言しています。

4行目のloopsが関数内で宣言したローカル変数です。loopsはこの関数内でのみ使えます。

kasan()関数を実行すると、5〜6行目のfor文で0+1+2+3+4+5+6+7+8+9+10という計算が行われ、totalの値は55になります。

8行目でtotalの値を出力し、9行目でkasan()を呼び出し、10行目で再びtotalの値を出力しています。kasan()を実行するとtotalが55になるので、10行目でその値が出力されます。

何度も行う処理を関数にすれば、無駄のないプログラムになるの。
無駄がなければ、プログラムの誤動作も起きにくくなるわ。

なるほど。関数の定義は大切ということが判りました。

Lesson 2-6

配列（リスト）

配列とは複数のデータをまとめて管理するために用いる、番号の付いた変数のことです。Pythonには配列と同じ機能を持ち、配列よりも柔軟にデータを扱えるリストというものが用意されています。

》》》配列とリストについて

配列とPythonのリストは厳密には別のものですが、本書における学習では、リストはC言語などの配列に相当するものと考えてかまいません。アルゴリズムをはじめて学ぶ方や、他のプログラミング言語で配列を学んだ方は、配列とリストを区別する必要はなく、リスト≒配列と考えて学習を進めましょう。

》》》リストを理解する

ここから先はPythonの用語に合わせ、リストという語で説明します。

リストとは変数に番号を付けてデータを管理するものです。リストをイメージで表すと、次のようになります。

図2-6-1　リストのイメージ

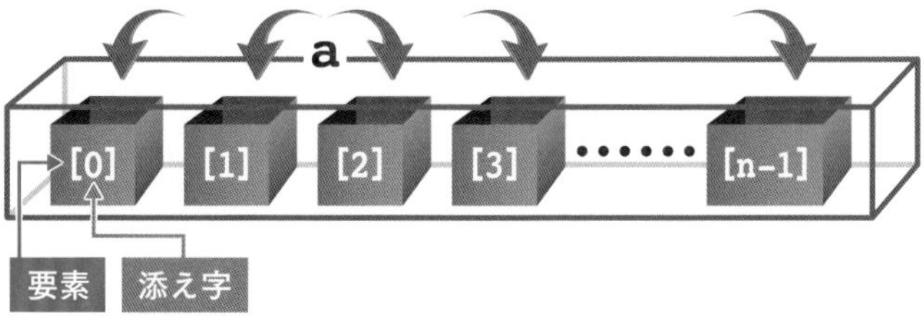

この図ではaという名の箱がn個あります。このaがリストです。a[0]からa[n-1]の箱の1つ1つを**要素**といい、箱がいくつあるかを**要素数**といいます。例えば10個の箱があれば、そのリストの要素数は10です。

箱を管理する番号を**添え字（インデックス）**といいます。**添え字は0から始まり、箱がn個あるなら、最後の添え字はn-1になります。**

リストの要素番号は[0]から始まり、例えば箱が10個あるなら、最後の番号は[9]になります。

›››リストの宣言

リストは次のように記述して宣言し、初期値を代入します。Pythonではこう記した時点から箱[0]、箱[1]、箱[2]… が使えるようになります。

図2-6-2　リストへの初期値の代入

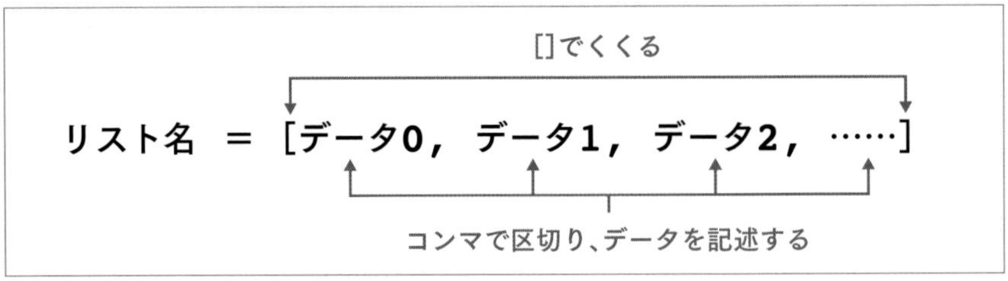

Pythonではこの書式でリストを用意する他に、リスト名 = [] と記述して空のリストを用意し、そこにappend()命令などで後から要素を追加することができます。その方法はゲーム開発の中で改めて説明します。

›››複数のデータを扱う

リストで複数のデータを扱うプログラムを確認します。次のプログラムにはitemとpriceという2つのリストが記されています。

リスト名の付け方のルールは、変数名の付け方と一緒です。

リスト2-6-1▶array_1.py

```
1 item = ["薬草", "毒消し", "たいまつ", "短剣", "木の盾"]
2 price = [10, 20, 40, 200, 120]
3 for i in range(5):
4     print(item[i], "の値段は", price[i])
```

1	itemというリストを宣言し、文字列を代入
2	priceというリストを宣言し、数を代入
3	繰り返しiは0から4まで5回繰り返す
4	item[i]とprice[i]の値を出力

図2-6-3　実行結果

```
薬草 の値段は 10
毒消し の値段は 20
たいまつ の値段は 40
短剣 の値段は 200
木の盾 の値段は 120
```

1～2行目で定義したデータを、3～4行目のforとprint()で出力しています。

リストとforはセットで使うことが多いので、このプログラムでその使い方をつかんでおきましょう。

二次元リスト

array_1.pyのitemとpriceはそれぞれ一次元のリストです。多次元のリストも宣言できます。よく使われる二次元リストについて説明します。

二次元リストは縦方向と横方向に添え字を用いてデータを管理します。各要素の添え字の値は次の図のようになります。

図2-6-4　二次元リストのイメージ

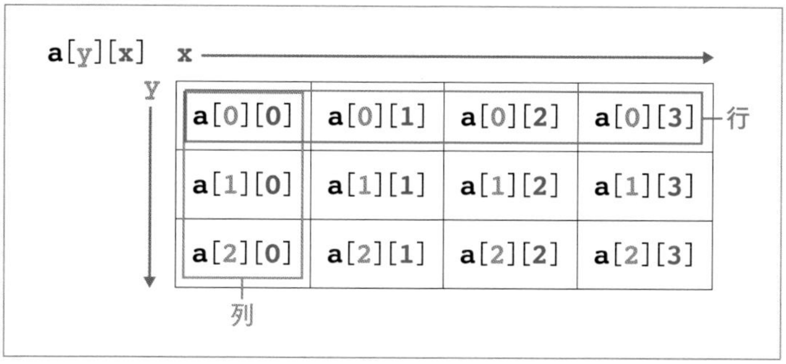

二次元リストのデータの横の並びを**行**、縦の並びを**列**といいます。

二次元リストの宣言

Pythonでは次のように記述して二次元リスト宣言し、初期値を代入します。

図2-6-5　二次元リストの宣言例

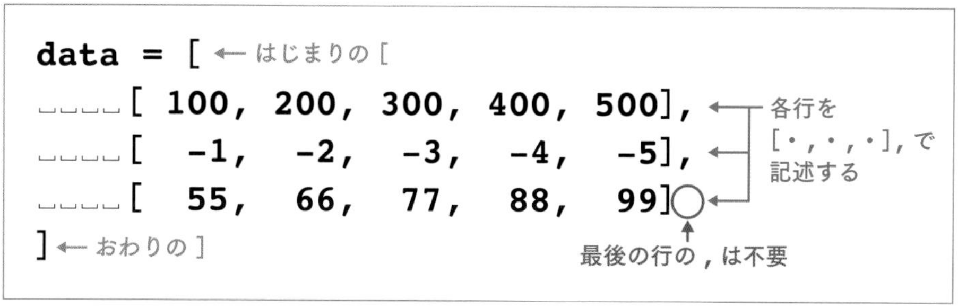

二次元リストを用いたプログラム

二次元リストを用いたプログラムを確認します。

リスト2-6-2▶array_2.py

```
1  data = [                                  dataという名の二次元リストに初期値を代入
2      [100, 200, 300, 400, 500],               1行目の初期値
3      [ -1,  -2,  -3,  -4,  -5],               2行目の初期値
4      [ 55,  66,  77,  88,  99]                3行目の初期値
5  ]
6  print(data[0][0])                         data[0][0]の値を出力
7  print(data[1][1])                         data[1][1]の値を出力
8  print(data[2][4])                         data[2][4]の値を出力
```

図2-6-6　実行結果

```
100
-2
99
```

1～5行目で二次元リストに初期値を代入し、6～8行目で3つの要素の値を出力しています。プログラム自体は難しいものではありませんが、慣れないうちは、リスト名[y][x]のyとxの値がいくつの箱にどのデータが入っているか、つかみにくいものです。

図2-6-4とプログラムを照らし合わせて、添え字の番号を理解しましょう。

二次元リストを理解できるかどうかが1つの山になるわ。

そうですね。一次元のリストは判りましたが、二次元になると、
2つの添え字のどれがどの要素を指すか、正直、まだよく判りません。

慣れるしかないけど、例えばExcelを使っているなら、表の縦方向の1、2、3‥という数と、横方向のA、B、C‥というアルファベットを思い出して、[y][x]のyとxがどれを指しているかを考えたり、**図2-6-4**は学校にあるロッカーや下駄箱のようなものだから、それをイメージして自分なりに理解できるようにね。

なるほど。二次元リストは全く新しい知識ではなく、表やロッカーのように
データや物が管理しやすい仕組みを、コンピュータ内に用意したものですね。

またよい点に気付いたじゃない。その調子でいきましょう。
それとリストの添え字は0から始まることに注意してね。
いよいよ次の章からゲーム制作に入るわ。

ゲーム作り、楽しみにしていたんです！

COLUMN

Pythonのデータ型

変数やリストの**データ型**とは、その箱でどのようなタイプのデータを扱うかという意味です。データ型を単に型ということもあります。

プログラミングを習得するにはデータ型を理解する必要があります。このコラムではPythonのデータ型について説明します。

Pythonには次のデータ型があります。

表2-C-1　データ型

扱うデータの種類	型の名称	値の例
数	整数型(int型)	-123　0　50000
	小数型(float型)※	-5.5　3.14　10.0
文字列	文字列型(string型)	Python　アルゴリズム
論理値	論理型(bool型)	TrueとFalse

※厳密には浮動小数点数型といいます。

例えばa = 10と記述するとaは整数型の変数になり、b = 10.0と記述するとbは小数型の変数になります。c = a + bとすると、cは20.0という小数型の値になります。

論理型の値はTrue（真）とFalse（偽）の2つです。ifの学習で、条件式が成り立ったときはTrue、成り立たなかったときはFalseになることを学びましたが、変数にTrueやFalseという値を代入することができます。

Pythonにはこれらの型以外に、辞書型（dictionary）がありますが、本書では辞書型は用いず、説明は割愛します。

type()命令を使ってみる

Pythonでは**type()**という関数で、変数のデータ型を知ることができます。

次のプログラムでデータ型についての理解を深めましょう。

リスト2-C-2▶data_type.py

```
a = 10                  変数aに整数を代入
print(a, type(a))       aの値と、aの型を出力
b = 10.0                変数bに小数を代入
print(b, type(b))       bの値と、bの型を出力
c = a + b               変数cにa+bの値を代入
print(c, type(c))       cの値と、cの型を出力
s = "Python"            変数sに文字列を代入
print(s, type(s))       sの値と、sの型を出力
x = True                変数xにTrueを代入
print(x, type(x))       xの値と、xの型を出力
y = False               変数yにFalseを代入
print(y, type(y))       yの値と、yの型を出力
```

次ページへ続く

図2-C-3　実行結果

```
10 <class 'int'>
10.0 <class 'float'>
20.0 <class 'float'>
Python <class 'str'>
True <class 'bool'>
False <class 'bool'>
```

10は整数ですが、10.0と記せば小数の扱いになります。また"10"と記せば、それは文字列になります。これは多くのプログラミング言語に共通するルールです。覚えておきましょう。

Chapter 3

ミニゲームを作ろう

この章ではIDLEで遊ぶミニゲームを作り、プログラムを入力することに慣れていきます。またゲームのプログラムを組みながら、初歩的なアルゴリズムを学んでいきます。

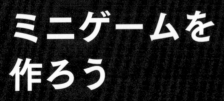

Lesson 3-1

CUIとGUI

この章ではCUIのツールであるIDLE上で動くミニゲームを制作します。はじめにCUIとGUIについて説明します。

››› CUIとは、GUIとは

CUIとは**キャラクター・ユーザ・インタフェース**（Character User Interface）の略で、文字の入出力だけでパソコンなどのコンピュータ機器を操作することを意味します。PythonのIDLE、Windowsのコマンドプロンプト、Macのターミナルなどが CUIの操作系を持つソフトウェアになります。

図3-1-1　CUIの例

コマンド プロンプト　　ターミナル

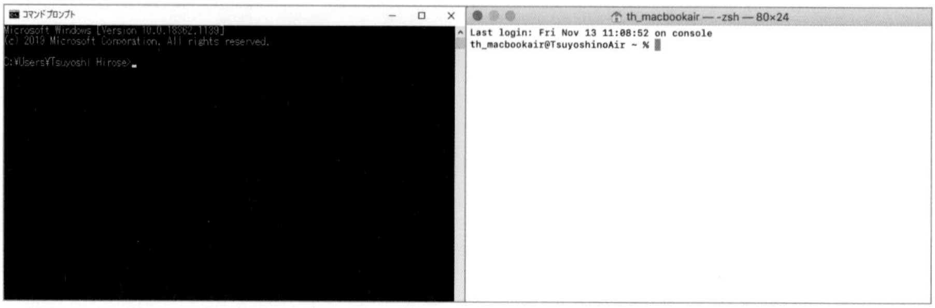

GUIとは**グラフィカル・ユーザ・インタフェース**（Graphical User Interface）の略で、コンピュータの画面にボタンやテキスト入力部などが配置された操作系を意味する言葉です。

パソコン用ソフトの多くやスマートフォン用アプリの操作系がGUIになります。GUIのソフトやアプリは、マウスやタップで項目を選んだり、ボタンを押すなどして操作します。文字入力が必要なときは、キーボードやソフトウェアキーボード（画面に表示されるキーボード）から数値や文字列を打ち込みます。GUIについては4章で改めて説明します。

この章ではCUI上で動くミニゲームを作り、
次の章から画面にウィンドウを表示して、
GUIのソフトを作る方法を学びます。

まずはIDLEで遊べるミニゲーム制作ですね。
はじめてのゲーム作り、ワクワクします。

Lesson 3-2 乱数の使い方

乱数とはサイコロを振って出る目のような、何が出るか判らない、ばらばらに出現する数をいいます。ゲーム制作では乱数をよく使います。ゲームのプログラミングに入る前に、Pythonで乱数を発生させる方法を説明します。

モジュールについて

乱数はrandomモジュールを用いて発生させます。まず**モジュール**について説明します。

前の章では変数やリストの使い方、条件分岐や繰り返しの命令などを学びました。変数やコンピュータに基本的な処理を行わせる命令は、特に準備なしに使うことができます。

一方、乱数を発生させたり、三角関数などで高度な計算を行うときは、Pythonに備わっているモジュールを用います。

図3-2-1　Pythonのモジュール

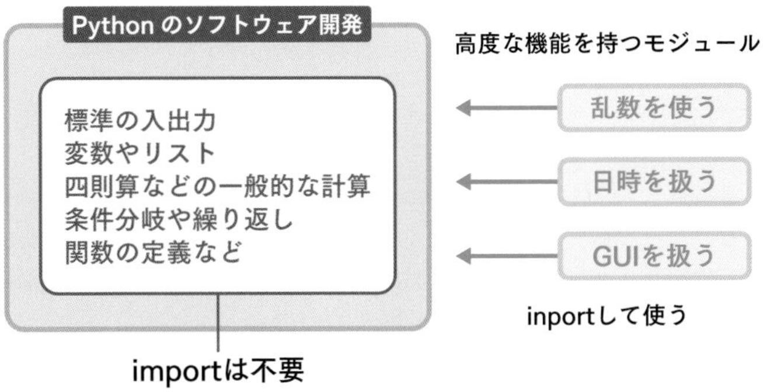

Pythonにはさまざまなモジュールが用意されており、必要なモジュールをimport（インポート）することで、そのモジュールに備わる機能を使うことができます。

本書では、次のモジュールを用いてゲームを制作します。

表3-2-1　本書で用いるモジュール

モジュール名	主な機能
randomモジュール	乱数を発生させる
timeモジュール	日時を取得する、時間の計測を行う
tkinterモジュール	画面にウィンドウを表示し、GUIの部品を配置する
tkinter.messageboxモジュール	メッセージボックスを表示する

これらの他にdatetimeモジュールやcalendarモジュールなどの使い方も説明します。

randomモジュールの使い方

乱数を使うにはrandomモジュールをインポートし、乱数を発生させる命令を記述します。次のプログラムでモジュールの使い方と乱数の作り方を確認します。

このプログラムは、1から6のいずれかの数を10回出力します。

リスト3-2-1▶rand_1.py

```
1 import random                         randomモジュールをインポート
2 for i in range(10):                  繰り返し10回繰り返す
3     r = random.randint(1, 6)         変数rに1から6の乱数を代入
4     print(r)                         その値を出力
```

図3-2-2　実行結果

```
2
5
3
2
4
6
2
1
6
5
```

モジュールを用いるには、1行目のように**import モジュール名**と記述します。

モジュールに備わる命令（関数）を使うには、3行目のように**モジュール名.そのモジュールに備わった関数名**と記述します。このプログラムではrandint()関数で、乱数の最小値と最大値を指定し、乱数を発生させています。

このプログラムは例えるなら、六面体のサイコロをコンピュータに10回振らせているのですよね？

その通りね。ただコンピュータが作る乱数は、さいころを振って出る目のような真の乱数ではなく、計算によって作り出される「疑似乱数」と呼ばれるものなの。乱数を発生させるアルゴリズムもあるのよ。豆知識として覚えておくとよいかも。

そうなんですね。
りかさんってコンピュータの知識にホント明るいですね。
理系女子ってカッコいいな。

そう言ってもらえて悪い気はしないわ。
キミもこの本で学び終える頃には、色々な知識が身に付くはずよ。

はい、ガンバリます！

乱数を発生させる命令

Pythonには乱数を発生させる命令として、次のようなものがあります。

表3-2-2　乱数を発生させる命令

乱数の種類	記述例	意味
小数の乱数	r=random.random()	rに0以上1未満の小数の乱数が代入される
整数の乱数	r=random.randint(1,6)	rに1から6のいずれかの整数が代入される
整数の乱数2	r=random.randrange(10,20,2)※1	rに10,12,14,16,18のいずれかが代入される
複数の項目からランダムに選ぶ	r=random.choice([7,8,9])※2	rに7、8、9のいずれかが代入される

※1 randrange(start,stop,step)で発生させる乱数はstartからstop未満になります。stopの値は入りません。
※2 項目はいくつでも記述できます。choice(["文字列0","文字列1","文字列2"])ように文字列を羅列し、いずれかを選ばせることもできます。

COLUMN

おみくじアプリ

random.choice()を使った“おみくじ”のプログラムを紹介します。

リスト3-C-1▶omikuji.py

```
1  import random                                        randomモジュールをインポート
2  KUJI = ["大大吉", "大吉", "中吉", "小吉",             おみくじの文字をリストで定義
   "凶"]
3  input("おみくじを引きます([Enter]キー)")              説明文を表示、Enterキーの入力を待つ
4  print(random.choice(KUJI))                          ランダムに文字列を出力
```

図3-C-1　実行結果

```
おみくじを引きます([Enter]キー)
中吉
```

このプログラムを実行すると「おみくじをひきます([Enter]キー)」と表示され、Enterキーを押すと、2行目で定義した文字列のいずれかを4行目のchoice()命令で出力します。3行目のinput()はEnterキーが押されるのを待つために使っています。

Lesson 3-3 単語入力ゲームを作ろう

いよいよミニゲームの制作を始めます。1本目は「単語入力ゲーム」です。まずは十数行程度のプログラムを組むのに慣れることを目標に学習を進めていきましょう。

どのようなゲームにするか？

手製の単語カードを題材にしたミニゲームを作っていきます。ゲームの内容は、リンゴ、本、猫などの日本語を出力するので、その英単語であるapple、book、catなどを入力します。

入力した単語が合っていれば点数を加算し、間違っていれば正しい英単語を表示します。

図3-3-1　単語カードをイメージしたゲーム

このゲーム制作で学ぶアルゴリズム

このゲームは「2つの文字列を比較し、同じものかを判断する」「リストで複数のデータを定義し、それらを扱う」という方法を学びながら制作します。3つの段階に分けて処理を組み込み、ゲームを完成させます。

第一段階 文字列を比較する

はじめに、2つの文字列を比較するプログラムを組んでみます。

次のプログラムを入力して名前を付けて保存し、実行して動作を確認しましょう。

リスト3-3-1▶word_game_1.py

```
s = input("猫の英単語を入力してください ")    input()で入力した文字列を変数sに代入
if s == "cat":                                sの値がcatなら
    print("正解です")                          「正解です」と出力
else:                                         catでないなら
    print("猫はcatです")                       「猫はcatです」と出力
```

図3-3-2　実行結果

```
猫の英単語を入力してください dog
猫はcatです
```

1行目のinput()命令で入力した文字列を変数sに代入しています。2～5行目のif elseの条件式でsの値がcatかを調べ、catなら「正解です」、違っていれば「猫はcatです」と出力しています。

このプログラムは2章で学んだ条件分岐を使ったわけですね。

そうよ。2章の知識はとても大切なものなの。
この先、曖昧な部分が出てきたら、
2章のページをパラパラっとめくって復習してね。

はい、そうします。

第二段階 リストで文字列を定義する

第二段階では、複数の単語をリスト（配列）で定義します。ゲームを完成させるときに第一段階で学んだ文字列を比較する処理を入れますが、このプログラムでは文字列の比較は除いてあります。

次のプログラムの動作を確認しましょう。

リスト3-3-2▶word_game_2.py

```
1 japanese = ["リンゴ", "本", "猫", "犬", "卵", "魚", "女の子"]    リストで日本語の単語を定義
2 english = ["apple", "book", "cat", "dog", "egg", "fish", "girl"]    リストで英単語を定義
3 n = len(japanese)    nにjapaneseの要素数を代入
4 for i in range(n):    繰り返し iは0からn-1まで1ずつ増える
5     print(japanese[i], "は", english[i])    日本語と英単語を出力
```

図3-3-3　実行結果

```
リンゴ は apple
本 は book
猫 は cat
犬 は dog
卵 は egg
魚 は fish
女の子 は girl
```

このプログラムはjapaneseというリストに複数の日本語を、englishというリストに複数の英単語を代入しています。

3行目の**len()**はリストの要素数を知る命令です。japaneseには7つの単語を定義してい

るので要素数は7であり、len(japanese)でその7が返り、変数nに代入されます。

4～5行目のfor文でjapaneseとenglishで定義した単語を1つずつ出力しています。

第三段階 単語入力ゲームの完成

第一段階で学んだ文字列の比較と、第二段階のリストによるデータの定義を合わせ、単語入力ゲームを完成させます。次の完成版プログラムの動作を確認しましょう。

リスト3-3-3▶word_game_3.py

```
japanese = ["リンゴ", "本", "猫", "犬", "卵", "魚",     リストで日本語の単語を定義
"女の子"]
english = ["apple", "book", "cat", "dog",              リストで英単語を定義
"egg", "fish", "girl"]
n = len(japanese)                                      nにjapaneseの要素数を代入
right = 0                                              正解数を代入する変数
for i in range(n):                                     繰り返し iは0からn-1まで1ずつ増える
    a = input(japanese[i]+"の英単語は？ ")              input()で入力した文字列をaに代入
    if a==english[i]:                                  aの値が正しい英単語なら
        print("正解です")                               「正解です」と出力
        right = right + 1                              正解数を1増やす
    else:                                              間違っていれば
        print("違います")                               「違います」と出力
        print("正しくは"+english[i])                    正しい答えを出力
print("終了です")                                       「終了です」と出力
print("正解数", right)                                  正解数を出力
print("間違い", n-right)                                間違いの数を出力
```

表3-3-1　用いている主なリストと変数

japanese[]	日本語の単語を定義
english[]	英単語を定義
n	単語はいくつあるか
right	正解した数

図3-3-4　実行結果

```
リンゴの英単語は？ apple
正解です
本の英単語は？ book
正解です
猫の英単語は？ cat
正解です
犬の英単語は？ dog
正解です
卵の英単語は？ egg
正解です
魚の英単語は？ fish
正解です
女の子の英単語は？ boy
違います
正しくはgirl
終了です
正解数 6
間違い 1
```

3行目でlen()を使って代入したnの値が、このゲームの問題数になります。

5～12行目のforとif elseの処理で、日本語を1つずつ出力し、input()で入力した英単語が正解ならrightの値を1増やしています。

繰り返しが終わると、rightの値を正解数として出力し、n-rightの値を間違いとして出力しています。nには問題数が入っているので、「n(問題数)－right(正解数)」が間違えた数になります。

ゲームが完成したぞ。感動です！

まずはプログラミング初学者向けのミニゲームだけれど、
喜んでもらえたみたいね。

ええ、ゲーム制作の一歩目としては満足です。
1つ完成させると、やる気が増しますね。
次のゲームにいきましょう！

その向上心、素晴らしいわ。
次はジャンケンゲームよ。

Lesson 3-4

ジャンケンゲームを作ろう

二本目はジャンケンゲームを作ります。グー、チョキ、パーのコンピュータの手を決めるのに乱数を用います。乱数の使い方を覚えていきましょう。

どのようなゲームにするか？

プレイヤーはグー(0)、チョキ(1)、パー(2) を数字で入力し、コンピュータとジャンケンをします。コンピュータが出す手は乱数を使って決めます。三回ジャンケンをして勝敗を決定します。

図3-4-1　コンピュータとジャンケンをするゲーム

このゲーム制作で学ぶアルゴリズム

このゲーム制作で大切なことは「乱数の使い方」と「ジャンケンの勝ち負けのルールのプログラミング」です。それらを中心に学んでいきます。

このゲームも3つの段階に分けて処理を組み込み、完成させます。

第一段階 コンピュータの手をランダムに決める

まずコンピュータに「グー」「チョキ」「パー」のいずれかの手を出させます。

次のプログラムを入力して名前を付けて保存し、実行して動作を確認しましょう。

リスト3-4-1▶janken_game_1.py

```
1  import random                                  randomモジュールをインポート
2  hand = ["グー", "チョキ", "パー"]                  リストでジャンケンの文字列を定義
3
4  for i in range(3):                             繰り返し 3回繰り返す
5      print("¥n", i+1, "回目")                    「○回目」と出力
6      c = random.randint(0, 2)                   コンピュータの手をランダムに決める
7      print("コンピュータの手は"+hand[c])           その手を出力
```

図3-4-2　実行結果

```
 1 回目
コンピュータの手はチョキ

 2 回目
コンピュータの手はグー

 3 回目
コンピュータの手はパー
```

乱数を使うので1行目でrandomモジュールをインポートします。

2行目でグー、チョキ、パーという文字列をリストで定義しています。hand[0]の値がグー、hand[1]がチョキ、hand[2]がパーになります。このゲームでは3つの手を、グーは0、チョキは1、パーは2という数で管理します。

4～7行目のfor文で処理を3回繰り返しています。その処理の内容は、5行目で「○回目」と出力し、6行目で変数cに0、1、2いずれかの数を入れ、7行目でhand[c]を出力するというものです。

■ 改行コード

5行目のprint()の引数に"¥n"という記述があります。**¥n**は**改行コード**と呼ばれるもので、print()命令などで用いると、そこで文字列を改行します。今回は出力結果を見やすくするために、この改行コードを用いています。

¥と\（バックスラッシュ）は同じもので、Windowsでは主に¥、Macでは\が表示されます。Windowsでもテキストエディタによっては、¥ではなく\で表示されます。

例えば print(" こんにちは。¥n今日はよいお天気ですね。") とすると、次のように、¥nのところで文字列が改行されて出力されます。

こんにちは。
今日はよいお天気ですね。

第二段階 勝ち負けの判定

グーはチョキに強く、チョキはパーに強く、パーはグーに強いという、ジャンケンのルールを組み込みます。

図3-4-3　グーチョキパーの勝ち負け

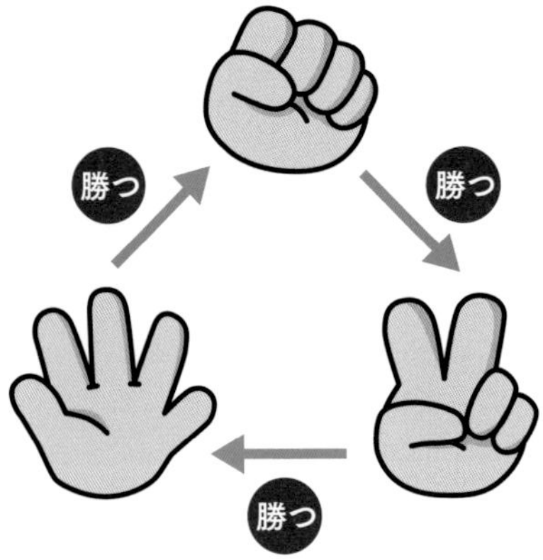

グーは0、チョキは1、パーは2という数で手を管理します。その数で勝ち負けを表現すると、0（グー）は1（チョキ）に強く、1（チョキ）は2（パー）に強く、2（パー）は0（グー）に強いとなります。

プレイヤーが0（グー）を出し、コンピュータが1（チョキ）を出したときを条件分岐のifで表すと、「if プレイヤーの手が0で、コンピュータの手が1なら、プレイヤーの勝ち」となります。

また「if プレイヤーの手の数とコンピュータの手の数が同じなら、あいこ」になります。

次のプログラムは、全ての手の組み合わせを判定し、プレイヤーが勝ったこと、あるいは、コンピュータが勝ったことを出力します。このプログラムを実行すると、プレイヤーの入力を促すメッセージが表示されるので、0、1、2いずれかの数を入力してください。コンピュータはランダムに手を決め、プレイヤーとコンピュータのどちらが勝ったかを判定します。

リスト3-4-2▶janken_game_2.py

```
import random
hand = ["グー", "チョキ", "パー"]
print("コンピュータとじゃんけんをします。")

for i in range(3):
    print("¥n", i+1, "回目のじゃんけん")
    y = input("あなたは何を出す？¥n0=グー 1=チョキ 2=パー ")
    y = int(y)
    c = random.randint(0, 2)
    print("コンピュータの手は"+hand[c])
    if y==c:
        print("あいこです")
    if y == 0:
        if c == 1:
            print("あなたの勝ち")
        if c == 2:
            print("コンピュータの勝ち")
    if y == 1:
        if c == 0:
            print("コンピュータの勝ち")
        if c == 2:
            print("あなたの勝ち")
    if y == 2:
        if c == 0:
            print("あなたの勝ち")
        if c == 1:
            print("コンピュータの勝ち")
```

randomモジュールをインポート
リストでジャンケンの文字列を定義
ルールの説明

繰り返し 3回繰り返す
「○回目のじゃんけん」と出力
input()で入力した文字列をyに代入

yの値を数に変換する
コンピュータの手をランダムに決める
コンピュータの手を出力
互いに同じ手なら
「あいこです」と出力
プレイヤーがグーを出したとき
コンピュータがチョキなら
「あなたの勝ち」と出力
コンピュータがパーなら
「コンピュータの勝ち」と出力
プレイヤーがチョキを出したとき
コンピュータがグーなら
「コンピュータの勝ち」と出力
コンピュータがパーなら
「あなたの勝ち」と出力
プレイヤーがパーを出したとき
コンピュータがグーなら
「あなたの勝ち」と出力
コンピュータがチョキなら
「コンピュータの勝ち」と出力

図3-4-4　実行結果

```
コンピュータとじゃんけんをします。

 1 回目のじゃんけん
あなたは何を出す？
0=グー 1=チョキ 2=パー 2
コンピュータの手はグー
あなたの勝ち

 2 回目のじゃんけん
あなたは何を出す？
0=グー 1=チョキ 2=パー 1
コンピュータの手はチョキ
あいこです

 3 回目のじゃんけん
あなたは何を出す？
0=グー 1=チョキ 2=パー 0
コンピュータの手はパー
コンピュータの勝ち
```

7行目のinput()命令でプレイヤーに文字列を入力させて、8行目でそれを数に変換しています。

9行目でコンピュータの手を乱数で決め、変数cに代入します。

yとcの値はグーが0、チョキが1、パーが2です。

11～27行目でyとcの値を比べ、勝ち負けを出力しています。yとcの値が一致したときは、グー同士、チョキ同士、パー同士のいずれかで"あいこ"になるので、if y==c という判定は1回だけ行えばよいものになります。

さて、このプログラムは数字以外を入力したり、何も入力せずに Enter キーを押すと、エラーが発生して処理が止まってしまいます。

図3-4-5　エラーによるプログラムの停止

```
 1 回目のじゃんけん
あなたは何を出す？
0=グー 1=チョキ 2=パー A
Traceback (most recent call last):
  File "C:¥Users¥Tsuyoshi Hirose¥Desktop¥janken_game_2.py", line 8, in <module>
    y = int(y)
ValueError: invalid literal for int() with base 10: 'A'
```

ゲームに限らずどのようなソフトウェアでも、このようなエラーが発生してはなりません。そこで「0、1、2以外を入力したら、プレイヤーの負けとする」あるいは「必ず0、1、2いずれかをプレイヤーに入力させる」などの処理を入れる必要があります。

今回は後者の0、1、2いずれかだけを入力する仕組みを入れてゲームを完成させます。

グー、チョキ、パーを、0、1、2という数に置き換えたところがポイントですね？

その通りね。
このようなプログラムは文字列と数を対応させて処理を作ることが基本なの。
ただし処理の内容によっては、文字列を直接、扱うこともあるわ。

第三段階 ジャンケンゲームの完成

プレイヤーとコンピュータ、それぞれが勝った回数を数える変数を用意し、ジャンケンゲームを完成させます。三回ジャンケンをして、多く勝ったほうの勝利とします。このゲームはあいこでも1回ジャンケンをしたと数えます。

次の完成版プログラムの動作を確認しましょう。

リスト3-4-3▶janken_game_3.py

```
import random
hand = ["グー", "チョキ", "パー"]
you_win = 0
com_win = 0
print("コンピュータとじゃんけんをします。")
print("3回じゃんけんをして勝敗を決めます。")

for i in range(3):
    print("¥n", i+1, "回目のじゃんけん")
    y = ""
    while True:
        y = input("あなたは何を出す？¥n0=グー 1=チョキ 2=パー ")
        if y=="0" or y=="1" or y=="2":
            break
    y = int(y)
    c = random.randint(0, 2)
    print("コンピュータの手は"+hand[c])
    if y==c:
        print("あいこです")
    if y == 0:
        if c == 1:
            print("あなたの勝ち")
            you_win = you_win+1
        if c == 2:
            print("コンピュータの勝ち")
            com_win = com_win+1
    if y == 1:
        if c == 0:
            print("コンピュータの勝ち")
            com_win = com_win+1
        if c == 2:
            print("あなたの勝ち")
            you_win = you_win+1
```

randomモジュールをインポート
リストでジャンケンの文字列を定義
プレイヤーが勝った回数を入れる変数
コンピュータが勝った回数を入れる変数
ゲームルールの説明

繰り返し 3回繰り返す
「○回目のじゃんけん」と出力
変数yを用意する
無限ループで繰り返す
input()で入力した文字列をyに代入
0、1、2いずれかを入力したら
breakで無限ループを抜ける
yの値を数に変換する
コンピュータの手をランダムに決める
コンピュータの手を出力
互いに同じ手なら
「あいこです」と出力
プレイヤーがグーを出したとき
コンピュータがチョキなら
「あなたの勝ち」と出力
プレイヤーの勝ち数を増やす
コンピュータがパーなら
「コンピュータの勝ち」と出力
コンピュータの勝ち数を増やす
プレイヤーがチョキを出したとき
コンピュータがグーなら
「コンピュータの勝ち」と出力
コンピュータの勝ち数を増やす
コンピュータがパーなら
「あなたの勝ち」と出力
プレイヤーの勝ち数を増やす

```
    if y == 2:
        if c == 0:
            print("あなたの勝ち")
            you_win = you_win+1
        if c == 1:
            print("コンピュータの勝ち")
            com_win = com_win+1

print("--------------------")
print("あなたが勝った回数", you_win)
print("コンピュータが勝った回数", com_win)
if you_win>com_win:
    print("あなたの勝利！")
elif com_win>you_win:
    print("コンピュータの勝利！")
else:
    print("引き分け")
```

プレイヤーがパーを出したとき
コンピュータがグーなら
「あなたの勝ち」と出力
プレイヤーの勝ち数を増やす
コンピュータがチョキなら
「コンピュータの勝ち」と出力
コンピュータの勝ち数を増やす

区切り線を出力
プレイヤーが勝った回数を出力
コンピュータが勝った回数を出力
you_winがcom_winより大きければ
「あなたの勝利！」と出力
com_winがyou_winより大きいなら
「コンピュータの勝利！」と出力
いずれでもないなら
「引き分け」と出力

表3-4-1　用いている主なリストと変数

hand[]	グー、チョキ、パーの文字列を定義
you_win	プレイヤーが勝った回数
com_win	コンピュータが勝った回数

図3-4-6　実行結果

```
コンピュータとじゃんけんをします。
3回じゃんけんをして勝敗を決めます。

 1 回目のじゃんけん
あなたは何を出す？
0=グー 1=チョキ 2=パー 2
コンピュータの手はパー
あいこです

 2 回目のじゃんけん
あなたは何を出す？
0=グー 1=チョキ 2=パー 1
コンピュータの手はパー
あなたの勝ち

 3 回目のじゃんけん
あなたは何を出す？
0=グー 1=チョキ 2=パー 0
コンピュータの手はパー
コンピュータの勝ち
--------------------
あなたが勝った回数 1
コンピュータが勝った回数 1
引き分け
```

3～4行目で宣言したyou_win、com_winという変数に、プレイヤーが勝った回数とコンピュータが勝った回数を代入します。

3回勝負するので、8行目のfor文で処理を3回繰り返します。

11～14行目で、while Trueの無限ループを用いて、プレイヤーに0、1、2いずれかを入力させます。この処理の詳細は後述します。

18～40行目で勝ち負けを判定し、プレイヤーが勝ったらyou_winの値を1増やし、コンピュータが勝ったらcom_winを1増やしています。

繰り返しが終わったら、you_winとcom_winの値を出力します。そして45～50行目でyou_winとcom_winの大小を比べて、どちらが勝ったか、あるいは引き分けかを出力しています。

》》》決められた文字列だけ入力させる

このプログラムには、プレイヤーに0、1、2のいずれかだけを入力させる仕組みを入れました（11～14行目）。

図3-4-7　決められた文字列だけ入力させる仕組み

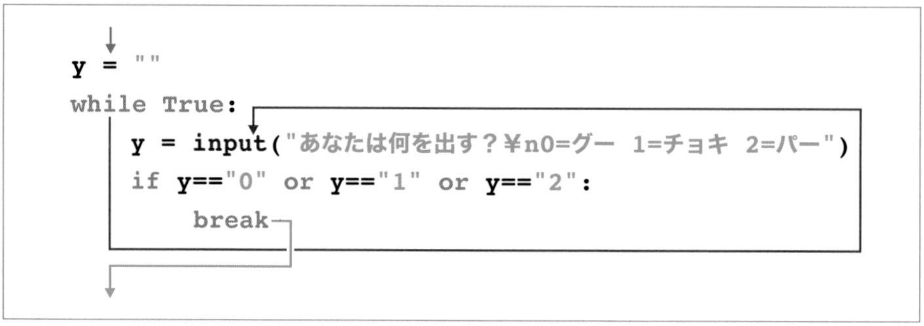

y = ""
while True:
y = input("あなたは何を出す？¥n0=グー 1=チョキ 2=パー")
if y=="0" or y=="1" or y=="2":
break

whileの条件式をTrueとすることで、処理が無限に繰り返されます（赤矢印の線）。入力した値が0、1、2のどれかならbreakで無限ループを抜け、次へ進みます（緑矢印の線）。

0、1、2以外を入力したときは、処理が繰り返され、再びinput()が行われる仕組みになっています。

コンピュータと勝負するゲームが完成したぞ！
単語入力ゲームは一人で黙々とプレイする内容でしたけど、
コンピュータと戦うと、より面白いですね。

そうね。誰かと何かを競うって、
基本的に楽しいものね。

野球やサッカーをコンピュータゲームで作れたら素敵だろうな。
チームプレイのゲームは難しいとしても、
テニスくらいは作れるようになるかな？

コツコツ学んでいけば、きっとできるわ。
テニスではないけれど、この本の最後で
コンピュータと戦うエアホッケーを作るの。

それは楽しみです！

Lesson 3-5

もぐら叩きゲームを作ろう

三本目はもぐら叩きゲームを作ります。ゲームをプレイした時間を計測するという、やや高度な処理を学びます。

どのようなゲームにするか？

読者のみなさんは、ワニをハンマーで叩いて点数を競う業務用のゲーム機をご存知でしょうか。最近はあまり見かけなくなりましたが、以前は多くのゲームセンターに置かれていたので、一度くらいは遊んだことがあるという方もいらっしゃるのではないでしょうか。

著者が子供の頃は、穴から顔を出すもぐらをハンマーで叩いて点数を競う「もぐら叩き」というゲーム機がありました。

図3-5-1　もぐら叩きゲーム

このゲームをIDLEで遊べるようにします。

コンピュータゲームは自由な発想で考えてよいものですから、ここで作るゲームは、アンダースコア(_)とドット(.)を並べ、そのうちどれか1つを半角のオー(O)にして、穴ともぐらを表現します。Oが穴から顔を出したもぐらです。

図3-5-2　記号と文字で、もぐら叩きを表現する

```
                          O
 .    .    .    .    .         .    .
[0]  [1]  [2]  [3]  [4]  [5]  [6]  [7]
```

もぐらのいる位置の数字を入力することで、もぐらを倒す設定にします。ただしIDLEはリアルタイムのキー入力ができないので、数字を入れてEnterキーを押す操作で遊ぶものとします。

このゲームはどれだけ早く入力できるかを競うものとし、ゲーム開始から終了までの時間を計測して、もぐらを早く倒すほど高得点となるようにします。

このもぐら叩きは、数を入力しEnterキーを押すことでゲームを進めます。
Pythonでリアルタイムに処理を進める方法もあり、
その方法は4章や特別付録のエアホッケーの制作で学びます。

》》》このゲーム制作で学ぶアルゴリズム

ここでは「プログラムで時間を計る方法」と「機能を待つ関数の作り方」を学びます。このゲームも3つの段階に分けて処理を組み込み、完成させます。

第一段階 時間の計測方法を知る

Pythonで時間を計る方法を説明します。時間の計測にはいくつかのやり方がありますが、ここではtimeモジュールを用います。

次のプログラムを入力して名前を付けて保存し、実行して動作を確認しましょう。

リスト3-5-1▶mogura_tataki_1.py

```
import time
print("========== 計測開始 ==========")
ts = time.time()
print("エポック秒", ts)
input("Enterキーを押すまでの時間を計測します")
te = time.time()
print("エポック秒", te)
print("========== 計測終了 ==========")
print("経過秒数", int(te-ts))
```

timeモジュールをインポート
計測開始の合図を出力
この時点のエポック秒を変数tsに代入
tsの値を出力
input()でEnterキーが押されるまで待つ
この時点のエポック秒を変数teに代入
teの値を出力
計測終了の合図を出力
te-tsの値を、小数点以下を切り捨て出力

図3-5-3　実行結果

```
========== 計測開始 ==========
エポック秒 1606184488.1305816
Enterキーを押すまでの時間を計測します
エポック秒 1606184508.4698377
========== 計測終了 ==========
経過秒数 20
```

Pythonではtimeモジュールにある**time()**という関数で**エポック秒**を取得できます。**エポック秒（エポック時間）とは1970年1月1日午前0時0分0秒からの経過秒数のこと**です。

このプログラムは1行目でtimeモジュールをインポートし、3行目の ts = time.time() で変数tsにその時点のエポック秒を代入しています。そして4行目でtsの値を出力しています。

5行目のinput()命令により、何か文字列を入力して[Enter]キーを押すまで、プログラムの処理は先へは進みませんが、現実の時間であるエポック秒は進んでいきます。[Enter]キーを押すと処理が6行目に移り、te = time.time() で変数teにその時点の新たなエポック秒が代入されます。

teからtsを引いた値が、input()で入力を待った秒数になります（**図3-5-4**）。それをint()で整数にした値を9行目で出力しています。

図3-5-4　time.time()で経過時間を計る

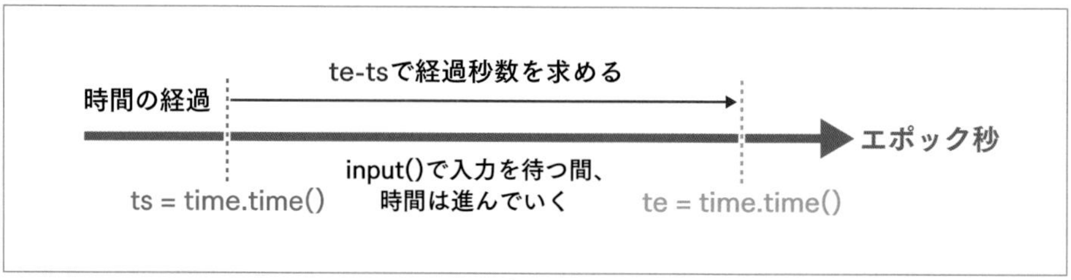

第二段階 もぐらを表示する関数を作る

もぐらと番号を表示する関数を定義します。このプログラムに時間の計測は入れていません。

次のプログラムの動作を確認しましょう。

リスト3-5-2▶mogura_tataki_2.py

```
def mogura(r):                                   モグラを表示する関数の定義
    m = ""                                       変数mに空の文字列を代入
    n = ""                                       変数nに空の文字列を代入
    for i in range(8):                           繰り返し 変数iを用いて8回繰り返す
        ana = "."                                変数anaにドットを代入
        if i==r:                                 iが引数rの値なら
            ana = "O"                            anaにオーを代入
        m = m + " _" + ana + "_ "                アンダースコアとanaをつなげていく
        n = n + " [" + str(i) + "] "             [と、iの値と、]をつなげていく
    print(m)                                     mの値（穴ともぐら）を出力
    print(n)                                     nの値（穴の番号）を出力

print("mogura()関数を引数1で呼び出す")           「関数を引数1で呼び出す」と出力
mogura(1)                                        mogura(1)を呼び出す
print("")                                        改行するために空の文字列を出力
print("mogura()関数を引数5で呼び出す")           「関数を引数5で呼び出す」と出力
mogura(5)                                        mogura(5)を呼び出す
```

図3-5-5　実行結果

```
mogura()関数を引数1で呼び出す
        O
  .     .     .     .     .     .     .     .
 [0]   [1]   [2]   [3]   [4]   [5]   [6]   [7]
mogura()関数を引数5で呼び出す
                                O
  .     .     .     .     .     .     .     .
 [0]   [1]   [2]   [3]   [4]   [5]   [6]   [7]
```

1～11行目が、もぐらと番号を出力するmogura()関数の定義です。この関数には引数rを設けており、rの値で、もぐらがどこに顔を出すかを指定します。

もぐらの穴を表す文字列の作り方ですが、2行目と3行目で空の文字列を初期値とした変数mとnを用意します。4～9行目の繰り返しで、mにアンダースコア(_)とドット(.)をつなげていきます。このとき、rの位置にはドットの代わりにオー(O)を置きます。

nには[番号]という文字列をつなげていきます。その際、iに入っている数値を文字列にするためにstr()を用いています。

こうしてもぐらの穴と番号を表す文字列を作り、10～11行目で出力しています。

この関数を実際に働かせているのは、14行目と17行目です。関数は定義しただけでは動かず、プログラム内の必要な箇所で呼び出して実行します。

文字だけで、もぐらの穴と、顔を出すもぐらを
表現するなんてユニークですね。

ええ、コンピュータゲームは自由にアイデアを考えてよいと思うわ。
一般的なソフトウェア開発は仕様が決められていて、
そのルールに従って作るけどね。

自由に何かを表現できるっていいなぁ。
ゲーム開発が好きになりましたよ。

第三段階 もぐら叩きゲームの完成

第一段階で学んだ時間の計り方と、第二段階でプログラミングしたもぐらを表示する関数を使い、他にゲームとしての処理を加え、もぐら叩きゲームを完成させます。

次の完成版プログラムの動作を確認しましょう。

リスト3-5-3▶mogura_tataki_3.py

```
import time
import random

def mogura(r):
    m = ""
    n = ""
    for i in range(8):
        ana = "."
        if i==r:
            ana = "O"
        m = m + " _" + ana + "_ "
        n = n + " [" + str(i) + "] "
    print(m)
    print(n)

print("========== ゲームスタート! ==========")
hit = 0
ts = time.time()
for i in range(10):
    r = random.randint(0, 7)
    mogura(r)
    p = input("モグラはどこ? ")
    if p == str(r):
        print("HIT!")
        hit = hit + 1
    else:
        print("MISS")
t = int(time.time()-ts)
bonus = 0
if t<60:
    bonus = 60-t
print("========== ゲームエンド ==========")
print("TIME", t, "sec")
print("HIT", hit, "× BONUS", bonus)
print("SCORE", hit*bonus)
```

```
timeモジュールをインポート
randomモジュールをインポート

モグラを表示する関数の定義
変数mに空の文字列を代入
変数nに空の文字列を代入
繰り返し iを用いて8回繰り返す
変数anaにドットを代入
iが引数rの値なら
anaにオーを代入
アンダースコアとanaをつなげていく
[と、iの値と、]をつなげていく
mの値(穴ともぐら)を出力
nの値(穴の番号)を出力

ゲーム開始の合図を出力
変数hitに0を代入
この時点のエポック秒をts代入
繰り返し iを用いて10回繰り返す
rに0から7の乱数を代入
rを引数としmogura()関数を呼び出す
input()で、もぐらは何番かを入力
もぐらの位置と一致すれば
HIT!と出力
hitの値を1増やす
そうでなければ
MISSと出力
終了までに掛かった秒数をtに代入
変数bonusに0を代入
60秒未満で終了した場合
bonusの値を60-掛かった秒数とする
ゲーム終了の合図を出力
掛かった秒数を出力
何匹叩いたかとbonusの値を出力
スコアを出力
```

表3-5-1　用いている主な変数

hit	もぐらを叩いた数
ts、t	プレイ時間の計測
bonus	ボーナスポイントの計算用

図3-5-6　実行結果

```
========== ゲームスタート! ==========
  O    .    .    .    .    .    .    .
 [0]  [1]  [2]  [3]  [4]  [5]  [6]  [7]
モグラはどこ? 0
HIT!
  .    .    .    .    O    .    .    .
 [0]  [1]  [2]  [3]  [4]  [5]  [6]  [7]
モグラはどこ? 4
HIT!
  .    .    .    .    .    .    .    O
 [0]  [1]  [2]  [3]  [4]  [5]  [6]  [7]
モグラはどこ? 7
HIT!
  .    O    .    .    .    .    .    .
 [0]  [1]  [2]  [3]  [4]  [5]  [6]  [7]
モグラはどこ? 1
HIT!
  .    .    O    .    .    .    .    .
 [0]  [1]  [2]  [3]  [4]  [5]  [6]  [7]
モグラはどこ? 2
HIT!
  .    .    O    .    .    .    .    .
 [0]  [1]  [2]  [3]  [4]  [5]  [6]  [7]
モグラはどこ? 2
HIT!
  .    .    O    .    .    .    .    .
 [0]  [1]  [2]  [3]  [4]  [5]  [6]  [7]
モグラはどこ? 2
HIT!
  .    .    .    .    .    O    .    .
 [0]  [1]  [2]  [3]  [4]  [5]  [6]  [7]
モグラはどこ? 4
MISS
  .    .    O    .    .    .    .    .
 [0]  [1]  [2]  [3]  [4]  [5]  [6]  [7]
モグラはどこ? 2
HIT!
  .    .    .    .    .    .    .    O
 [0]  [1]  [2]  [3]  [4]  [5]  [6]  [7]
モグラはどこ? 7
HIT!
========== ゲームエンド ==========
TIME 16 sec
HIT 9 × BONUS 44
SCORE 396
```

19～27行目のfor文がゲームのメイン部分の処理です。forで10回繰り返す中で、乱数でもぐらの位置を決めて変数rに代入し、mogura()関数でもぐらと番号を出力します。そしてinput()で入力した値がrの値と一致すれば、変数hitの値を1増やしています。

このforの直前の18行目でts=time.time()とし、ゲーム開始時のエポック秒を変数tsに代入しています。そして繰り返しが終わった直後の28行目でt=int(time.time()-ts)とし、ゲームをプレイするのに掛かった秒数をtに代入しています。

29～31行目でボーナスポイントの値を計算しています。この値はプレイするのに掛かった時間が60秒未満なら、60-掛かった秒数とします。60秒以上掛かったときはbonusを0とします。

33～35行目で、掛かった時間、もぐらを叩いた数、bonusの値、スコアを出力しています。スコアの値をhit×bonusとすることで、正確に、できるだけ素早く叩くとスコアが伸びる計算になっています。またスコアをhit×bonusとしたのは、プレイ時間を最短にしようと何も入力せずに Enter キーだけを押し続けた場合、叩いた回数（hitの値）は0であり、そのようなプレイではスコアを0とすることが妥当だからです。

けっこう熱くなりますね。
りかさん、このゲームで勝負しましょう。
負けたらコーヒーを奢るってことで、どうです？

いいわよ。面白いじゃない。

じゃあ、ボクから…。プログラムを実行してと…、
5! 6! 1! えーと、3! 1! えーと、4!、あ、しまった。7! 1! 0! 2!
スコアはこうなりました。

まずまずの点数ね。
りかの本気を見せてあげるわ。
6! 3! 1! 0! 0! 4! 2! 5! 2! 7!
よし、5秒でクリア！

す、すごい…。

うふ、駅前のカフェでよろしくね♪

え、え、缶コーヒーで…

COLUMN

日時を扱ってみよう

もぐら叩きゲームではtimeモジュールを用いて時間を計りました。Pythonには他にも日時を扱う色々な命令やモジュールが備わっています。このコラムでは、それらの使い方を紹介します。

■ timeモジュールで現在の日時を取得

timeモジュールのもう少し詳しい使い方から説明します。

次のプログラムはtimeモジュールを用いて現在の日付と時刻を出力する例です。

リスト3-C-2▶time_1.py

```
1  import time                                 timeモジュールをインポート
2  t = time.localtime()                        localtime()の値をtに代入
3  print(t)                                    その値を出力
4  d = time.strftime("%Y/%m/%d %A", t)         strftime()で年月日と曜日の文字列を用意する
5  h = time.strftime("%H:%M:%S", t)            strftime()で時分秒の文字列を用意する
6  print(d)                                    年月日と曜日を出力
7  print(h)                                    時分秒を出力
```

図3-C-2　実行結果

```
time.struct_time(tm_year=2020, tm_mon=11, tm_mday=22, tm_hour=14, tm_min=4, tm_s
ec=23, tm_wday=6, tm_yday=327, tm_isdst=0)
2020/11/22 Sunday
14:04:23
```

2行目のt=time.**localtime()**でローカル時間のデータを変数tに代入しています。3行目で確認用にその値を出力していますが、そのままでは日時として使えないことが判ります。

そこで**strftime()**関数を用いて、ローカル時間のデータを4～5行目で自由なフォーマットで日付や時刻に変えています。strftime()の第一引数には次の表の記号を記し、第二引数にlocaltime()を代入した変数を記述します。

表3-C-1　strftime()の引数の記号

記号	何に置き変わるか
%Y	西暦4桁の10進表記
%y	西暦下2桁の10進表記
%m	月の10進表記
%d	日の10進表記
%A	曜日名
%a	短縮した曜日名
%H	時の24時間表記
%I	時の12時間表記
%M	分の10進表記
%S	秒の10進表記

次ページへ続く

■ datetimeモジュールを用いる

datetimeモジュールを用いて、シンプルな記述で日時を取得できます。次のプログラムは実行時の日付と時刻を出力し、時、分、秒の値を個別に取り出す例です。

リスト3-C-3▶datetime_1.py

```
import datetime                       datetimeモジュールをインポート
n = datetime.datetime.now()           datetime.now()の値をnに代入
print(n)                              その値を出力
print("時を取り出す", n.hour)          時の値を取り出して出力
print("分を取り出す", n.minute)        分の値を取り出して出力
print("秒を取り出す", n.second)        秒の値を取り出して出力
```

図3-C-3　実行結果

```
2020-11-22 14:12:48.412685
時を取り出す 14
分を取り出す 12
秒を取り出す 48
```

datetime.**datetime.now()**の値を代入した変数に.hourを付けて、「時」の値を取り出すことができます。同様に.minuteで「分」、.secondで「秒」を取り出せます。年月日を取り出すには、.year、.month、.dayを用います。

■ calendarモジュールを用いる

calendarモジュールでカレンダーを出力できます。次のプログラムは指定した年月のカレンダーを表示します。

リスト3-C-4▶calendar_1.py

```
1  import calendar                    calendarモジュールをインポート
2  print(calendar.month(2021,3))      引数の年月のカレンダーを出力
```

図3-C-4　実行結果

```
     March 2021
Mo Tu We Th Fr Sa Su
 1  2  3  4  5  6  7
 8  9 10 11 12 13 14
15 16 17 18 19 20 21
22 23 24 25 26 27 28
29 30 31
```

Pythonには日時データを扱う機能が豊富にあります。timeモジュール、datetimeモジュール、calendarモジュールには他にも色々な関数が用意されています。
興味のある方はインターネットで検索して調べてみましょう。

calendarモジュールの**month()**関数で西暦と月を指定し、カレンダーを出力できます。calendar.**prcal()**という命令を用いると、一年分のカレンダーを出力できます。2行目をprint(calendar.prcal(2021))などに書き換え、確認してみましょう。

この章ではPythonが持つ機能でウィンドウを表示して、そこに色々な図形を描きます。またウィンドウ内をクリックしたことや、マウスポインタの動きを取得する方法を学びます。
ここで学んだ知識を使い、5章からグラフィックを用いた本格的なゲームを制作します。
この章の学習では、いくつかの画像ファイルを使用します。それらの画像は、書籍サポートページからダウンロードできるZIPファイルを解凍したファイル一式の中に入っています。

キャンバスに図形を描こう

Chapter 4

Lesson 4-1 ウィンドウを表示する

この章ではPythonのGUI（グラフィカル・ユーザ・インタフェース）の部品の1つであるCanvas（キャンバス）の使い方を説明します。5章からはキャンバスを用いて、三目並べ、神経衰弱、リバーシを制作します。ウィンドウとグラフィックを用いたソフトウェア開発に慣れることを目標に、この章を読み進めていきましょう。

››› GUIについて

GUI（Graphical User Interface）とは、3章で触れたように、コンピュータ画面にボタンやテキスト入力部などが配置された操作系を指す言葉です。例えばインターネットを閲覧するブラウザ、文書作成ソフト、表計算ソフトなどがGUIで構成されたソフトウェアです。

GUIの例として、Windowsに付属する「ペイント」というお絵描きソフトを挙げます。「ペイント」は次のような画面構成になっています。

図4-1-1　Windows付属の「ペイント」

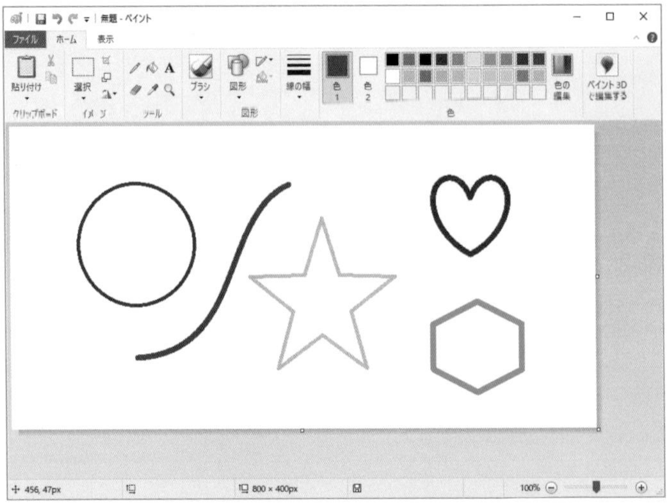

このソフトウェアには、絵を描くキャンバス、色を選ぶパレット、どのような図形を描くかを指定するアイコンなどが配置されています。ユーザーはそれらをマウスでクリックして絵を描くことができます。

GUIの部品を適宜、配置すれば、どのような操作を行えばよいか判りやすいソフトウェアを作ることができます。

››› Pythonでウィンドウを表示する

GUIで構成されるソフトウェアを制作するには、コンピュータ画面にウィンドウを表示する必要があります。Pythonではtkinterというモジュールを用いてウィンドウを作り、そこに絵を描くキャンバスや入力用のボタンなどを配置できます。

まずtkinterを用いてウィンドウを表示します。次のプログラムを入力して実行し、動作を確認しましょう。

リスト4-1-1▶window_1.py

```
1  import tkinter                          tkinterモジュールをインポート
2  root = tkinter.Tk()                     ウィンドウのオブジェクトを準備
3  root.title("ウィンドウのタイトル")        ウィンドウのタイトルを指定
4  root.mainloop()                         ウィンドウの処理を開始
```

図4-1-2　実行結果

tkinterモジュールを用いるには、1行目のようにimport tkinterと記述します。
2行目の変数 = tkinter.**Tk()**でウィンドウとなる部品（オブジェクト）を用意します。
3行目の**title()**でウィンドウのタイトルバーに表示するタイトルを指定します。
4行目のroot.**mainloop()**でウィンドウの処理を開始します。

このプログラムはウィンドウのサイズを指定していないので、小さなウィンドウが表示され、タイトルバーの文字が一部しか見えませんが、マウスでウィンドウを横に広げれば3行目で指定した文字列が表示されます。

Pythonではウィンドウを作るときの変数名をrootとすることが多く、このプログラムもrootを用いています。最後の行のroot.mainloop()を難しく捉える必要はありません。ウィンドウを用いたソフトウェアの処理を始める決まり文句と考えましょう。

この章で学ぶことは次章からのゲーム制作の準備になりますが、GUIを用いると操作しやすいビジネスソフトなども作ることができます。つまりみなさんはこの章で幅広いソフトウェア開発に応用できる知識を学びます。

Lesson 4-2 キャンバスを使う

ウィンドウにキャンバスと呼ばれる部品を配置し、そこに図形を描いてみます。図形を描くにはコンピュータ画面の座標について知る必要があるので、はじめにそれを説明します。

❯❯❯ コンピュータの座標について

コンピュータの画面は左上の角を原点（0, 0）とし、横方向がX軸、縦方向がY軸になります。コンピュータ画面に表示される個々のウィンドウも、ウィンドウ内の左上角が原点で、横方向がX軸、縦方向がY軸です。

図4-2-1　コンピュータの座標

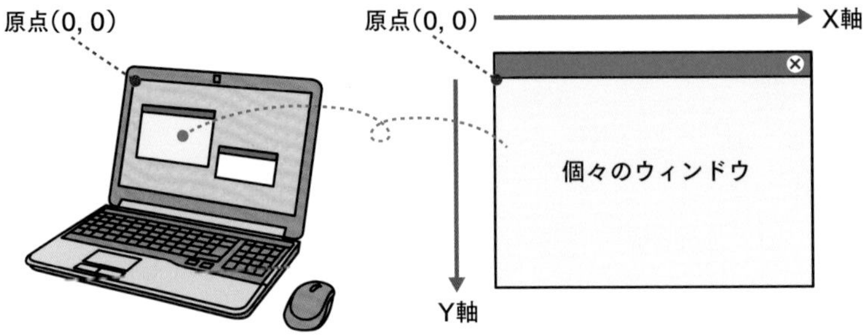

コンピュータはY軸の向きが数学の図と逆で、下にいくほどYの値が大きくなります。画面に図形を描くときは原点の位置とY軸の向きに注意します。

❯❯❯ キャンバスを配置する

tkinterにキャンバス（Canvas）という部品が用意されています。キャンバスに文字列を書く、図形を描く、画像ファイルを読み込んで表示することができます。

文字列、図形、画像ファイルの表示を順に確認します。まずウィンドウにキャンバスを配置し、そこに文字列を表示します。次のプログラムの動作を確認しましょう。

リスト4-2-1▶canvas_text.py

```
import tkinter                                                         tkinterモジュールをインポート
root = tkinter.Tk()                                                    ウィンドウのオブジェクトを準備
root.title("キャンバスに文字列を表示")                                   ウィンドウのタイトルを指定
cvs = tkinter.Canvas(width=600, height=400, bg="white")                キャンバスの部品を用意
cvs.create_text(300, 200, text="Python", font=("Times                  キャンバスに文字列を表示
New Roman", 40))
cvs.pack()                                                             キャンバスをウィンドウに配置
root.mainloop()                                                        ウィンドウの処理を開始
```

図4-2-2　実行結果

4行目でキャンバスの部品を作っています。キャンバスを用意する書式は次のようになります。

```
キャンバスの変数名 = tkinter.Canvas(width=幅, height=高さ, bg=背景色)
```

このプログラムでは変数名をcanvasの英単語を略したcvsとしています。

キャンバスの背景色はbg=で指定します。この指定は省略することもできます。色を指定するならbg=の後にred green blue black whiteなどの英単語か、16進法で色の値を記します。

キャンバスに文字列を書くには、5行目のようにキャンバスの変数に対し**create_text()**命令を用います。この命令の引数で、X座標、Y座標、text=文字列、fill=文字の色、font=(フォントの種類,サイズ)を指定します。X座標とY座標は文字列の中心位置になります。

このプログラムでは、フォントの種類をWindowsとMac共通で使えるTimes New Romanとしています。

6行目の**pack()**でキャンバスをウィンドウに配置しています。pack()を用いて配置すると、ウィンドウはキャンバスの大きさに合わせて広がります。このプログラムではキャンバスの幅を600ドット、高さを400ドットとしており、ウィンドウはそれより少し大きなサイズになります。

16進法の色の値は#RRGGBBという書式で、RRに赤、GGに緑、BBに青の光の強さを指定します。例えば赤は#ff0000、緑は#00c000、紫は#8000c0、白は#ffffff、黒は#000000になります。

COLUMN

色指定の英単語

色を指定する英単語の例をサンプルプログラムで紹介します。このプログラムは、COLというリストに定義した英単語の色で文字列を表示します。

リスト4-C-1▶color_sample.py

```
import tkinter                                        tkinterモジュールをインポート
root = tkinter.Tk()                                   ウィンドウのオブジェクトを準備
root.title("色を指定する英単語")                        ウィンドウのタイトルを指定
cvs = tkinter.Canvas(width=360, height=480,           キャンバスの部品を用意
bg="black")

COL = [                                               リストで色の英単語を定義
 "maroon", "brown", "red", "orange", "gold",
 "yellow", "lime", "limegreen", "green",
"skyblue",
 "cyan", "blue", "navy", "indigo", "purple",
 "magenta", "white", "lightgray", "silver",
"gray",
 "olive", "pink"
]
FNT = ("Times, New Roman", 24);                       フォントの種類と大きさを定義
x = 120                                               文字列を表示するX座標
y = 40                                                文字列を表示するY座標
for c in COL:                                         forでCOLの値を1つずつ抜き出す
    cvs.create_text(x, y, text=c, fill=c,             キャンバスに英単語を表示
font=FNT)
    y += 40                                           y座標の値を40増やす
    if y>=480:                                        480以上になったら
        y = 40                                        y座標を40にし
        x += 120                                      x座標を120増やして右にずらす

cvs.pack()                                            キャンバスをウィンドウに配置
root.mainloop()                                       ウィンドウの処理を開始
```

図4-C-1　実行結果

Lesson 4-3

図形を描く、画像ファイルを扱う

次はウィンドウに配置したキャンバスに図形を描きます。また画像ファイルを読み込んで表示します。

⟫⟫ 図形の描画命令を使う

キャンバスに、線、矩形、円、多角形を描きます。動作確認後に図形の描画命令の使い方を説明します。次のプログラムの動作を確認しましょう。

リスト4-3-1▶canvas_figure.py

```
1  import tkinter                                                         tkinterモジュールをインポート
2  root = tkinter.Tk()                                                    ウィンドウのオブジェクトを準備
3  root.title("キャンバスに図形を描く")                                    ウィンドウのタイトルを指定
4  cvs = tkinter.Canvas(width=720, height=400, bg="black")                キャンバスの部品を用意
5  cvs.create_line(20, 40, 120, 360, fill="red", width=8)                 キャンバスに赤い線を引く
6  cvs.create_rectangle(160, 60, 260, 340, fill="orange",                 オレンジの矩形を描く
   width=0)
7  cvs.create_oval(300, 100, 500, 300, outline="yellow",                  黄色の円を描く
   width=12)
8  cvs.create_polygon(600, 100, 500, 300, 700, 300,                       緑の多角形を描く
   fill="green", outline="lime", width=16)
9  cvs.pack()                                                             キャンバスをウィンドウに配置
10 root.mainloop()                                                        ウィンドウの処理を開始
```

図4-3-1　実行結果

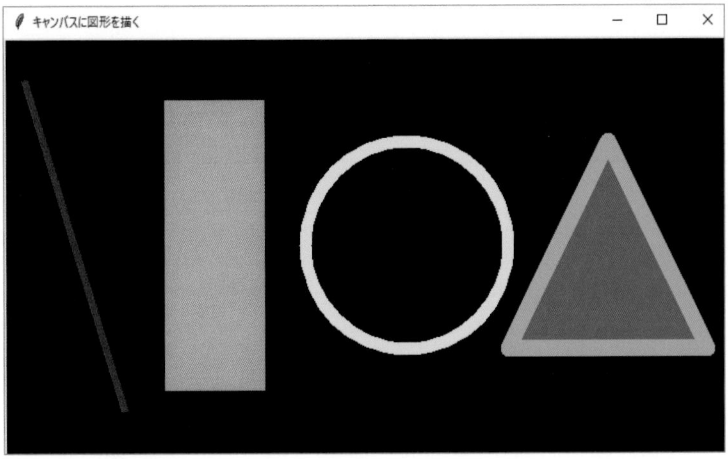

5行目のcreate_line()が両端の座標を指定して線を引く命令です。

6行目のcreate_rectangle()が左上角と右下角の座標を指定して、矩形（長方形）を描く命

令です。

7行目のcreate_oval()が楕円の接する枠の左上角と右下角の座標を指定して楕円を描く命令です。このプログラムでは円の接する枠の幅と高さを等しい値で指定し、正円を描いています。

8行目のcreate_polygon()が複数の点を指定して、それらを結んだ多角形を描く命令です。このプログラムでは（600, 100)、(500, 300)、(700, 300）という3つの点を指定し、三角形を描いています。

これらの命令の引数は、fill=で塗り潰す色、outline=で周りの線の色、width=で線の太さを指定します。塗り潰す色を指定しなければ、7行目のcreate_oval()で描いた円のように、線だけで図形が表示されます。

図形の描画命令

図形の描画命令の使い方をまとめます。

表4-3-1　図形の描画命令

線	create_line（x1, y1, x2, y2, fill=色, width=線の太さ） ※複数の点を指定できる 3点以上指定しsmooth=Trueとすると曲線になる	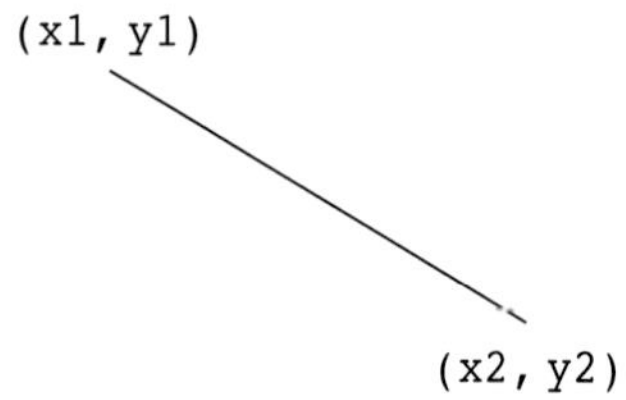
矩形	create_rectangle（x1, y1, x2, y2, fill=塗り色, outline=枠線の色, width=線の太さ）	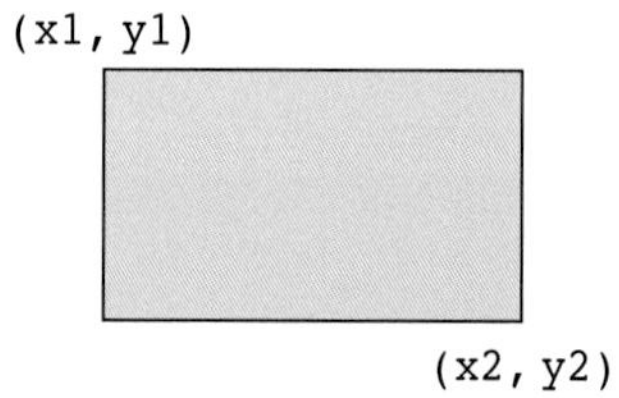
楕円	create_oval（x1, y1, x2, y2, fill=塗り色, outline=外周の線の色, width=線の太さ）	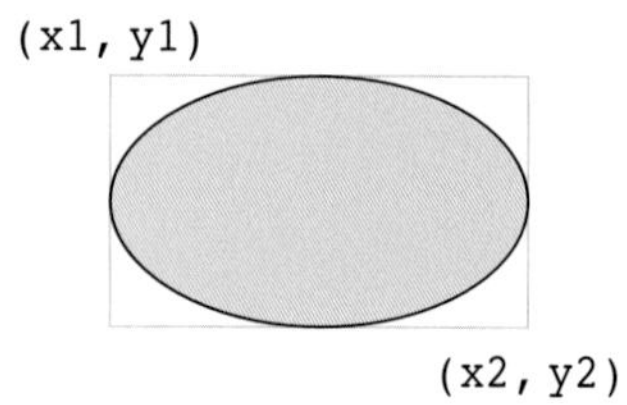
多角形	create_polygon（x1, y1, x2, y2, x3, y3, ··, ··, fill=塗り色, outline=線の色, width=線の太さ） ※複数の点を指定できる	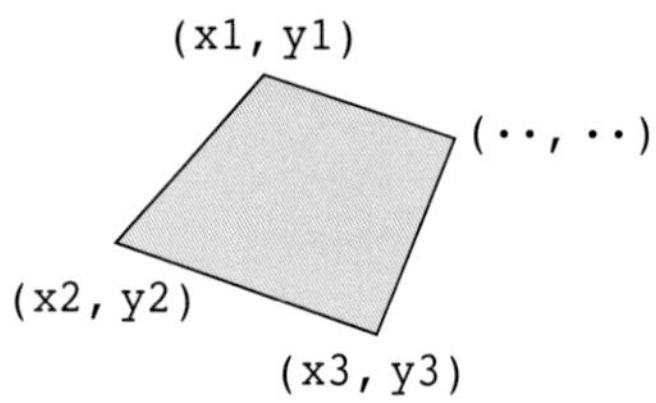

次ページへ続く

円弧	create_arc (x1, y1, x2, y2, fill=塗り色, outline=線の色, start=開始角度, extent=何度描くか, style=tkinter.＊) ※角度は度（degree）の値で指定 ※style=の記述は省略可。記述するなら＊に PIESLICE、CHORD、ARCのいずれかを記す	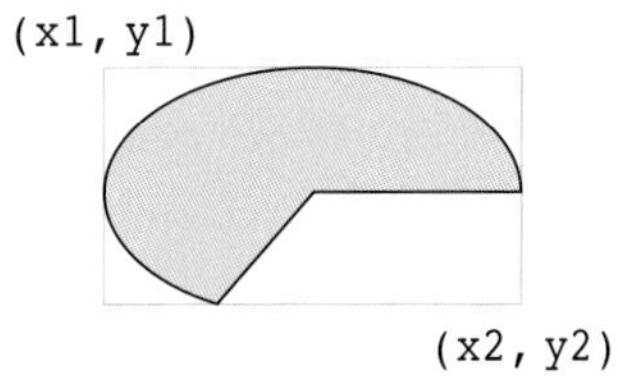

››› 画像ファイルを表示する

画像ファイルを読み込んで表示する方法を説明します。次のプログラムは、プログラムと同一フォルダにあるshepherd.pngというファイルを読み込んで表示します。shepherd.pngは書籍サポートページからダウンロードできるファイル一式の中に入っています。

リスト4-3-2▶canvas_image.py

```
import tkinter                                         tkinterモジュールをインポート
root = tkinter.Tk()                                    ウィンドウのオブジェクトを準備
root.title("キャンバスに画像を表示")                      ウィンドウのタイトルを指定
cvs = tkinter.Canvas(width=540, height=720)            キャンバスの部品を用意
dog = tkinter.PhotoImage(file="shepherd.png")          変数dogに画像を読み込む
cvs.create_image(270, 360, image=dog)                  キャンバスに画像を表示
cvs.pack()                                             キャンバスをウィンドウに配置
root.mainloop()                                        ウィンドウの処理を開始
```

図4-3-2　実行結果

10ページを参考にして、ZIPファイルをダウンロードしましょう。ZIPファイルを解凍してできる「Chapter4」フォルダに犬の写真が入っていますので、プログラムと同じフォルダに入れてください。

この写真の幅は540ドット、高さは720ドットです。キャンバスをCanvas(width=540, height=720)として、写真の大きさに合わせて用意しています。

5行目の**PhotoImage()**命令の引数file=で画像のファイル名を指定し、変数に画像を読み込みます。画像を表示するには6行目のように、キャンバスの変数に対し**create_image()**を用いて、X座標、Y座標、image=画像を読み込んだ変数を引数で指定します。

create_image()の座標指定で注意すべきことがあります。それは引数のX座標とY座標が画像の中心位置になることです。例えばこの指定をcreate_image(0, 0, image=dog)とすると、画像が左上角に寄ってしまい、1/4だけしか表示されません。画像を用いるゲーム開発の予習としてcreate_image()の引数の値を変更し、表示位置が変わることを確認しておきましょう。

キャンバスに図形が描けるのは面白いです。
写真を表示できるのもいいですね。

そうね、グラフィックを用いると楽しい雰囲気になるわね。
それぞれの描画命令の引数の値を変えたりして、
図形や画像の描画を色々と試してみましょう。

そうします。
まだ座標の値が、もやっとした感じなので、
それを中心に試してみます。

Lesson 4-4 画像を自動的に動かす

tkinterを用いて作ったウィンドウで、指定した時間が経過したら関数を呼び出す命令を使い、リアルタイムに処理を進めることができます。ここではキャンバスに描いた画像を自動的に動かし、その命令の使い方を学びます。

⟫⟫⟫ リアルタイム処理について

時間軸に沿って進む処理を**リアルタイム処理**といいます。リアルタイム処理はゲーム開発に欠かせない技術の1つです。Pythonではtkinterで用意したウィンドウで、**after()**という命令を使ってリアルタイム処理を行うことができます。

⟫⟫⟫ 数を数える

まず、自動的に数をカウントするプログラムでリアルタイム処理のイメージをつかみましょう。次のプログラムを実行すると、表示された数字が1秒ごとに増えていきます。

リスト4-4-1▶realtime_number.py

```
import tkinter

F = ("Times New Roman", 100)
n = 0
def counter():
    global n
    n = n + 1
    cvs.delete("all")
    cvs.create_text(300, 200, text=n, font=F,
fill="blue")
    root.after(1000, counter)

root = tkinter.Tk()
root.title("リアルタイム処理１")
cvs = tkinter.Canvas(width=600, height=400, bg="white")
cvs.pack()
counter()
root.mainloop()
```

tkinterモジュールをインポート

フォントの定義を変数Fに代入
初期値0の変数nを用意
リアルタイム処理を行う関数の定義
nをグローバル変数として扱う
nの値を1増やす
キャンバスに描いたものを全て削除
nの値を表示

1秒(1000ミリ秒)後にcounter()を実行

ウィンドウのオブジェクトを準備
ウィンドウのタイトルを指定
キャンバスの部品を用意
キャンバスをウィンドウに配置
counter()関数を呼び出す
ウィンドウの処理を開始

図4-4-1　実行結果

リアルタイム処理 1
20

5〜10行目でcounter()という関数を定義しています。この関数でリアルタイム処理を行います。

数をカウントするために、counter()の外側でn＝0と宣言した変数を、関数内でglobal nとしてグローバル宣言します。そして7行目のようにn＝n+1とし、関数を実行するとnの値を1ずつ増やしています。8行目のcvs.**delete("all")**でキャンバスに描いたものを全て消してから、9行目のcreate_text()でnの値を表示しています。

16行目でcounter()関数を呼び出しています。counter()が実行されると、10行目のafter()命令で1000ミリ秒後（1秒後）に再びcounter()が呼び出されます。after()の引数は“何ミリ秒後”に“どの関数を実行するか”です。**after()の引数の関数名は()を付けずに記述**します。

after()を用いたリアルタイム処理の流れは、次のようになります。

図4-4-2　after()命令による処理の流れ

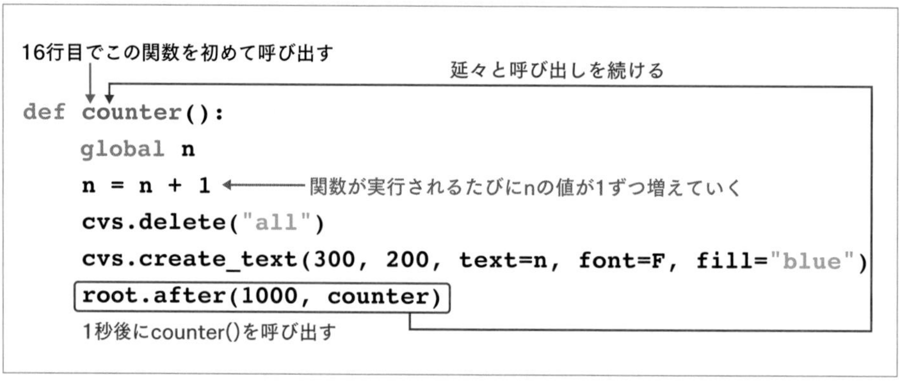
16行目でこの関数を初めて呼び出す
延々と呼び出しを続ける
def counter():
global n
n = n + 1
関数が実行されるたびにnの値が1ずつ増えていく
cvs.delete("all")
cvs.create_text(300, 200, text=n, font=F, fill="blue")
root.after(1000, counter)
1秒後にcounter()を呼び出す

このような流れにより、counter()を実行するたびにnの値が1増えて、その値をキャンバスに表示することを延々と続けています。

グローバル変数の値はプログラムが終了するまで保持されますが、関数内のローカル変数の値は、その関数を呼び出すたびに初期値になります。これはプログラミングの大切なルールの1つなので、しっかり頭に入れておきましょう。

》》画像を動かす

次は画像を自動的に動かします。次のプログラムは、表示された飛行機が右端に達すると左へ、左端に達すると右へ向きを変えて、ウィンドウ内を移動し続けます。

リスト4-4-2▶realtime_image.py

```
import tkinter                                          tkinterモジュールをインポート

x = 300                                                 変数xに初期値を代入
y = 100                                                 変数yに初期値を代入
xp = 10                                                 変数xpに初期値を代入
def animation():                                        リアルタイム処理を行う関数の定義
    global x, xp                                        xとxpをグローバル変数として扱う
    x = x + xp                                          xにxpの値を加える
    if x <= 30: xp = 5                                  xが30以下になったらxpを5にする
    if x >= 770: xp = -5                                xが770以上になったらxpを-5にする
    cvs.delete("all")                                   キャンバスに描いたものを全て削除
    cvs.create_image(400, 200, image=bg)                背景画像を表示する
    if xp<0:                                            xpがマイナスの値なら
        cvs.create_image(x, y, image=ap1)               左向きの飛行機を描く
    if xp>0:                                            xpがプラスの値なら
        cvs.create_image(x, y, image=ap2)               右向きの飛行機を描く
    root.after(50, animation)                           50ミリ秒後にanimation()を実行

root = tkinter.Tk()                                     ウィンドウのオブジェクトを準備
root.title("リアルタイム処理２")                          ウィンドウのタイトルを指定
cvs = tkinter.Canvas(width=800, height=400)             キャンバスの部品を用意
cvs.pack()                                              キャンバスをウィンドウに配置
ap1 = tkinter.PhotoImage(file="airplane1.png")          左向きの飛行機の画像を読み込む
ap2 = tkinter.PhotoImage(file="airplane2.png")          右向きの飛行機の画像を読み込む
bg = tkinter.PhotoImage(file="bg.png")                  背景画像を読み込む
animation()                                             animation()関数を呼び出す
root.mainloop()                                         ウィンドウの処理を開始
```

図4-4-3　実行結果

3～4行目で飛行機の座標を管理する変数x、yを、5行目でX軸方向の移動量を管理する変数xpを用意しています。

6～17行目で飛行機を自動的に動かすanimation()関数を定義しています。この関数の中でX座標とX軸方向の移動量を変化させるので、変数x、xpを7行目のようにグローバル宣言しています。変数yは関数内で値を変えないのでグローバル宣言は不要です。

8～10行目が飛行機のX座標を変化させる計算です。xにxpの値を加え、xが30以下になったら（左端に達したら）xpの値を5にします。xpを正の数にすればxの値は増えていくので、飛行機は右に移動するようになります。またxが770以上になったら（右端に達したら）xpを−5にし、今度は左に移動するようにしています。

11行目のcvs.delete("all")でキャンバスに描いたものを全て消し、12行目で背景画像を表示しています。また13～14行目でxpが負の値なら左向きの飛行機を、15～16行目でxpが正の値なら右向きの飛行機を表示しています。

❯❯❯ if文を1行で書く

このプログラムでは9行目と10行目のif文を、次のように1行で記述しています。

```
if x <= 30: xp = 5
if x >= 770: xp = -5
```

Pythonは本来、ブロックの処理を改行して字下げし、次のように記述するプログラミング言語です。

```
if x <= 30:
    xp = 5
if x >= 770:
    xp = -5
```

もちろんこの記述が正しいですが、9行目や10行目のような、ごく短いif文は改行しないほうがプログラムがすっきりすることがあります。そこでこのプログラムは、それら2つの行を改行せずに記述しています。

飛行機が飛び続ける様子は楽しいですね。
リアルタイム処理というものをはじめて知りました。

楽しみながら学んでいけるのは何よりだわ。

そういえば、りかさんは苦しみながら
プログラミングを学んだって言ってましたよね？

ええ、私はけっこう苦労したの。
いきなり難しいプログラミング言語から入っちゃったから。
でもPythonを学んだ後なら、そういった難しい言語も判りやすいはずよ。

そうなんですね。
まずは頑張ってPythonを身に付けます！

Lesson 4-5

マウスボタンのクリックを取得する

ウィンドウでマウスボタンをクリックしたり、マウスポインタを動かしたことを知る命令があります。この節と次の節で、それらの命令の使い方を説明します。

イベントについて

ユーザーがソフトウェアに対してキーやマウスを操作することをイベントといいます。例えばウィンドウをクリックすると、ウィンドウに対しクリックイベントが発生します。

図4-5-1　ソフトウェアのイベント

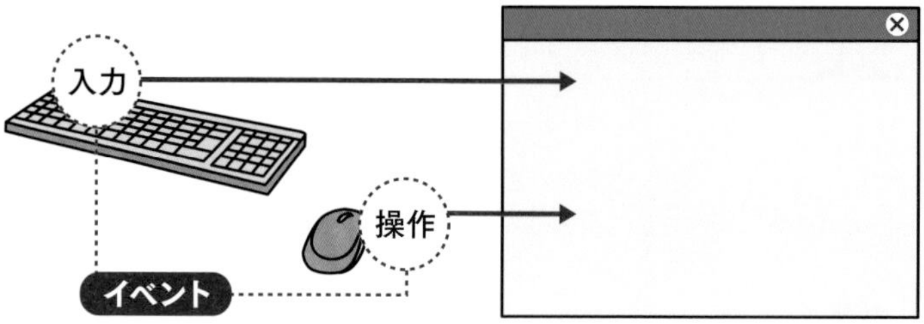

どのようなイベントが発生したかを知ることを、そのイベントを「受け取る」や「取得する」と表現します。

bind()命令を使う

イベントを受け取るには**bind()**という命令を用います。bind()を使うにはイベントが発生したときに実行する関数を用意し、bind("<イベント>", 実行する関数名)と記述します。**bind()の引数の関数名は()を付けずに記述します**。

bind()で取得できる主なイベントは次のようになります。

表4-5-1　bind()で取得するイベント

<イベント>	イベントの内容
<ButtonPress> あるいは <Button>	マウスボタンを押した
<ButtonRelease>	マウスボタンを離した
<Motion>	マウスポインタを動かした
<KeyPress> あるいは <Key>	キーを押した
<KeyRelease>	キーを離した

<ButtonPress>は単に<Button>、<KeyPress>は<Key>と記述できます。

⟫⟫⟫ マウスのクリックを受け取る

キャンバスをクリックすると図形が変化するプログラムで、イベントを受け取る仕組みを学びます。次のプログラムの動作を確認しましょう。ウィンドウ内をクリックするごとに、表示された図形が矩形→三角形→円→再び矩形と変化します。

リスト4-5-1▶event_button.py

```
import tkinter

n = 0
def click(e):
    global n
    n = n + 1
    if n==3: n = 0
    cvs.delete("all")
    if n==0:
        cvs.create_oval(200, 100, 400, 300, 
fill="green")
    if n==1:
        cvs.create_rectangle(200, 100, 400, 300, 
fill="gold")
    if n==2:
        cvs.create_polygon(300, 100, 200, 300, 400, 
300, fill="red")

root = tkinter.Tk()
root.title("マウスクリックの取得")
root.bind("<Button>", click)
cvs = tkinter.Canvas(width=600, height=400, 
bg="white")
cvs.create_text(300, 200, text="クリックしてください")
cvs.pack()
root.mainloop()
```

tkinterモジュールをインポート
変数nに0を代入
クリック時に働く関数の定義
nをグローバル変数として扱う
nの値を1増やす
nが3になったら0にする
キャンバスに描いたものを全て削除
nが0なら
円を表示
nが1なら
矩形を表示
nが2なら
三角形を表示
ウィンドウのオブジェクトを準備
ウィンドウのタイトルを指定
イベント時に実行する関数を指定
キャンバスの部品を用意
説明文を表示
キャンバスをウィンドウに配置
ウィンドウの処理を開始

図4-5-2　実行結果

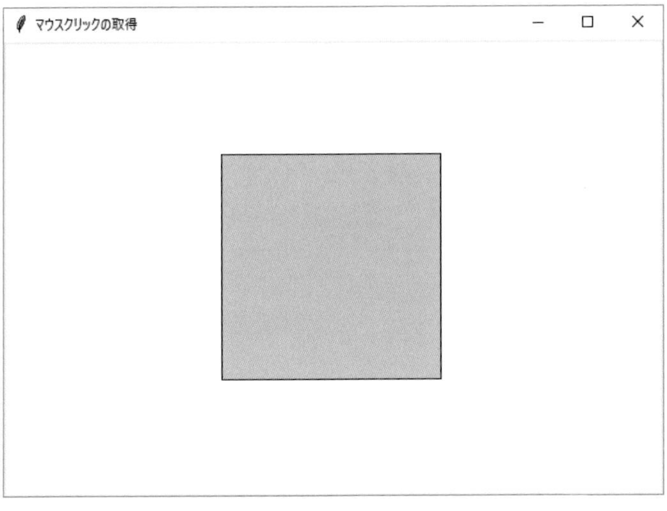

図4-5-3　クリックするたびに図形が変化する

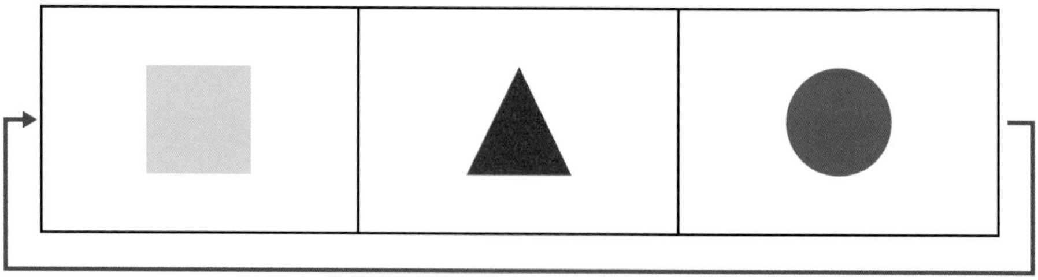

4～14行目でマウスボタンをクリックしたときに働く関数を定義しています。このプログラムではその関数名をclick()としています。

click()関数の処理は、グローバル宣言した変数nの値を1増やし、nが3になったら0にします。つまりマウスボタンをクリックするたびにnは0→1→2→再び0と変化します。9～14行目でnの値が0のときに円、1のときに矩形、2のときに三角形を描いています。

マウスボタンが押されたときにclick()関数が呼び出されるように、18行目でroot.bind("<Button>", click)としています。

❯❯❯ click(e)の引数eについて

click()関数の引数eは、イベントを受け取る関数に記述するものです。このプログラムではeを用いていませんが、次のマウスポインタの動きを知るプログラムで、引数eを用いてポインタの座標を取得します。

クリックすると図形が変わるプログラムも面白いですね。
前の節の自動的に絵を動かす方法と組み合わせると、
何か面白いことができそうな気がします。

優斗君の言うようなユニークなプログラムを、
この章の最後で制作します。楽しみにね！

Lesson 4-6

マウスポインタの動きを取得する

マウスポインタの動き（ポインタの座標）を取得する方法を学びます。

››› 座標を取得する

マウスポインタの動きもクリックの取得と同じ手順で受け取ります。ポインタを動かしたときに実行する関数を用意し、bind()でその関数を指定します。マウスポインタの動きを知るには、bind()の引数のイベントの種類に<Motion>と記述します。

マウスポインタの座標を取得するプログラムを確認します。このプログラムは、ポインタの座標をキャンバスに表示します。

リスト4-6-1▶event_motion.py

```
import tkinter                                  # tkinterモジュールをインポート

FNT = ("Times New Roman", 40)                   # フォントの定義
def move(e):                                    # マウスを動かしたときに働く関数の定義
    cvs.delete("all")                           # キャンバスに描いたものを全て削除
    s = "({}, {})".format(e.x, e.y)             # ポインタの座標を入れた文字列を用意
    cvs.create_text(300, 200, text=s, font=FNT) # その文字列をキャンバスに表示

root = tkinter.Tk()                             # ウィンドウのオブジェクトを準備
root.title("マウスポインタの座標")               # ウィンドウのタイトルを指定
root.bind("<Motion>", move)                     # イベント時に実行する関数を指定
cvs = tkinter.Canvas(width=600, height=400)     # キャンバスの部品を用意
cvs.create_text(300, 200, text="ウィンドウ内でマウスポインタを動かしてください")  # 説明文を表示
cvs.pack()                                      # キャンバスをウィンドウに配置
root.mainloop()                                 # ウィンドウの処理を開始
```

図4-6-1　実行結果

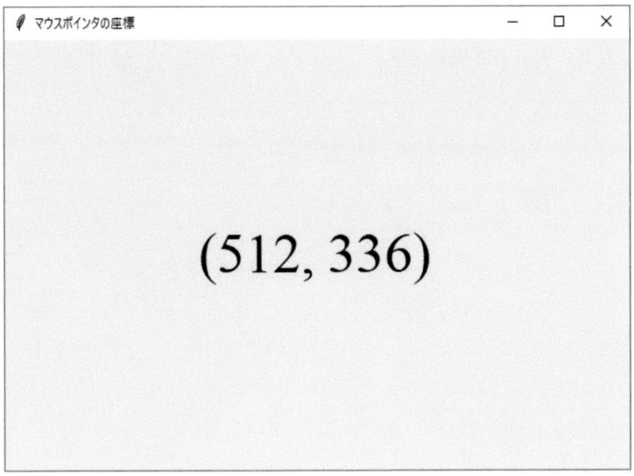

4～7行目でマウスポインタを動かしたときに実行する関数を定義しています。このプログラムではその関数名をmove()としています。move()関数に設けた引数eはイベントを受け取るための変数で、e. xとe. yがマウスポインタの座標になります。

イベントを受け取る引数名は、例えばmove(event)のように任意の名称にできます。eventとしたときはevent. x、event. yがポインタの座標になります。

format()命令の使い方

6行目でマウスポインタの座標を文字列として変数sに代入しています。それを行うのに**format()**という関数を用いています。format()は次のように文字列内の{}を変数の値に置き換える命令です。

図4-6-2　format()の機能

```
s = "({}, {})".format(e.x, e.y)
```

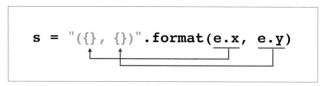

format()の引数はいくつでも記述できます。例えばformat()に5つの引数を記述するなら、文字列内に{}を5つ記述します。

数を文字列にするにはstr()という命令があることをLesson 2-2で学びました。
str()とformat()、どちらもその使い方を覚えておきましょう。
format()は複数の変数を一度に文字列にしたいときなどに用いると便利です。

Lesson 4-7 マウスを追い掛ける風船

ウィンドウ（キャンバス上）に表示した風船がマウスポインタを追い掛け、ウィンドウ内をクリックすると風船の色が変わるプログラムを制作します。

››› 複数の処理を組み合わせる

これから確認する内容は、この章で学んだことの総仕上げになります。このプログラムにはリアルタイム処理、マウスボタンのクリックとポインタの動き（座標）を取得する処理が組み込まれています。風船は図形を描画する命令を組み合わせて表現しています。

次のプログラムの動作を確認しましょう。

リスト4-7-1▶move_balloon.py

```
import tkinter

COL = ["red", "orange", "yellow", "lime", "cyan",
"blue", "violet"]
bc = 0
bx = 0
by = 0
mx = 0
my = 0

def click(e):
    global bc
    bc = bc + 1
    if bc==7: bc=0

def move(e):
    global mx, my
    mx = e.x
    my = e.y

def main():
    global bx, by
    if bx < mx: bx += 5
    if mx < bx: bx -= 5
    if by < my: by += 5
    if my < by: by -= 5
    cvs.delete("all")
    cvs.create_oval(bx-40, by-60, bx+40, by+60,
fill=COL[bc])
    cvs.create_oval(bx-30, by-45, bx-5, by-20,
fill="white", width=0)
    cvs.create_line(bx, by+60, bx-10, by+100, bx+10,
by+140, bx, by+180, smooth=True)
    root.after(50, main)

root = tkinter.Tk()
```

tkinterモジュールをインポート

風船の色をリストで定義

風船をどの色で描くかを管理する変数
風船のX座標を代入する変数
風船のY座標を代入する変数
マウスポインタのX座標を代入する変数
マウスポインタのY座標を代入する変数

クリック時に実行する関数の定義
bcをグローバル変数として扱う
bcの値を1増やす
bcが7になったら0にする

マウスを動かしたときに働く関数の定義
これらをグローバル変数として扱う
mxにポインタのX座標を代入
myにポインタのY座標を代入

メイン処理を行う関数の定義
これらをグローバル変数として扱う
bxがmxより小さいならbxを5増やす
mxがbxより小さいならbxを5減らす
byがmyより小さいならbyを5増やす
myがbyより小さいならbyを5減らす
キャンバスに描いたものを全て削除
円と線を描く命令で風船を表示
風船はCOL[bc]の色とする

50ミリ秒後にmain()を呼び出す

ウィンドウのオブジェクトを準備

次ページへ続く

```
33  root.title("リアルタイムに風船を動かす")                 ウィンドウのタイトルを指定
34  root.bind("<Button>", click)                       ボタンクリック時に実行する関数を指定
35  root.bind("<Motion>", move)                        マウスを動かしたときに実行する関数を指定
36  cvs = tkinter.Canvas(width=900, height=600,
    bg="skyblue")                                      キャンバスの部品を用意
37  cvs.pack()                                         キャンバスをウィンドウに配置
38  main()                                             main()関数を呼び出す
39  root.mainloop()                                    ウィンドウの処理を開始
```

図4-7-1　実行結果

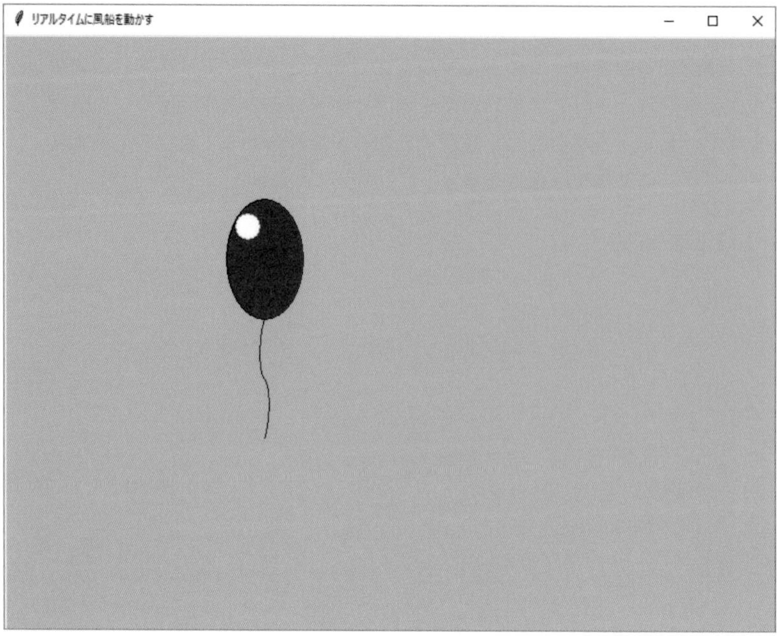

ウィンドウ内をクリックすると風船の色が変わります。

図4-7-2　風船の色の変化

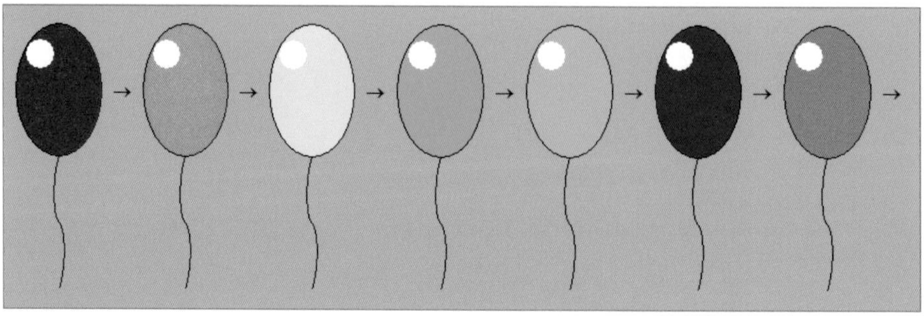

風船の色は3行目のようにリストでCOL = ["red", "orange", "yellow", "lime", "cyan", "blue", "violet"]と定義しています。

10～13行目がマウスボタンをクリックしたときに働くclick()関数の定義です。風船を描く色の番号を管理するbcという変数をこの関数の外側で宣言し、関数内でglobal bcとしています。マウスボタンをクリックすると、関数内でbcの値を1増やし、7になったら0に戻しています。

15～18行目がマウスポインタを動かしたときに働くmove()関数の定義です。マウスポインタの座標を代入するmx、myという変数を関数の外側で宣言し、関数内でmxとmyにポインタの座標を代入しています。

20～30行目がリアルタイム処理を行うmain()関数の定義です。風船の座標を管理するbx、byという変数を関数の外側で宣言しています。main()関数内で風船とマウスポインタの座標の値を比べ、ポインタに近付くように風船の座標を変化させています。風船はcreate_oval()とcreate_line()で描いています。

次に風船をマウスポインタに近付ける計算方法を説明します。

››› 風船がマウスポインタに向かうアルゴリズム

風船がマウスポインタに向かう仕組みを、次の図のようにX座標だけで考えてみます。

図4-7-3　風船のX座標を変化させる

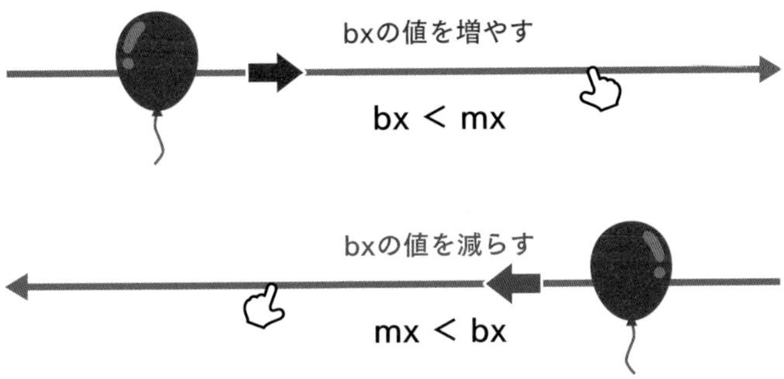

風船が左、マウスポインタが右（この図の上の状態）にあるとき、bxとmxの値はbx < mxという関係にあります。その場合は風船を右に移動させるとマウスポインタに近付くので、bxの値を増やします。また風船が右、マウスポインタが左（図の下の状態）にあるときは、2つの変数の大小関係はmx < bxです。その場合はbxの値を減らし風船を左に移動させます。その判定と計算を22～23行目で行っています。

Y軸方向に対しても24～25行目のように同様の計算を行うことで、風船をマウスポインタの方に向かわせることができます。22～25行目を抜き出して確認します。

```
if bx < mx: bx += 5
if mx < bx: bx -= 5
if by < my: by += 5
if my < by: by -= 5
```

bx += 5はbx = bx + 5、bx -= 5はbx = bx − 5と同じ意味です。このプログラムでは1回の計算で風船の座標がX軸方向、Y軸方向にそれぞれ5ドットずつ変化します。その値を変更すれば風船の移動速度が変わります。

after()の引数のミリ秒数を変えることでも風船の速さが変わります。
ただし引数の値を小さくし過ぎると、風船が描かれる前に処理が進み、風船の一部が切れて表示されることがあります。

COLUMN

フレームレートについて

このプログラムはroot. after(50, main) として50ミリ秒ごとにmain()関数を実行しています。これにより1秒間におおよそ20回の計算と描画が行われています。

ゲームソフトで1秒間に画面を描き変える回数をフレームレートといいます。家庭用ゲーム機やパソコン用のゲームソフトは、一般的に1秒間に30回もしくは60回の描画が行われています。

スマートフォンはパソコンやゲーム機よりも処理能力が低い機種があるため、1秒間に15〜20回程度の回数でゲーム画面を描画するアプリもあります。

優斗君、さっきから楽しそうに風船を
動かしているけど、プログラムの内容
は理解できた？

あっ、面白くて、つい遊んでしまいました。
プログラムは大きな部分は理解できたと思います。
ただ自分でこれを作るのは、まだちょっと難しいかなと。

コツコツ学んでいけば、きっとできるようになるわ。
実は私はプログラミングを学び始めてしばらくの間、
どうプログラムを組めばよいか、チンプンカンプンだったの。

難しい言語から始めたからじゃないですか？

それもあるけど、基礎をしっかり学び、
段階的に次へ進むという過程がいい加減
だったからと、今は気付いているわ。

そうか、他の勉強と同じように、基本、練習、応用って感じで
進んでいくとよいのは、プログラミングも一緒なんですね？

その通りよ。ここまでは基本から練習に入ったところ。
次の章からは練習から応用に進んでいく感じね。

判りました。気合いを
入れていきます！

COLUMN

さまざまなGUIの部品を用いる〈その1〉

tkinterを用いて作ったウィンドウに、文字列を表示する部品やボタンの入力部を配置できます。このコラムと7章のコラムで、それらのGUIの主要部品の使い方を紹介します。

次のプログラムは文字列を表示するラベルと呼ばれる部品と、押したことを判定するボタンを、ウィンドウに配置する内容です。ボタンを押すとラベルの色と文字列が変わるようにしています。

リスト4-C-2▶gui_sample_1.py

`import tkinter`	tkinterモジュールをインポート
`def btn_on():`	マウスボタンを押したときに実行する関数
`    la["bg"] = "magenta"`	ラベルの背景色を変更
`    la["text"] = "ボタンを押しました"`	ラベルの文字列を変更
`root = tkinter.Tk()`	ウィンドウのオブジェクトを準備
`root.geometry("300x200")`	ウィンドウのサイズを指定
`root.title("GUIの主な部品 -1-")`	ウィンドウのタイトルを指定
`root["bg"]="black"`	ウィンドウの背景色を黒にする
`la = tkinter.Label(text="これがラベルという部品です", bg="cyan")`	ラベルの部品を用意
`la.place(x=10, y=10)`	ラベルをウィンドウに配置
`bu = tkinter.Button(text="ボタン", command=btn_on)`	ボタンの部品を用意
`bu.place(x=10, y=60, width=100, height=40)`	ボタンをウィンドウに配置
`root.mainloop()`	ウィンドウの処理を開始

図4-C-2　実行結果

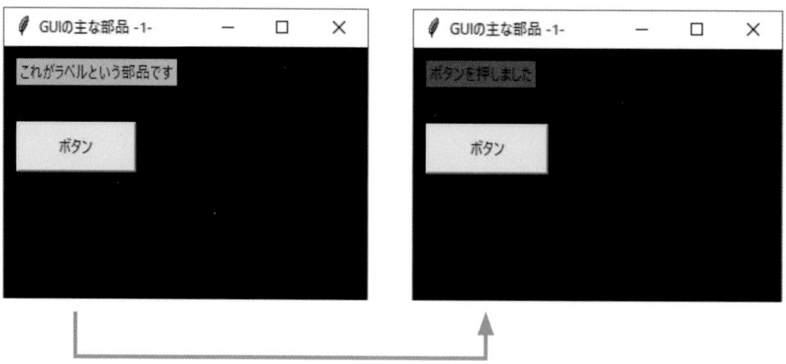

ボタンを押すとラベルの色と文字列が変わる

次ページへ続く

8行目の**geometry()**命令でウィンドウのサイズ（幅×高さ）を指定しています。"300x200"のxは半角のエックスです。

10行目でウィンドウの背景色を黒にしています。Pythonではこのように**部品の変数［属性］＝値**と記述して、部品の色や表示される文字列などを変更できます。

11行目の**Label()**命令で文字列を表示するラベルと呼ばれる部品を用意しています。12行目の**place()**命令で座標を指定してラベルを配置しています。

13行目の**Button()**命令でボタンの部品を用意しています。Button()の引数command=でボタンを押したときに実行する関数を指定します。14行目のplace()でボタンを配置する際に、座標の他にボタンの幅と高さを指定しています。

▪ ボタンが押されたときに関数を実行する

ボタンが押されたときに実行する関数を3〜5行目で定義しています。その関数名をbtn_on()としており、13行目でボタンを作るとき、引数でcommand=btn_onと指定しています。command=で指定する関数名には()を付けません。

btn_on()の処理はラベルの部品[背景色]＝色、ラベルの部品[テキスト]＝文字列として、ラベルの色と文字列を変更しています。

優斗君、研修もだいぶ進んできたけど、
どうかしら？

そうですね、プログラミングの基礎が判ってきて、
楽しくなっています。

それは良かったわ。
理解できるようになってくると、楽しくなるわよね。
私もそうだったから。

はい、いずれ自分の力で
ゲームソフトを作りたいなって
思うようになりました。

いいじゃない。
そしたら、社内にゲームソフトウェア
開発部門を作りましょうよ！

そこまでいけるといいですけど、研修後、
ボクは営業販売部門でソフトウェア開発と
はちょっと離れた仕事をするので、そんな
大それたことは考えられないです（笑）

趣味でプログラミングを続ければいいじゃない。
色々なスキルを身に付けておくと、将来、役に立
つのは間違いないわ。

やっぱりそうですか。スキルが物を言う時代って
ことは、大学生の時に就活支援課の方や両親から
何度も聞かされましたよ。
よーし、残りの研修も頑張るぞ！

この章では、コンピュータと対戦する三目並べを制作します。〇や×の印が3つ並んだかを調べる初歩的な判定方法から、コンピュータの思考という本格的なアルゴリズムまで、色々な知識を学んでいきます。

三目並べを作ろう

Chapter 5

Lesson 5-1 キャンバスにマス目を描く

はじめに三目並べのルールを説明し、ウィンドウを表示してマス目を描くところからプログラミングを始めていきます。

三目並べとは

三目並べとは、3×3のマスに、二人のプレイヤーが○と×の印を交互に付けていき、3つの印を縦、横、斜めのいずれかに先に並べたほうが勝ちとなるゲームです。

図5-1-1　三目並べ

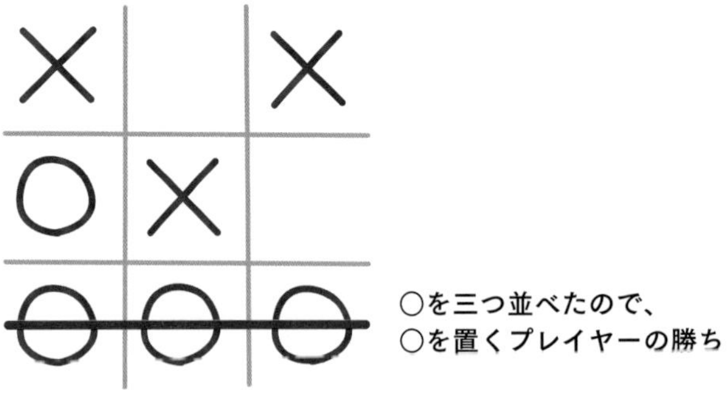

○を三つ並べたので、
○を置くプレイヤーの勝ち

この遊びは地方によって呼び方に違いがあるようで、著者が生まれ育った地域では“まるばつ”と呼ばれていました。ジャンケンをして勝ったほうが○の印を付け（○が先手）、ジャンケンに負けた方は×の印を付ける（×が後手）というルールが一般的と思います。

小学生のとき、この遊びをした思い出があります。

三目並べは、多くの方が一度はしたことのある国民的な遊びといえるわね。

ここから先は○の印を付けることを「○を置く」、×の印を付けることを「×を置く」と表現して説明します。

この章で制作する三目並べは、コンピュータゲームをはじめて制作する人が、ゲームソフトの作り方を理解できるように、できるだけシンプルにプログラムを記述します。そのため先攻、後攻の選択はなしで、プレイヤーが先手で○を置き、コンピュータが後手で×を置くものとします。

》》》キャンバスにマス目を描く

マス目を描くところから三目並べの制作を始めます。tkinterを用いてウィンドウを作り、キャンバスを配置して、線を引く命令でマス目を描きます。

次のプログラムを入力して実行し、動作を確認しましょう。

リスト5-1-1▶list5_1.py

```
1  import tkinter                                                        tkinterモジュールをインポート
2
3  def masume():                                                         マス目を描く関数の定義
4      cvs.create_line(200, 0, 200, 600, fill="gray",                    左の縦線を引く
   width=8)
5      cvs.create_line(400, 0, 400, 600, fill="gray",                    右の縦線を引く
   width=8)
6      cvs.create_line(0, 200, 600, 200, fill="gray",                    上の横線を引く
   width=8)
7      cvs.create_line(0, 400, 600, 400, fill="gray",                    下の横線を引く
   width=8)
8
9  root = tkinter.Tk()                                                   ウィンドウのオブジェクトを準備
10 root.title("三目並べ")                                                ウィンドウのタイトルを指定
11 root.resizable(False, False)                                          ウィンドウサイズを変更できなくする
12 cvs = tkinter.Canvas(width=600, height=600, bg="white")               キャンバスの部品を用意
13 cvs.pack()                                                            キャンバスをウィンドウに配置
14 masume()                                                              マス目を描く関数を呼び出す
15 root.mainloop()                                                       ウィンドウの処理を開始
```

図5-1-2　実行結果

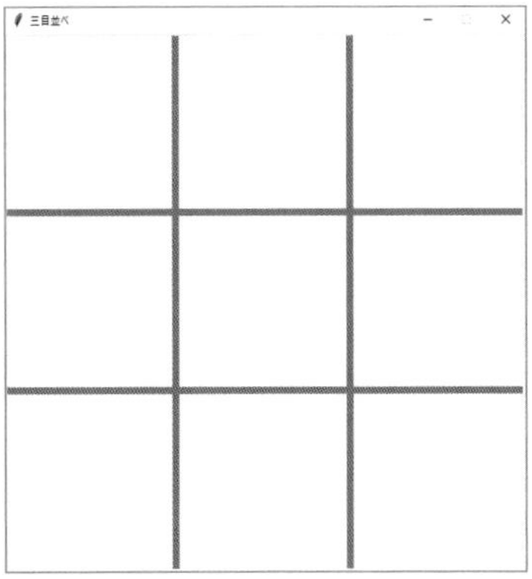

ウィンドウを用いたゲームを制作するので、1行目でtkinterをインポートしています。ウィンドウを作りタイトルを指定する9〜10行目と、キャンバスを作り配置する12〜13行目の記述は、4章で学んだ通りです。このプログラムではそれらの命令に加え、11行目に**resizable()**を記述し、ウィンドウの大きさを変更できなくしています。resizable()は第一引数でウィンドウの横方向のサイズ変更を許可するか、第二引数で縦方向のサイズ変更を許可するかを指定します。許可しないならFalse、許可するならTrueを記述します。

3～7行目がマス目を描く関数の定義です。関数名は判りやすいようにローマ字でmasumeとしました。masume()関数には、キャンバスの変数cvsに対しcreate_line()で縦線と横線を引く処理を記述しています。

》》》繰り返しで線を引く

4～7行目でcreate_line()を4回記述して線を引いています。それらの4行と同じ処理を、forを用いて次のように記述できます。

```
for i in range(1, 3):
    cvs.create_line(200*i, 0, 200*i, 600, fill="gray", width=8) … ①
    cvs.create_line(0, i*200, 600, i*200, fill="gray", width=8) … ②
```

この記述では①が縦線、②が横線になります。for文で4行の処理を3行に減らし、1行だけ削減できますが、処理の内容によっては、forを用いると行数をぐっと減らすことができます。同じ命令を何度も記述するのではなく、forを用いるべきときがあることを覚えておきましょう。

list5_1.pyのプログラムは４章の復習となる内容ですね。
ここではresizable()という新しい命令が出てきました。
Tk()、Canvas()、pack()、mainloop()などの命令で
曖昧なものがあれば、４章で確認しましょう。

Lesson 5-2 リストでマス目を管理する

どのマスに印（○もしくは×）が付いているかを二次元リストで管理し、マスの中に○や×の印を描きます。

二次元リストについて

縦3マス、横3マスの三目並べのマスを管理するために、次のような二次リスト（二次元配列）を用意します。

```
masu = [
    [0, 0, 0],
    [0, 0, 0],
    [0, 0, 0]
]
```

二次元リストはリスト名[y][x] のように、yとxの2つの番号で要素を指定します。2章で学んだようにyとxを添え字といいます。

例えば次のリストでは、masu[0][0] の値が1、masu[1][2] の値が2になります。

```
masu = [
    [1, 0, 0],
    [0, 0, 2],
    [0, 0, 0]
]
```

○と×をリストで管理する

3章のジャンケンゲームで、グー、チョキ、パーの手を0、1、2という数で管理しました。三目並べでは、印のないマスを0、○が置かれたマスを1、×が置かれたマスを2という数で管理します。

次のプログラムの動作を確認しましょう。このプログラムは確認用に、○と×を1つずつマスに置き、表示しています。

リスト5-2-1▶list5_2.py　※前のプログラムからの追加変更箇所にマーカーを引いています

```
1   import tkinter                                          tkinterモジュールをインポート
2
3   masu = [                                                マス目を管理する二次元リスト
4       [1, 0, 0],
5       [0, 0, 2],
6       [0, 0, 0]
7   ]
8
9   def masume():                                           マス目を描く関数の定義
10      for i in range(1, 3):                               繰り返しを用いて
11          cvs.create_line(200*i, 0, 200*i, 600,           縦線を引く
    fill="gray", width=8)
12          cvs.create_line(0, i*200, 600, i*200,           横線を引く
    fill="gray", width=8)
13      for y in range(3):                                  二重ループの外側のfor
14          for x in range(3):                              二重ループの内側のfor
15              X = x * 200                                 ○や×を描く座標を計算
16              Y = y * 200
17              if masu[y][x] == 1:                         masu[y][x]が1なら
18                  cvs.create_oval(X+20, Y+20, X+180,      ○を描く
    Y+180, outline="blue", width=12)
19              if masu[y][x] == 2:                         masu[y][x]が2なら
20                  cvs.create_line(X+20, Y+20, X+180,      ×を描く
    Y+180, fill="red", width=12)
21                  cvs.create_line(X+180, Y+20, X+20,
    Y+180, fill="red", width=12)
22
23  root = tkinter.Tk()                                     ウィンドウのオブジェクトを準備
24  root.title("三目並べ")                                   ウィンドウのタイトルを指定
25  root.resizable(False, False)                            ウィンドウサイズを変更できなくする
26  cvs = tkinter.Canvas(width=600, height=600, bg="white") キャンバスの部品を用意
27  cvs.pack()                                              キャンバスをウィンドウに配置
28  masume()                                                マス目を描く関数を呼び出す
29  root.mainloop()                                         ウィンドウの処理を開始
```

図5-2-1　実行結果

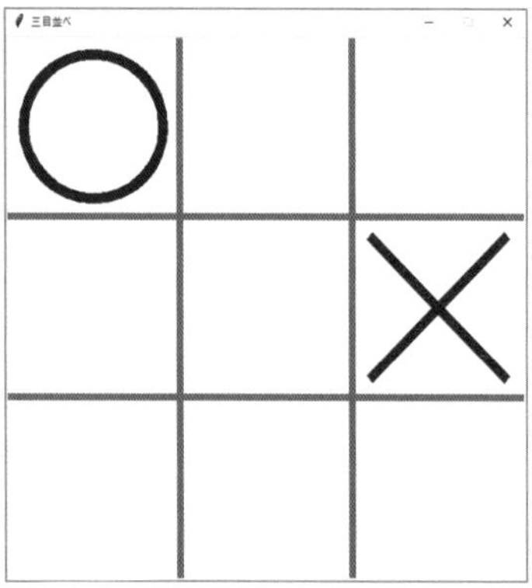

3〜7行目がマス目を管理する二次元リストの宣言です。印のないマスは0、○を置いたところは1、×を置いたところは2とします。

マス目を描くmasume()関数に13〜21行目のように○と×を描く処理を追加しています。縦線と横線を引く処理は、前の節で説明した繰り返しで行っています。

二重ループでマスの値を調べる

masume()関数から○と×を描く処理を抜き出して説明します。

```
for y in range(3):
    for x in range(3):
        X = x * 200
        Y = y * 200
        if masu[y][x] == 1:
            cvs.create_oval(X+20, Y+20, X+180, Y+180, outline="blue", width=12)
        if masu[y][x] == 2:
            cvs.create_line(X+20, Y+20, X+180, Y+180, fill="red", width=12)
            cvs.create_line(X+180, Y+20, X+20, Y+180, fill="red", width=12)
```

二次元リストの値を調べるために二重ループのforを用いています。外側のforは変数yで繰り返し、yの値は0→1→2と変化します。内側のforは変数xで繰り返し、こちらもxは0→1→2と変化します。

大文字のXとYの変数に○や×を描く座標を代入しています。X、Yには各マスの左上角の座標が入ります。masu[y][x]の値を調べ、それが1なら、(X,Y)の位置のマスに○を、2なら×を描いています。

yとxの値が変化しながらマス目を調べていく様子を図示します。

図5-2-2　二重ループでマス目を調べる

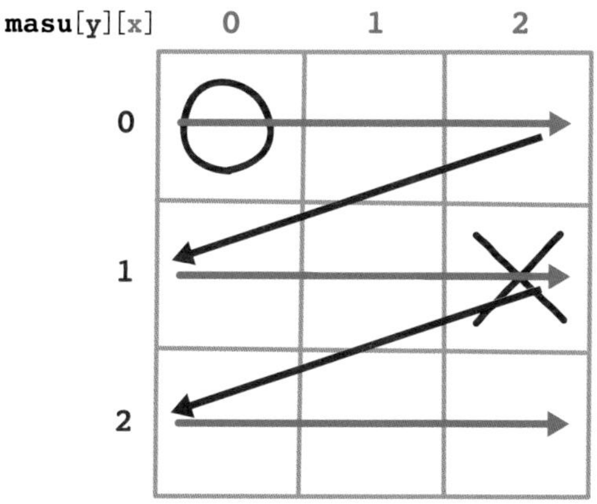

yの値が0のとき、xの値は0→1→2と変化します。次にyが1になり、xは再び0→1→2と変化します。次にyが2になり、xは0→1→2と変化します。yが2、xが2まで進むと二重ループの繰り返しが終わります。この図の線と矢印で示したように、二次元リストの左上角から右下角までを順に調べ、○や×を描く仕組みになっています。

二次元リストの添え字の番号と、それがどの要素を
指すかを、しっかり理解する必要がありますね。

その通りね。少し難しいと思うけど頑張って！
必要なら２章でリストを復習しましょう。

Lesson 5-3 クリックしたマスに印を付ける

この三目並べは、プレイヤーが○を、コンピュータが×を置くようにします。この節ではマス目をクリックして○を置けるようにします。

››› bind()でクリックイベントを取得

前の章でマウスボタンをクリックしたり、ポインタを動かしたときに実行する関数を用意し、bind()命令でイベントの種類と関数を指定して、クリックやマウスの動きを取得する方法を学びました。ここではその方法でマウスのクリックイベントを受け取り、クリックしたマスに○を置けるようにします。

次のプログラムの動作を確認しましょう。クリックしたマスに○が描かれ、そのマスをもう一度クリックすると○が消えるようになっています。

リスト5-3-1▶list5_3.py　※前のプログラムからの追加変更箇所にマーカーを引いています

```
import tkinter

masu = [
    [0, 0, 0],
    [0, 0, 0],
    [0, 0, 0]
]

def masume():
    cvs.delete("all")
    for i in range(1, 3):
        cvs.create_line(200*i, 0, 200*i, 600,
fill="gray", width=8)
        cvs.create_line(0, i*200, 600, i*200,
fill="gray", width=8)
    for y in range(3):
        for x in range(3):
            X = x * 200
            Y = y * 200
            if masu[y][x] == 1:
                cvs.create_oval(X+20, Y+20, X+180,
Y+180, outline="blue", width=12)
            if masu[y][x] == 2:
                cvs.create_line(X+20, Y+20, X+180,
Y+180, fill="red", width=12)
                cvs.create_line(X+180, Y+20, X+20,
Y+180, fill="red", width=12)

def click(e):
    mx = int(e.x/200)
    my = int(e.y/200)
    if mx>2: mx = 2
    if my>2: my = 2
```

- tkinterモジュールをインポート
- マス目を管理する二次元リスト
- マス目を描く関数の定義
- キャンバスに描いたものを全て削除
- 繰り返しを用いて
- 縦線を引く
- 横線を引く
- 二重ループの外側のfor
- 二重ループの内側のfor
- ○や×を描く座標を計算
- masu[y][x]が1なら
- ○を描く
- masu[y][x]が2なら
- ×を描く
- マウスボタンをクリックしたときの関数
- 変数mxとmyに、クリックしたマスの添え字の番号を代入
- mxが2を超えていたら2にする
- myが2を超えていたら2にする

次ページへ続く

```
29      if masu[my][mx] == 0:                                   そのマスの値が0(空)なら
30          masu[my][mx] = 1                                    値を1にして○を置く
31      else:                                                   そうでなければ
32          masu[my][mx] = 0                                    値を0にして空にする
33      masume()                                                マス目を描く
34
35  root = tkinter.Tk()                                         ウィンドウのオブジェクトを準備
36  root.title("三目並べ")                                      ウィンドウのタイトルを指定
37  root.resizable(False, False)                                ウィンドウサイズを変更できなくする
38  root.bind("<Button>", click)                                クリック時に実行する関数を指定
39  cvs = tkinter.Canvas(width=600, height=600, bg="white")     キャンバスの部品を用意
40  cvs.pack()                                                  キャンバスをウィンドウに配置
41  masume()                                                    マス目を描く関数を呼び出す
42  root.mainloop()                                             ウィンドウの処理を開始
```

図5-3-1　実行結果

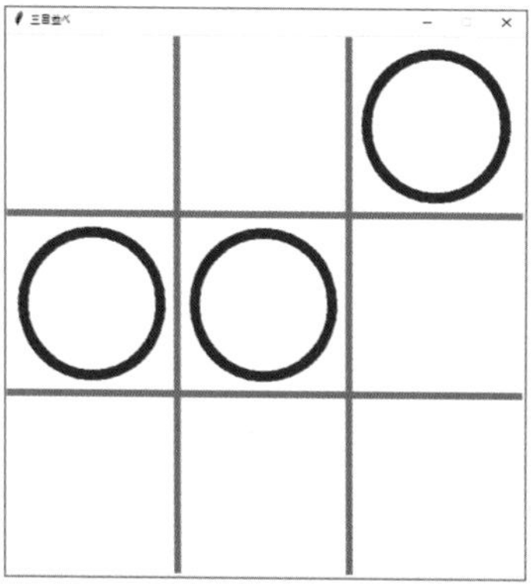

masume()関数に、キャンバスに描いたものを全て削除するcvs.delete("all")を追記しています。delete("all")を実行せずに絵や文字を次々に表示していくと、Pythonの処理が重くなることがあります。何度もグラフィックを描くプログラムでは、前に描いた絵や文字をこの命令で消すようにしましょう。

24～33行目でマウスボタンをクリックしたときに実行するclick()関数を定義しています。click()の引数eに.xと.yを付けたe.xとe.yの値が、クリックした座標になります。

一マスのサイズを200×200ドットとしているので、e.xとe.yの値を200で割ることで、どのマスをクリックしたかを知ることができます。その計算を行っている部分を抜き出して説明します。

```
mx = int(e.x/200)
my = int(e.y/200)
if mx>2: mx = 2
if my>2: my = 2
```

このmxとmyの値がマスの番号（masu[][]の添え字）になります。mxとmyの値を整数とするためにint()で小数点以下を切り捨てています。この計算式とif文の意味を理解しやすいように、e.x、e.yの値と、マスを管理する二次元リストの添え字を図示します。

図5-3-2　クリックした座標とマスの関係

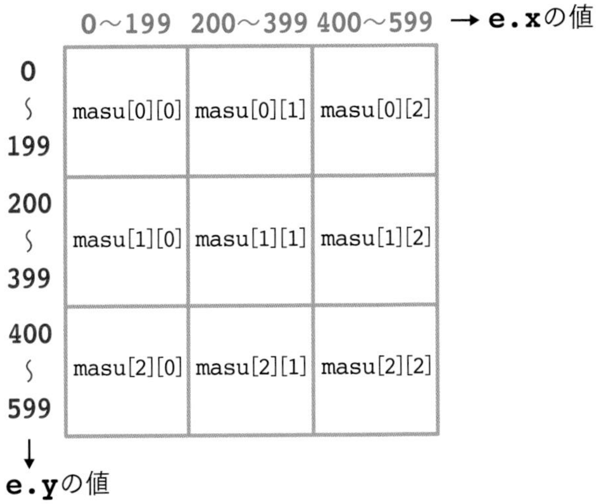

ウィンドウの右端付近をクリックしたとき、e.xの値が600以上になることがあります。その場合、mx=int(e.x/200)でmxの値は3になります。3はマスの外側になるので、if mx>2: mx=2というif文でmxが2を超えないようにしています。ウィンドウの下端でクリックし、e.yが600以上になったときも、if my>2:my=2でmyが2を超えないようにしています。

そして29～32行目のように、クリックしたマスの値が0なら1に、1なら0にすることで、○を置いたり消したりしています。

一マスの幅は200ドット、高さは200ドットだから、
クリックした座標を200で割ってリストの添え字を求めると。
…なるほど、そういうことか。

リストの外側（存在しない要素）を参照しようとするとエラーが発生します。
それを防ぐためif mx>2:mx=2とif my>2:my=2を記述しているの。
存在しない要素を参照してはならないことも覚えておきましょう。

Lesson 5-4 コンピュータが印を付ける

プレイヤーが○を置くと、コンピュータが空いているマスに×を置くようにします。

ターン制の処理

プレイヤーとコンピュータが交互に行動して対戦したり、参加者全員に行動する番が順に回ってくるゲームルールをターン制といいます。ターン制をプログラミングするにはさまざまな方法が考えられますが、この三目並べはゲーム開発をはじめて行う人が理解できるように、最もシンプルな方法でターン制を組み込みます。

その具体的な方法は、次の図のように、マウスのクリックイベントでプレイヤーが○を置いたら、次にコンピュータが×を置くようにします。

図5-4-1　ターン制をシンプルにプログラミングする

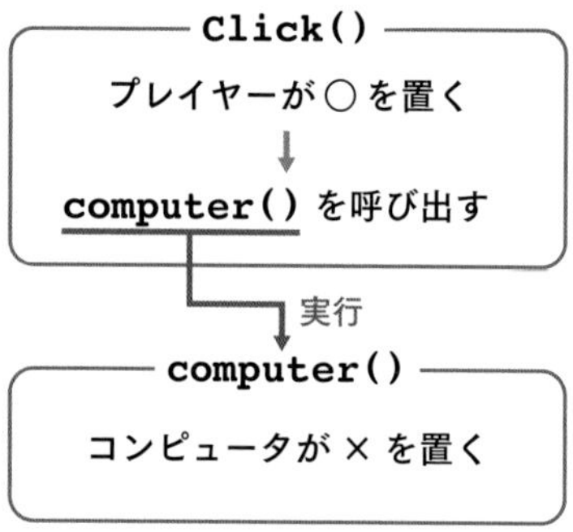

コンピュータが×を置くcomputer()という関数を用意し、click()内でそれを呼び出します。computer()関数を用意せず、click()内にコンピュータが×を置く処理を記述することもできますが、コンピュータの思考ルーチンを改良するときなどに、処理を分けておくと作業しやすいので、このような関数を用意します。処理のまとまりを関数として分けると、プログラムがすっきりして判読しやすくなり、メンテナンスしやすいメリットがあることを覚えておきましょう。

なお、ある程度高度な内容のゲームは、一般的にリアルタイム処理を用いて制作します。この三目並べはリアルタイム処理を用いませんが、先の章で制作する神経衰弱とリバーシはリアルタイム処理でゲームを制作します。

この節ではプレイヤーとコンピュータが交互に印を付ける処理を入れ、次の節で○や×が縦横斜めに並んだことを判定します。

時間調整にtimeモジュールを用いる

プレイヤーが○を置き、コンピュータが×を置く処理が、一瞬のうちに進むとゲームの進行が判りにくくなります。そこで○を置いた後、若干の“間(ま)”を入れ、コンピュータが×を置くようにします。timeモジュールにある、一定時間、処理を停止させるsleep()という命令で、その“間”を作ります。

いくつ印を付けたか数える

これから確認するプログラムは、いくつ印を付けたかを数える変数を用意し、○と×を合計9個置いたら、それ以上は入力を受け付けなくしています。

リスト5-4-1▶list5_4.py　※前のプログラムからの追加変更箇所にマーカーを引いています

```
import tkinter
import random
import time

masu = [
    [0, 0, 0],
    [0, 0, 0],
    [0, 0, 0]
]
shirushi = 0

def masume():
    cvs.delete("all")
    for i in range(1, 3):
        cvs.create_line(200*i, 0, 200*i, 600, 
fill="gray", width=8)
        cvs.create_line(0, i*200, 600, i*200, 
fill="gray", width=8)
    for y in range(3):
        for x in range(3):
            X = x * 200
            Y = y * 200
            if masu[y][x] == 1:
                cvs.create_oval(X+20, Y+20, X+180, 
Y+180, outline="blue", width=12)
            if masu[y][x] == 2:
                cvs.create_line(X+20, Y+20, X+180, 
Y+180, fill="red", width=12)
                cvs.create_line(X+180, Y+20, X+20, 
Y+180, fill="red", width=12)
    cvs.update()

def click(e):
    global shirushi
    mx = int(e.x/200)
    my = int(e.y/200)
    if mx>2: mx = 2
    if my>2: my = 2
    if masu[my][mx] == 0:
        masu[my][mx] = 1
        shirushi = shirushi + 1
```

tkinterモジュールをインポート
randomモジュールをインポート
timeモジュールをインポート
マス目を管理する二次元リスト
いくつ印を付けたかを数える変数
マス目を描く関数の定義
キャンバスに描いたものを全て削除
繰り返しを用いて
縦線を引く
横線を引く
二重ループの外側のfor
二重ループの内側のfor
○や×を描く座標を計算
masu[y][x]が1なら
○を描く
masu[y][x]が2なら
×を描く
キャンバスを更新し、即座に描画する
マウスボタンをクリックしたときの関数
shirushiをグローバル変数として扱う
変数mxとmyに、クリックしたマスの添え字の番号を代入
mxが2を超えていたら2にする
myが2を超えていたら2にする
そのマスの値が0(空)なら
値を1にして○を置く
shirushiの値を1増やす

次ページへ続く

```
37            masume()                                     マス目を描く
38            time.sleep(0.5)                              0.5秒待つ
39            if shirushi < 9:                             印が9未満なら
40                computer()                               コンピュータの処理を呼び出す
41
42    def computer():                                      コンピュータが×を置く関数の定義
43        global shirushi                                  shirushiをグローバル変数として扱う
44        while True:                                      無限ループで繰り返す
45            x = random.randint(0, 2)                     xに0、1、2いずれかの数を代入
46            y = random.randint(0, 2)                     yに0、1、2いずれかの数を代入
47            if masu[y][x] == 0:                          そのマスが空いていれば
48                masu[y][x] = 2                           masu[y][x]の値を2にして×を置く
49                shirushi = shirushi + 1                  shirushiの値を1増やす
50                masume()                                 マス目を描く
51                time.sleep(0.5)                          0.5秒待つ
52                break                                    無限ループを抜ける
53
54    root = tkinter.Tk()                                  ウィンドウのオブジェクトを準備
55    root.title("三目並べ")                               ウィンドウのタイトルを指定
56    root.resizable(False, False)                         ウィンドウサイズを変更できなくする
57    root.bind("<Button>", click)                         クリック時に実行する関数を指定
58    cvs = tkinter.Canvas(width=600, height=600, bg="white")  キャンバスの部品を用意
59    cvs.pack()                                           キャンバスをウィンドウに配置
60    masume()                                             マス目を描く関数を呼び出す
61    root.mainloop()                                      ウィンドウの処理を開始
```

図5-4-2　実行結果

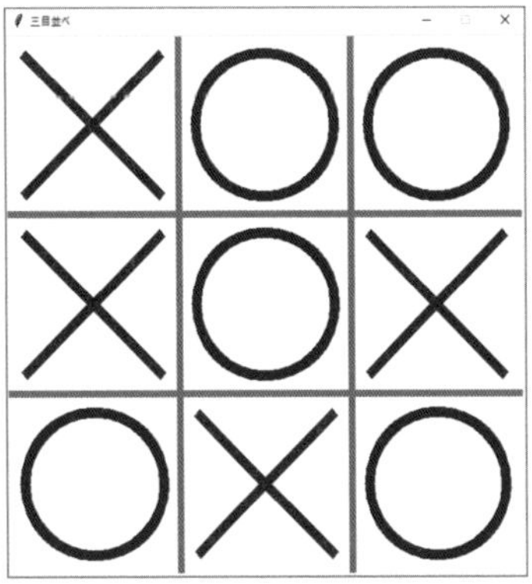

masume()関数の26行目に追記したcvs.**update()**は、キャンバスの状態を更新して、図形や画像、文字列を即座にウィンドウに表示する命令です。この命令はなくてもかまわないこともありますが、画面を何度も描き変えたり、sleep()命令を使うときに記述しておくと、グラフィックがきちんと表示されます。

前のプログラムからの大きな変更箇所はclick()関数内の36～40行目です。プレイヤーがクリックして○を置いたら、印を付けた数を代入する変数shirushiの値を1増やし、マス目を描き、**sleep()**で0.5秒間処理を止めています。shirushiが9未満なら、次にcomputer()関数を呼び出し、コンピュータが×を置くようになっています。

sleep() はtimeモジュールに備わる関数で、引数の秒数の間、一時的にプログラムを停止します。この関数で長時間、処理を止めると、ウィンドウがフリーズしたようになり、不具合が発生したときと似た現象が起きます。長時間は停止すべきでないことを頭の隅に置いておきましょう。今回はそのようなことが起きないように、0.5秒だけ停止させています。

››› computer() 関数について

コンピュータは空いているマスにランダムに×を置きます。そのマスはrandomモジュールの乱数を発生させる関数で決めています。42〜52行目に定義したcomputer() 関数を抜き出して説明します。

```
def computer():
    global shirushi
    while True:
        x = random.randint(0, 2)
        y = random.randint(0, 2)
        if masu[y][x] == 0:
            masu[y][x] = 2
            shirushi = shirushi + 1
            masume()
            time.sleep(0.5)
            break
```

この処理で変数xとyに乱数を代入し、masu[y][x] が空いているかを調べています。空いているマスを探し続けるようにwhile Trueを用いています。その仕組みは次のようになります。

図5-4-3　空いているマスを探す

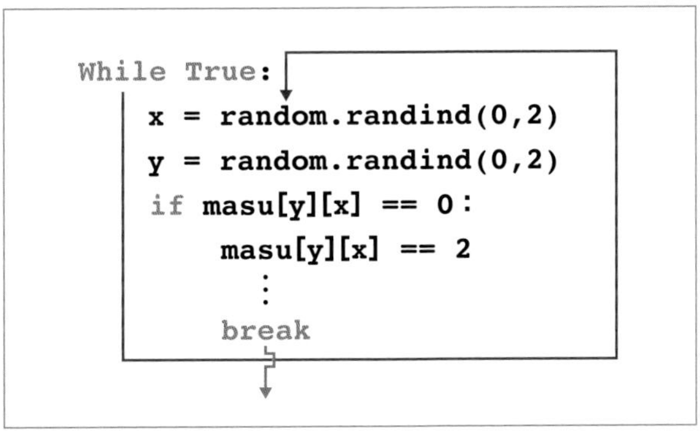
While True:
x = random.randind(0,2)
y = random.randind(0,2)
if masu[y][x] == 0:
masu[y][x] == 2
⋮
break

whileの条件式をTrueとすると処理を延々と繰り返します（赤矢印の線）。変数x、yに乱数を代入し、if文でmasu[y][x] が0かを調べます。0なら空いているマスなので、masu[y][x] に2を代入して×を置き、breakでループを抜け（青矢印の線）次へ進みます。

これは3章のジャンケンゲームで用いた、プレイヤーに0、1、2のいずれかだけを入力させるのと同じ仕組みです。この方法を使うときは、**while Trueの無限ループから脱出できなくなることがないように注意**しましょう。

全てのマス目に印が付いた状態で、このwhile Trueの処理に入ると、延々とループし続けてしまいます。
そのため、shirushi<9のときだけcomputer()を呼び出しています。

連続してクリックすると…

さて、このプログラムでマウスポインタをウィンドウ内で素早く動かしながら、マウスボタンを連打するようにクリックすると、○と×が交互に置かれず、○を2回続けて置くことがあります。そのような不具合はもちろん修正しなくてはなりません。次の節でそれを修正するif文を追加します。

Lesson 5-5

3つ揃ったかを判定する

縦、横、斜めに○や×が揃ったことを判定する処理を組み込みます。

二次元リストの値を調べる

例えば次の図のように左側の一列に○が揃ったとき、masu[0][0]、masu[1][0]、masu[2][0]の値は全て1になっています。

図5-5-1　左の一列に○が揃ったとき

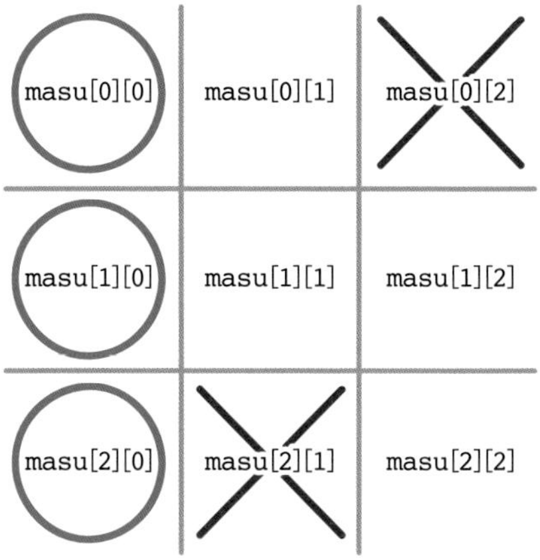

これはif masu[0][0]==1 and masu[1][0]==1 and masu[2][0]==1というif文で判定できます。また×の値は2なので、左の一列に×が並んだときはif masu[0][0]==2 and masu[1][0]==2 and masu[2][0]==2で判定できます。

繰り返しで効率良く調べる

三目並べは3×3のマスで構成されるので、縦方向に揃ったかを判定するには、先ほどのif文が3つ必要です。横方向の判定を行うのにも3つのif文が必要です。また左上から右下への斜め方向と、右上から左下への斜め方向の判定も行うので、○が揃ったかを判定するのには、3＋3＋2＝8つのif文が必要です。×も同様に判定するので合計8×2＝16のif文が必要になります。

ゲーム開発をはじめて行う方は、難しいことは考えず、その16行分のifを記述してかまわないと著者は考えます。一方、プログラミングの基本的な知識のある方や、簡単なミニゲームなら作れるという段階に達した方は、この判定を効率良く行う方法を考えてみましょう。

これから確認するプログラムは、繰り返しを用いて、○が揃ったかと×が揃ったかを順に判定することで、if文を8行だけにしています。

››› タイトルバーに結果を表示する

このプログラムは制作過程の確認として、○や×が揃ったら「何々が3つ揃いました」という文言をタイトルバーに表示します。次のプログラムの動作を確認しましょう。

リスト5-5-1▶list5_5.py　※前のプログラムからの追加変更箇所にマーカーを引いています

```
import tkinter
import random
import time

masu = [
    [0, 0, 0],
    [0, 0, 0],
    [0, 0, 0]
]
shirushi = 0
kachi = 0

def masume():
省略(この関数の処理は前のプログラムの通りです)
 :
 :
def click(e):
    global shirushi
    if shirushi==1 or shirushi==3 or shirushi==5 or
shirushi==7:
        return
    mx = int(e.x/200)
    my = int(e.y/200)
    if mx>2: mx = 2
    if my>2: my = 2
    if masu[my][mx] == 0:
        masu[my][mx] = 1
        shirushi = shirushi + 1
        masume()
        time.sleep(0.5)
        hantei()
        if shirushi < 9:
            computer()

def computer():
    global shirushi
    while True:
        x = random.randint(0, 2)
        y = random.randint(0, 2)
        if masu[y][x] == 0:
            masu[y][x] = 2
            shirushi = shirushi + 1
            masume()
            time.sleep(0.5)
            hantei()
            break

def hantei():
```

tkinterモジュールをインポート
randomモジュールをインポート
timeモジュールをインポート
マス目を管理する二次元リスト
いくつ印を付けたかを数える変数
どちらが勝ったかを管理する変数
マス目を描く関数の定義
省略
マウスボタンをクリックしたときの関数
shirushiをグローバル変数として扱う
shirushiの値が1か3か5か7なら
ここで関数を抜ける
変数mxとmyに、クリックしたマスの添え字の番号を代入
mxが2を超えていたら2にする
myが2を超えていたら2にする
そのマスの値が0(空)なら
値を1にして○を置く
shirushiの値を1増やす
マス目を描く
0.5秒待つ
hantei()を呼び出す
shirushiの値が9未満なら
コンピュータの処理を呼び出す
コンピュータが×を置く関数の定義
shirushiをグローバル変数として扱う
無限ループで繰り返す
xに0、1、2いずれかの数を代入
yに0、1、2いずれかの数を代入
そのマスが空いていれば
masu[y][x]の値を2にして×を置く
shirushiの値を1増やす
マス目を描く
0.5秒待つ
hantei()を呼び出す
無限ループを抜ける
3つ揃ったかを判定する関数の定義

```
    global kachi
    kachi = 0
    for n in range(1, 3):
        #縦に並んだかを判定する
        if masu[0][0]==n and masu[1][0]==n and masu[2][0]==n:
            kachi = n
        if masu[0][1]==n and masu[1][1]==n and masu[2][1]==n:
            kachi = n
        if masu[0][2]==n and masu[1][2]==n and masu[2][2]==n:
            kachi = n
        #横に並んだかを判定する
        if masu[0][0]==n and masu[0][1]==n and masu[0][2]==n:
            kachi = n
        if masu[1][0]==n and masu[1][1]==n and masu[1][2]==n:
            kachi = n
        if masu[2][0]==n and masu[2][1]==n and masu[2][2]==n:
            kachi = n
        #斜めに並んだかを判定する
        if masu[0][0]==n and masu[1][1]==n and masu[2][2]==n:
            kachi = n
        if masu[0][2]==n and masu[1][1]==n and masu[2][0]==n:
            kachi = n
    if kachi == 1:
        root.title("○が三つ揃いました")
    if kachi == 2:
        root.title("×が三つ揃いました")

root = tkinter.Tk()
root.title("三目並べ")
root.resizable(False, False)
root.bind("<Button>", click)
cvs = tkinter.Canvas(width=600, height=600, bg="white")
cvs.pack()
masume()
root.mainloop()
```

kachiをグローバル変数として扱う
kachiに0を代入
繰り返し nの値は1→2と変化する
縦に並んだかを判定する
横に並んだかを判定する
斜めに並んだかを判定する
kachiの値が1なら
「○が三つ揃いました」とバーに表示
kachiの値が2なら
「×が三つ揃いました」とバーに表示
ウィンドウのオブジェクトを準備
ウィンドウのタイトルを指定
ウィンドウサイズを変更できなくする
クリック時に実行する関数を指定
キャンバスの部品を用意
キャンバスをウィンドウに配置
マス目を描く関数を呼び出す
ウィンドウの処理を開始

図5-5-2　実行結果

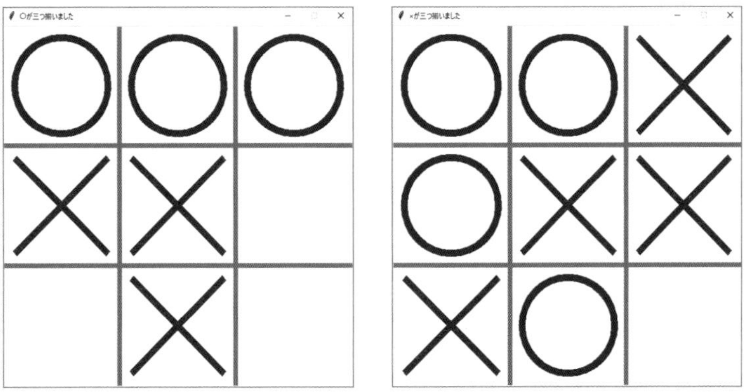

59～85行目で○や×が揃ったかを判定するhantei()関数を定義しています。その関数を抜き出して説明します。

```
def hantei():
    global kachi
    kachi = 0
    for n in range(1, 3):
        #縦に並んだかを判定する
        if masu[0][0]==n and masu[1][0]==n and masu[2][0]==n:
            kachi = n
        if masu[0][1]==n and masu[1][1]==n and masu[2][1]==n:
            kachi = n
        if masu[0][2]==n and masu[1][2]==n and masu[2][2]==n:
            kachi = n
        #横に並んだかを判定する
        if masu[0][0]==n and masu[0][1]==n and masu[0][2]==n:
            kachi = n
        if masu[1][0]==n and masu[1][1]==n and masu[1][2]==n:
            kachi = n
        if masu[2][0]==n and masu[2][1]==n and masu[2][2]==n:
            kachi = n
        #斜めに並んだかを判定する
        if masu[0][0]==n and masu[1][1]==n and masu[2][2]==n:
            kachi = n
        if masu[0][2]==n and masu[1][1]==n and masu[2][0]==n:
            kachi = n
    if kachi == 1:
        root.title("○が三つ揃いました")
    if kachi == 2:
        root.title("×が三つ揃いました")
```

この関数に記述してあるkachiは、○と×のどちらが揃ったかを管理する変数です。○が揃ったとき（プレイヤーが勝ったとき）はkachiに1を、×が揃ったとき（コンピュータが勝ったとき）は2を代入します。11行目でこの変数をグローバル変数として宣言しています。グローバル変数としたのは、次の5-6で勝敗判定を行う関数を用意し、その関数でもkachiの値を使うためです。

hantei()関数ではif masu[0][0]==n and masu[1][0]==n and masu[2][0]==nなどの８つのif文で、縦、横、斜めに印が揃ったかを調べています。○の値は1、×の値は2なので、for n in range(1,3)でnの値を1→2と変化させ、nの値で判定することで、○と×の判定を同じif文で順に行っています。

if文の条件式が成立し、○が揃ったときはkachiに1が、×が揃ったときは2が代入されます。そしてkachiが1ならroot.title("○が三つ揃いました")、kachiが2ならroot.title("×が三つ揃いました")で、どちらが揃ったかをタイトルバーに表示しています。

〇も×も揃ったときはタイトルバーに「×が三つ揃いました」とだけ表示されますが、完成させるときに、どちらかが揃った時点でゲーム終了となるので、ここで気にする必要はありません。

》》》連打したときの不具合の修正

前の節のプログラムで、マウスボタンを連打したときに起きる不具合は、click()関数に次のif文を追加して修正しています。

```
if shirushi==1 or shirushi==3 or shirushi==5 or shirushi==7:
    return
```

印を付けた数が1、3、5、7のときはコンピュータが×を置く番なので、このif文のreturnでclick()関数の処理を終え、〇が連続して置かれないようにしています。

どちらの印が揃ったかを判定できました！
はじめは難しそうと思ったけど、〇は1、×は2という数でマス目を管理し、リストの値を調べて、3つ並んだかを判定する仕組みが理解できたと思います。

はじめてゲーム開発に挑戦して、それが理解できればバッチリよ。

ただ、for文で〇と×を順に判定するアイデアは、自分では思い付かないですね。

まずは全体を理解できればよいと思うわ。
プログラミングを学んでいくと、やがて色々なテクニックが使えるようになるものよ。

そうなんですね。

ええ、焦る必要はないわ。
じっくり学んでいきましょう。
完成までもう少しだから頑張って！

Lesson 5-6

ゲームとして遊べるようにする

勝敗結果を表示し、ゲームとして一通り遊べるようにします。

ゲーム終了時の処理を組み込む

Lesson 5-4でマスに置いた印を数えるshirushiという変数を用意しました。この変数の値でゲームが終了したことを管理します。

例えば○も×も揃わず、全てのマスに印を付けたらshirushiの値は9になります。そのときは「引き分け」と表示します。途中で○か×が揃って勝ち負けが決まれば、Lesson 5-5で組み込んだkachiという変数の値が1か2になります。そのときはプレイヤーの勝ち、あるいはコンピュータの勝ちであることを表示し、ゲームを終了するためにshirushiに9を代入します。

またshirushiの値が9のときにウィンドウをクリックすると、はじめから三目並べを遊べるようにします。以上の処理を組み込んだプログラムを確認します。

リスト5-6-1▶list5_6.py　※前のプログラムからの追加変更箇所にマーカーを引いています

```
import tkinter
import random
import time

masu = [
    [0, 0, 0],
    [0, 0, 0],
    [0, 0, 0]
]
shirushi = 0
kachi = 0
FNT = ("Times New Roman", 60)

def masume():
    cvs.delete("all")
    for i in range(1, 3):
        cvs.create_line(200*i, 0, 200*i, 600,
fill="gray", width=8)
        cvs.create_line(0, i*200, 600, i*200,
fill="gray", width=8)
    for y in range(3):
        for x in range(3):
            X = x * 200
            Y = y * 200
            if masu[y][x] == 1:
                cvs.create_oval(X+20, Y+20, X+180,
Y+180, outline="blue", width=12)
            if masu[y][x] == 2:
                cvs.create_line(X+20, Y+20, X+180,
Y+180, fill="red", width=12)
                cvs.create_line(X+180, Y+20, X+20,
Y+180, fill="red", width=12)
```

tkinterモジュールをインポート
randomモジュールをインポート
timeモジュールをインポート
マス目を管理する二次元リスト
いくつ印を付けたかを数える変数
どちらが勝ったかを管理する変数
フォントの定義
マス目を描く関数の定義
キャンバスに描いたものを全て削除
繰り返しを用いて
縦線を引く
横線を引く
二重ループの外側のfor
二重ループの内側のfor
○や×を描く座標を計算
masu[y][x]が1なら
○を描く
masu[y][x]が2なら
×を描く

```
    if shirushi == 0:                                          shirushiの値が0なら
        cvs.create_text(300, 300, text="スタート！",           「スタート！」と表示
fill="navy", font=FNT)
    cvs.update()                                               キャンバスを更新し、即座に描画する

def click(e):                                                  マウスボタンをクリックしたときの関数
    global shirushi                                            shirushiをグローバル変数として扱う
    if shirushi == 9:                                          shirushiの値が9なら
        replay()                                               再プレイするためreplay()を呼び出す
        return                                                 ここで関数を抜ける
    if shirushi==1 or shirushi==3 or shirushi==5 or            shirushiの値が1か3か5か7なら
shirushi==7:
        return                                                 ここで関数を抜ける
    mx = int(e.x/200)                                          変数mxとmyに、クリックした
    my = int(e.y/200)                                          マスの添え字の番号を代入
    if mx>2: mx = 2                                            mxが2を超えていたら2にする
    if my>2: my = 2                                            myが2を超えていたら2にする
    if masu[my][mx] == 0:                                      そのマスの値が0(空)なら
        masu[my][mx] = 1                                       値を1にして○を置く
        shirushi = shirushi + 1                                shirushiの値を1増やす
        masume()                                               マス目を描く
        time.sleep(0.5)                                        0.5秒待つ
        hantei()                                               hantei()を呼び出す
        syouhai()                                              syouhai()を呼び出す
        if shirushi < 9:                                       shirushiの値が9未満なら
            computer()                                         コンピュータの処理を呼び出す

def computer():                                                コンピュータが×を置く関数の定義
    global shirushi                                            shirushiをグローバル変数として扱う
    while True:                                                無限ループで繰り返す
        x = random.randint(0, 2)                               xに0、1、2いずれかの数を代入
        y = random.randint(0, 2)                               yに0、1、2いずれかの数を代入
        if masu[y][x] == 0:                                    そのマスが空いていれば
            masu[y][x] = 2                                     masu[y][x]の値を2にして×を置く
            shirushi = shirushi + 1                            shirushiの値を1増やす
            masume()                                           マス目を描く
            time.sleep(0.5)                                    0.5秒待つ
            hantei()                                           hantei()を呼び出す
            syouhai()                                          syouhai()を呼び出す
            break                                              無限ループを抜ける

def hantei():                                                  3つ揃ったかを判定する関数の定義
省略（この関数の処理は前のプログラムの通りです）              省略

def syouhai():                                                 勝敗を表示する関数の定義
    global shirushi                                            shirushiをグローバル変数として扱う
    if kachi == 1:                                             kachiの値が1なら
        cvs.create_text(300, 300, text="あなたの勝ち！",       「あなたの勝ち！」と表示
font=FNT, fill="cyan")
        shirushi = 9                                           shirushiを9にする
    if kachi == 2:                                             kachiの値が2なら
        cvs.create_text(300, 300, text="コンピュータ¥nの       「コンピュータの勝ち！」と表示
勝ち！", font=FNT, fill="gold")
        shirushi = 9                                           shirushiを9にする
    if kachi == 0 and shirushi == 9:                           kachiが0でshirushiが9なら
        cvs.create_text(300, 300, text="引き分け",             「引き分け」と表示
font=FNT, fill="lime")

def replay():                                                  再プレイするための関数の定義
```

次ページへ続く

```
103     global shirushi                                          shirushiをグローバル変数として扱う
104     shirushi = 0                                             shirushiに0を代入
105     for y in range(3):                                       ┓二重ループで
106         for x in range(3):                                   ┃全てのマスの値を
107             masu[y][x] = 0                                   ┛0にする
108     masume()                                                 マス目を描く
109
110 root = tkinter.Tk()                                          ウィンドウのオブジェクトを準備
111 root.title("三目並べ")                                        ウィンドウのタイトルを指定
112 root.resizable(False, False)                                 ウィンドウサイズを変更できなくする
113 root.bind("<Button>", click)                                 クリック時に実行する関数を指定
114 cvs = tkinter.Canvas(width=600, height=600, bg="white")      キャンバスの部品を用意
115 cvs.pack()                                                   キャンバスをウィンドウに配置
116 masume()                                                     マス目を描く関数を呼び出す
117 root.mainloop()                                              ウィンドウの処理を開始
```

図5-6-1　実行結果

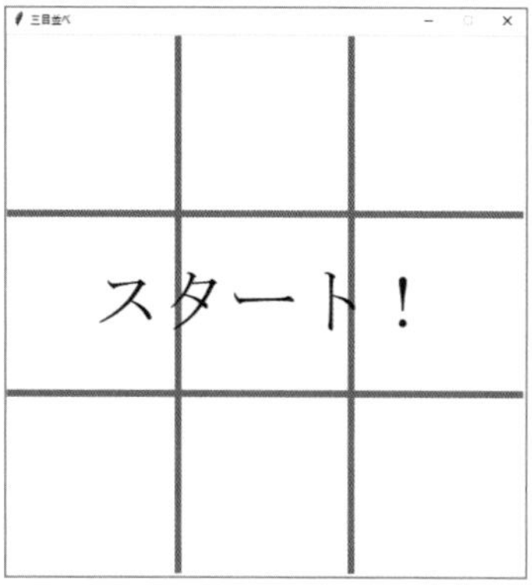

91～100行目で、どちらの勝ちか、あるいは引き分けかを表示するsyouhai()関数を定義しています。この関数は、プレイヤーが○を置き、3つ揃ったかをhantei()関数で調べた後、49行目で呼び出しています。またコンピュータが×を置き、3つ揃ったか調べた後の64行目でも呼び出しています。

hantei()関数で、○が揃うとkachiの値が1に、×が揃うと2になります。syouhai()関数ではkachiが1なら「あなたの勝ち！」と表示してshirushiに9を代入し、kachiが2なら「コンピュータ(改行)の勝ち！」と表示してshirushiに9を代入します。kachiが0でshirushiが9なら、○も×も揃わなかったので「引き分け」と表示しています。

「コンピュータ¥nの勝ち！」と表示するときに改行コードで文字列を改行させていますね。

Pythonではprint()命令の他に、キャンバスに文字列を表示するcreate_text()命令でも改行コードが使えるのよ。

リプレイについて

ゲーム終了後、ウィンドウをクリックすれば、はじめから遊べるように、click()関数に次のif文を追加しています。

```
if shirushi == 9:
    replay()
    return
```

このときに呼び出すreplay()関数を102～108行目で定義しています。replay()関数はmasu[][]の全要素を0にし、マス目に何も印が付いていない状態にします。

コンピュータが弱い

ゲームとして遊べるようになりましたが、コンピュータが弱く、プレイヤーが負けることは、ほぼありません。これはコンピュータがランダムな位置に×を置いているからです。次の節でコンピュータの思考ルーチンを組み込み、コンピュータを強くします。

Lesson 5-7 コンピュータの思考ルーチンを組み込む

コンピュータが思考するプログラムを組み込んで、強くなるようにします。

どのようなアルゴリズムで強くするか

どうすればコンピュータを強くできるか考えてみます。それには、三目並べを人同士でするとき、人はどのように考えるかを想像してみましょう。多くの人は、次のようにするはずです。

①自分が3つ揃えられるマスがあるなら、そこに印を付け、勝ちにいく
②相手が3つ揃えられるマスがあるなら、そこに印を付け、相手が勝つことを阻止する

例えば②の状態であっても、①の状態にあれば、わざわざ②は行いません。コンピュータにも①と②を行わせれば、ランダムに印を付けるよりも強くなります。コンピュータにこれらのことを行わせるには次のようにします。

- **全てのマス目を1つずつ調べ、×を置くとコンピュータの勝ちとなるマスを探す**
- **そのマスがあるなら、そこに×を置いて勝ちにいく**
- **そのマスがないなら、また全てのマスを1つずつ調べ、○を置くとコンピュータが負ける（○が3つ揃い、プレイヤーの勝ちとなる）マスを探す**
- **そのマスがあるなら、そこに×を置いてプレイヤーが勝つことを阻止する**
- **いずれのマスも見つからなければ、ランダムな位置に×を置く**

これから確認するプログラムには、以上のような思考ルーチンが入っています。このような思考ルーチンは立派なアルゴリズムです。これをプログラミングすることは現時点で難しいとお考えになる方もいらっしゃると思いますが、全体を理解しようという気持ちで、プログラムとその動作を確認していきましょう。

思考ルーチンの確認

説明したアルゴリズムを組み込んだプログラムを確認します。完成版の三目並べということで、sanmoku_narabe.pyというファイル名にしています。動作確認後にコンピュータの思考をどのようにプログラミングしたかを説明します。

リスト5-7-1▶sanmoku_narabe.py ※前のプログラムからの追加変更箇所にマーカーを引いています

```
import tkinter
import random
import time

masu = [
    [0, 0, 0],
    [0, 0, 0],
    [0, 0, 0]
]
shirushi = 0
kachi = 0
FNT = ("Times New Roman", 60)

def masume():
    cvs.delete("all")
    for i in range(1, 3):
        cvs.create_line(200*i, 0, 200*i, 600, fill="gray", width=8)
        cvs.create_line(0, i*200, 600, i*200, fill="gray", width=8)
    for y in range(3):
        for x in range(3):
            X = x * 200
            Y = y * 200
            if masu[y][x] == 1:
                cvs.create_oval(X+20, Y+20, X+180, Y+180, outline="blue", width=12)
            if masu[y][x] == 2:
                cvs.create_line(X+20, Y+20, X+180, Y+180, fill="red", width=12)
                cvs.create_line(X+180, Y+20, X+20, Y+180, fill="red", width=12)
    if shirushi == 0:
        cvs.create_text(300, 300, text="スタート！", fill="navy", font=FNT)
    cvs.update()

def click(e):
    global shirushi
    if shirushi == 9:
        replay()
        return
    if shirushi==1 or shirushi==3 or shirushi==5 or shirushi==7:
        return
    mx = int(e.x/200)
    my = int(e.y/200)
    if mx>2: mx = 2
    if my>2: my = 2
    if masu[my][mx] == 0:
        masu[my][mx] = 1
        shirushi = shirushi + 1
        masume()
        time.sleep(0.5)
        hantei()
        syouhai()
        if shirushi < 9:
            computer()
            masume()
```

- tkinterモジュールをインポート
- randomモジュールをインポート
- timeモジュールをインポート
- マス目を管理する二次元リスト
- いくつ印を付けたかを数える変数
- どちらが勝ったかを管理する変数
- フォントの定義
- マス目を描く関数の定義
- キャンバスに描いたものを全て削除
- 繰り返しを用いて
- 縦線を引く
- 横線を引く
- 二重ループの外側のfor
- 二重ループの内側のfor
- ○や×を描く座標を計算
- masu[y][x]が1なら
- ○を描く
- masu[y][x]が2なら
- ×を描く
- shirushiの値が0なら
- 「スタート！」と表示
- キャンバスを更新し、即座に描画する
- マウスボタンをクリックしたときの関数
- shirushiをグローバル変数として扱う
- shirushiの値が9なら
- 再プレイするためreplay()を呼び出す
- ここで関数を抜ける
- shirushiの値が1か3か5か7なら
- ここで関数を抜ける
- 変数mxとmyに、クリックしたマスの添え字の番号を代入
- mxが2を超えていたら2にする
- myが2を超えていたら2にする
- そのマスの値が0(空)なら
- 値を1にして○を置く
- shirushiの値を1増やす
- マス目を描く
- 0.5秒待つ
- hantei()を呼び出す
- syouhai()を呼び出す
- shirushiの値が9未満なら
- コンピュータの処理を呼び出す
- マス目を描く

次ページへ続く

```
            time.sleep(0.5)
            hantei()
            syouhai()

def computer():
    global shirushi
    #3つ揃うマスがあるか
    for y in range(3):
        for x in range(3):
            if masu[y][x] == 0:
                masu[y][x] = 2
                hantei()
                if kachi==2:
                    shirushi = shirushi + 1
                    return
                masu[y][x] = 0
    #プレイヤーが揃うのを阻止する
    for y in range(3):
        for x in range(3):
            if masu[y][x] == 0:
                masu[y][x] = 1
                hantei()
                if kachi==1:
                    masu[y][x] = 2
                    shirushi = shirushi + 1
                    return
                masu[y][x] = 0
    while True:
        x = random.randint(0, 2)
        y = random.randint(0, 2)
        if masu[y][x] == 0:
            masu[y][x] = 2
            shirushi = shirushi + 1
            break

def hantei():
    global kachi
    kachi = 0
    for n in range(1, 3):
        #縦に並んだかを判定する
        if masu[0][0]==n and masu[1][0]==n and masu[2][0]==n:
            kachi = n
        if masu[0][1]==n and masu[1][1]==n and masu[2][1]==n:
            kachi = n
        if masu[0][2]==n and masu[1][2]==n and masu[2][2]==n:
            kachi = n
        #横に並んだかを判定する
        if masu[0][0]==n and masu[0][1]==n and masu[0][2]==n:
            kachi = n
        if masu[1][0]==n and masu[1][1]==n and masu[1][2]==n:
            kachi = n
        if masu[2][0]==n and masu[2][1]==n and masu[2][2]==n:
            kachi = n
        #斜めに並んだかを判定する
```

0.5秒待つ
hantei()を呼び出す
syouhai()を呼び出す

コンピュータが×を置く関数の定義
shirushiをグローバル変数として扱う
×が3つ揃うマスがあるか調べ、あるならそこに×を置く

○が3つ揃うマスがあるか調べ、あるならそこに×を置く

無限ループで繰り返す
xに0、1、2いずれかの数を代入
yに0、1、2いずれかの数を代入
そのマスが空いていれば
masu[y][x]の値を2にして×を置く
shirushiの値を1増やす
無限ループを抜ける

3つ揃ったかを判定する関数の定義
kachiをグローバル変数として扱う
kachiに0を代入
繰り返し nの値は1→2と変化する

縦に並んだかを判定する

横に並んだかを判定する

```
        if masu[0][0]==n and masu[1][1]==n and masu[2][2]==n:
            kachi = n
        if masu[0][2]==n and masu[1][1]==n and masu[2][0]==n:
            kachi = n

def syouhai():
    global shirushi
    if kachi == 1:
        cvs.create_text(300, 300, text="あなたの勝ち！", font=FNT, fill="cyan")
        shirushi = 9
    if kachi == 2:
        cvs.create_text(300, 300, text="コンピュータ¥nの勝ち！", font=FNT, fill="gold")
        shirushi = 9
    if kachi == 0 and shirushi == 9:
        cvs.create_text(300, 300, text="引き分け", font=FNT, fill="lime")

def replay():
    global shirushi
    shirushi = 0
    for y in range(3):
        for x in range(3):
            masu[y][x] = 0
    masume()

root = tkinter.Tk()
root.title("三目並べ")
root.resizable(False, False)
root.bind("<Button>", click)
cvs = tkinter.Canvas(width=600, height=600, bg="white")
cvs.pack()
masume()
root.mainloop()
```

斜めに並んだかを判定する
勝敗を表示する関数の定義
shirushiをグローバル変数として扱う
kachiの値が1なら
「あなたの勝ち！」と表示
shirushiを9にする
kachiの値が2なら
「コンピュータの勝ち！」と表示
shirushiを9にする
kachiが0でshirushiが9なら
「引き分け」と表示
再プレイするための関数の定義
shirushiをグローバル変数として扱う
shirushiに0を代入
二重ループで全てのマスの値を0にする
マス目を描く
ウィンドウのオブジェクトを準備
ウィンドウのタイトルを指定
ウィンドウサイズを変更できなくする
クリック時に実行する関数を指定
キャンバスの部品を用意
キャンバスをウィンドウに配置
マス目を描く関数を呼び出す
ウィンドウの処理を開始

表5-7-1　用いている主なリストと変数

masu[][]	3×3のマス目を管理
shirushi	マスにいくつ印を付けたか
kachi	プレイヤーとコンピュータ、どちらが勝ったか

図5-7-1　実行結果

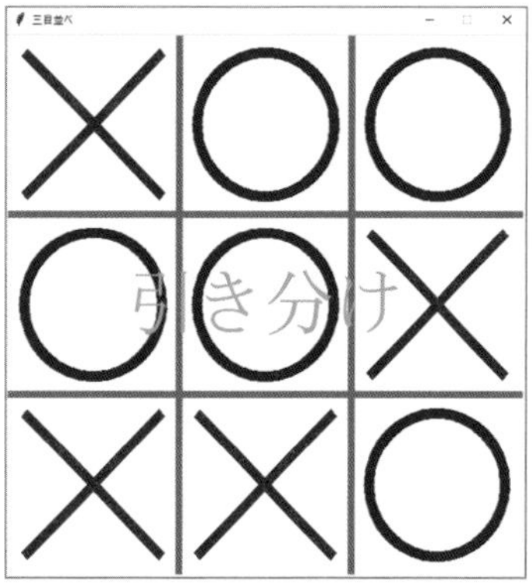

何度かプレイして、コンピュータがどのように×を置くか確認しましょう。前のプログラムに比べてコンピュータが賢くなったことがお判りいただけます。computer()関数を抜き出し、組み込んだ思考ルーチンを説明します。

```
def computer():
    global shirushi
    #3つ揃うマスがあるか

    for y in range(3):
        for x in range(3):
            if masu[y][x] == 0:
                masu[y][x] = 2
                hantei()
                if kachi==2:
                    shirushi = shirushi + 1
                    return
                masu[y][x] = 0

    #プレイヤーが揃うのを阻止する

    for y in range(3):
        for x in range(3):
            if masu[y][x] == 0:
                masu[y][x] = 1
                hantei()
                if kachi==1:
                    masu[y][x] = 2
                    shirushi = shirushi + 1
                    return
                masu[y][x] = 0

    while True:
        x = random.randint(0, 2)
        y = random.randint(0, 2)
        if masu[y][x] == 0:
            masu[y][x] = 2
            shirushi = shirushi + 1
            break
```

水色の部分が、×を置くと、縦、横、斜めいずれかに揃うマスを探し、見つかればそこに×を置く処理です。二重ループの繰り返しで空いているマス（masu[y][x]が0）を2にし、hantei()関数で3つ揃うか調べています。×が揃えばkachiが2になるので、そのときはshirushiの値を1増やし、returnで関数の処理を終わりにして、そのマスに×を置いた状態にします。揃わないときは置いた×を取り去り（masu[y][x]=0)、他のマスを調べます。

水色の部分で×が揃うマスがなければ、ピンク色の部分の処理に入ります。こちらの二重ループでは〇を置くと〇が揃うマスを探し、見つかればそこに×を置きます。×を置いたらshirushiの値を1増やし、returnで関数の処理を終わりにします。

ピンク色の部分でも×を置くマスが見つからなければ、黄色の部分の処理に入ります。この部分は前節までに組み込んだ、空いているマスにランダムに×を置く処理です。

hantei()関数を使い回している

computer()関数の水色とピンク色の部分が、新たに組み込んだ思考ルーチンです。それぞれ二重ループのforでマス全体を調べ、×を置くべき場所を探しています。置くべきかどうかを知るためにhantei()関数を用いています。この思考ルーチンは特別なことを行っているのではなく、

- **マス全体を調べる**
- **その際、組み込み済みのhantei()関数を用いる**

という、実はさほど複雑ではない仕組みになっています。

思考ルーチン追加に伴うその他の変更点

思考ルーチンの追加で、computer()関数の2か所にreturnを記述しました。コンピュータが×を置くべきマスを見つけたら、returnでcomputer()の処理を終えるようにしたので、click()関数内でcomputer()を呼び出した後、masume()→time.sleep(0.5)→hantei()→syouhai()と4つの関数を実行するように変更しています。前のプログラムまでは、それらの4つの関数をcomputer()内に記述していました。

ゲーム用のAIについて

ゲームソフト用の思考ルーチンは、ゲームAIやゲーム用AIなどと呼ばれます。AIとは人工知能のことです。ここで組み込んだ三目並べの思考ルーチンは、初歩的な人工知能といえます。

ディープラーニングなどの新たな技術が登場し、そういった最先端の人工知能が何かと話題になりますが、ゲーム用のAIの多くは、いくつかの計算の組み合わせや、古くから知られる手法などを用いて、高度なプログラミングを行わずとも、実用に値するものが作れるのです。

次の章で制作する神経衰弱と、その先の章で制作するリバーシにも、それぞれのゲームに応じて、コンピュータが思考するアルゴリズムを組み込みます。

確かにコンピュータが賢くなりました。
思考ルーチンのプログラミングはかなり難しいと思っていたけど、
人間の基本的な考え方をforやifで表現したんですね。

その通りよ。この思考ルーチンは、人間らしい考え方をプログラミングで再現したわけね。ただし人間の考え方とは全く違う手法で、コンピュータの思考ルーチンを作ることもあるのよ。

そうなんですね。
どんな方法かは、ボクには想像できないですけど。

7～8章で制作するリバーシで、コンピュータならではの思考ルーチンを組み込むから、そこで学ぶことができるわ。

楽しみにしておきます！

COLUMN

グラフィックに凝ってみよう

完成した三目並べは、線と円を描く命令のみでグラフィックを表示しているため、シンプルな画面構成になっています。このコラムでは、ゲーム画面をもう少し凝ったものにする方法を紹介します。

書籍サポートページからダウンロードしたファイルの中の「Chapter5」フォルダに「sanmoku_narabe_kai.py」というプログラムが入っています。このプログラムは、sanmoku_narabe.pyのmasume()関数に手を加え、次のようなゲーム画面にしています。

図5-C-1　実行結果

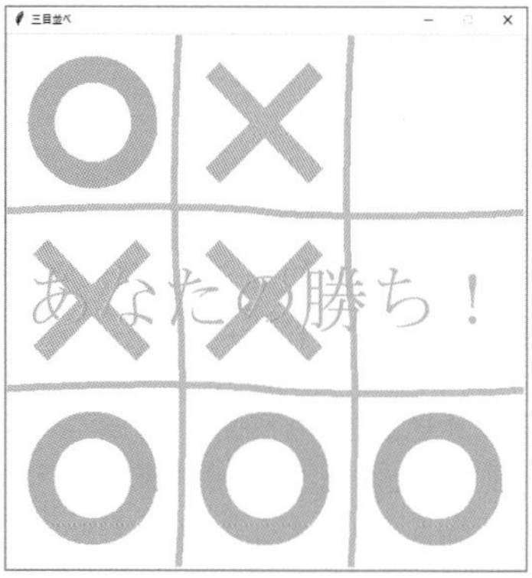

プログラムの変更箇所は次の通りです。

リスト5-C-1▶sanmoku_narabe_kai.py
※sanmoku_narabe.pyからの追加変更箇所にマーカーを引いています

```
def masume():
    cvs.delete("all")
    for i in range(1, 3):
        n = 200*i
        cvs.create_line(n, 0, n-10, 200, n+10, 400, n, 600, fill="lightgreen", width=8, smooth=True)
        cvs.create_line(0, n, 200, n-10, 400, n+10, 600, n, fill="lightgreen", width=8, smooth=True)
    for y in range(3):
        for x in range(3):
            X = x * 200
            Y = y * 200
            if masu[y][x] == 1:
                cvs.create_oval(X+40, Y+40, X+160, Y+160, outline="skyblue", width=30)
            if masu[y][x] == 2:
                cvs.create_line(X+40, Y+40, X+160, Y+160, fill="pink", width=24)
                cvs.create_line(X+160, Y+40, X+40, Y+160, fill="pink", width=24)
```

次ページへ続く

```
    if shirushi == 0:
        cvs.create_text(300, 300, text="スタート！", fill="navy",
font=FNT)
    cvs.update()
:
cvs = tkinter.Canvas(width=600, height=600, bg="ivory")
```

キャンバスに線を引くcreate_line()は、3点以上を指定し、smooth=Trueという引数を加えると曲線を引くことができます。マス目の縦線と横線を少し歪んだ形にし、手書き風にしています。

〇と×の大きさを前のプログラムより小さくし、線は太くし、色を変更しました。またキャンバスの背景色は前のプログラムで白（white）としていたものを、こちらではアイボリー（ivory）にしました。

三目並べは紙に鉛筆で書いて遊ぶ単純なゲームですが、そのようなシンプルなゲームも、コンピュータで表現するときに、少し工夫して見た目の楽しさを加えるとよいと思います。

この章ではトランプを使った遊びの1つである神経衰弱を制作します。エースからキングまでの13種類のカードをリストで管理する方法を学び、めくったカードをコンピュータに記憶させ、人間の思考と似た形でコンピュータがペアを狙うアルゴリズムを組み込みます。この章でプログラミングの力をさらに伸ばしていきましょう。

Chapter 6
神経衰弱を作ろう

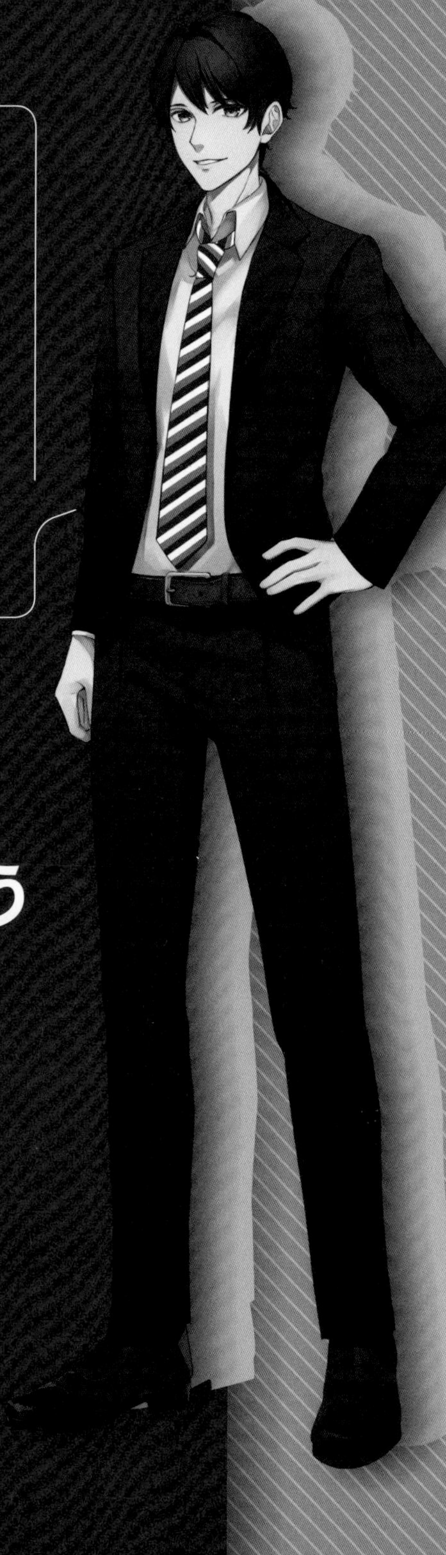

Lesson 6-1 画像ファイルを扱う

神経衰弱のルールを説明し、カードを画面に表示するところからプログラミングを始めていきます。

神経衰弱とは

神経衰弱は、複数人で遊ぶ次のようなルールのトランプのゲームです。

ばらばらにしたカードを伏せて並べます。ゲームに参加する人達は、一人ずつ、好きな2枚を表向きにします。それらが同じ数字なら取ることができ、もう一度、別の2枚を表向きにして、再び揃えば取ることができます（同じ数字のペアを当て続ければ、カードを取り続けることができる）。

表にした2枚が異なる数字なら、カードを伏せて次の人の番になります。全てのカードがなくなった時点で、取った枚数が最も多い人の勝ちです。三人以上で遊ぶときは、カードの枚数で順位を付けることもあります。

図6-1-1　神経衰弱のルール

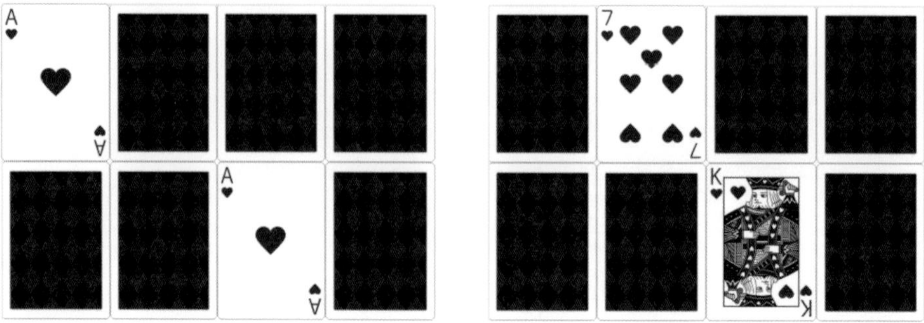

めくった2枚が同じ数字の場合は、そのペアが自分のものになり、もう一度カードをめくれる

同じ数字でない場合は、次のプレイヤーの番になる

画像ファイルを用意する

このゲーム制作にはトランプの画像を用います。

画像ファイルは書籍サポートページからダウンロードできるファイルの中にある「Chapter 6」の「card」フォルダ内に入っています。

図6-1-2　トランプの画像ファイル

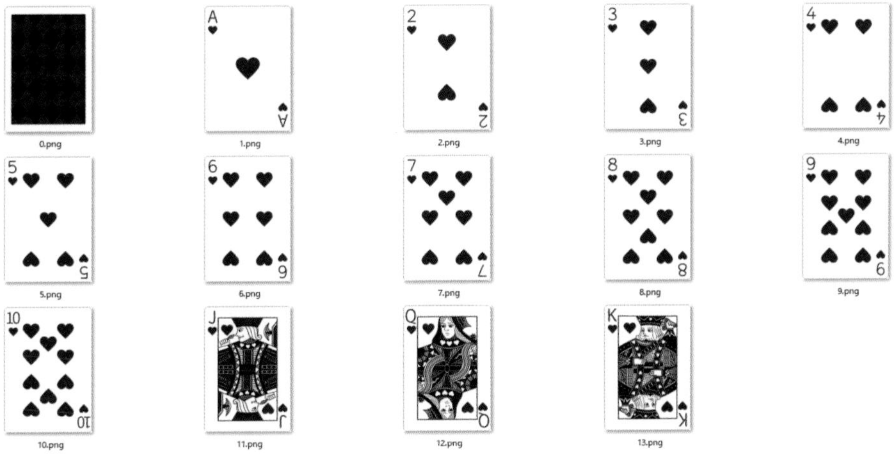

画像を読み込んで表示する

ウィンドウにキャンバスを配置し、カードの画像ファイルを読み込んで表示するところから、神経衰弱のプログラミングを始めます。

次のプログラムを入力して実行し、動作を確認しましょう。

リスト6-1-1▶list6_1.py

```
01 import tkinter
02 
03 img = [None]*14
04 
05 def draw_card():
06     for i in range(14):
07         x = (i%7)*120+60
08         y = int(i/7)*168+84
09         cvs.create_image(x, y, image=img[i])
10 
11 root = tkinter.Tk()
12 root.title("神経衰弱")
13 root.resizable(False, False)
14 cvs = tkinter.Canvas(width=960, height=672)
15 cvs.pack()
16 for i in range(14):
17     img[i] = tkinter.PhotoImage(file="card/"+str(i)+".
   png")
18 draw_card()
19 root.mainloop()
```

行	説明
01	tkinterモジュールをインポート
03	画像を読み込むリスト
05	カードを表示する関数の定義
06	繰り返し　iは0から13まで1ずつ増える
07	カードを表示するX座標
08	カードを表示するY座標
09	カードを表示する
11	ウィンドウのオブジェクトを準備
12	ウィンドウのタイトルを指定
13	ウィンドウサイズを変更できなくする
14	キャンバスの部品を用意
15	キャンバスをウィンドウに配置
16	繰り返し　iは0から13まで1ずつ増える
17	img[i]にカードの画像を読み込む
18	draw_card()関数を呼び出す
19	ウィンドウの処理を開始

※ウィンドウが一部しか表示されないときは、13行目を#root.resizable(False, False)とコメントアウトしてください。

図6-1-3　実行結果

複数の画像ファイルを用いるために、3行目でimg = [None]*14とし、img[]というリストを用意しています。

Noneは何も存在しないという意味のPythonの値です。3行目の記述により14個の空の箱が用意されます。

エース(1)からキング(13)の13種類のカードに、カードの裏の図柄1枚を加えた14種類の画像を読み込むリストを用意しています。

》》》for文でまとめて読み込む

16～17行目のfor文でimg[]に画像ファイルを読み込みます。画像の読み込みはCanvasを作った後で行うというPython（tkinter）の決まりがあるので、14行目でキャンバスを用意した後にPhotoImage()命令を用いています。

画像はcardフォルダに入っており、0.png～13.pngの連番になっています。0.pngがカードの裏の図柄です。それらのファイルを17行目のようにPhtotoImage()の引数でfile="card/"+str(i)+".png" として読み込みます。この記述にあるcard/の部分がcardフォルダを指します。

str()は数値を文字列に変換する関数ですよね。iには数が入るので、card/と.pngという文字とiの値をつなげるためにstr()を記述したということで間違いないですか？

その通りよ。バッチリ覚えているじゃない。文字列や小数を整数に変換するint()と、文字列や整数を小数に変換するfloat()も一緒に覚えておきましょう。

Lesson 6-2 リストでカードを管理する

この章で制作する神経衰弱は、どの位置に何のカードがあるかをリストで管理します。その方法を説明し、26枚のカードを画面に表示します。

ゲームの画面構成について

このゲームは、ハートのエース(1)からキング(13)の13枚のカードを2セット分、計26枚で遊ぶ内容とします。次のような画面構成とし、それぞれがどのカードかを管理するために一次元リストを用います。

図6-2-1　画面構成とリストの要素番号

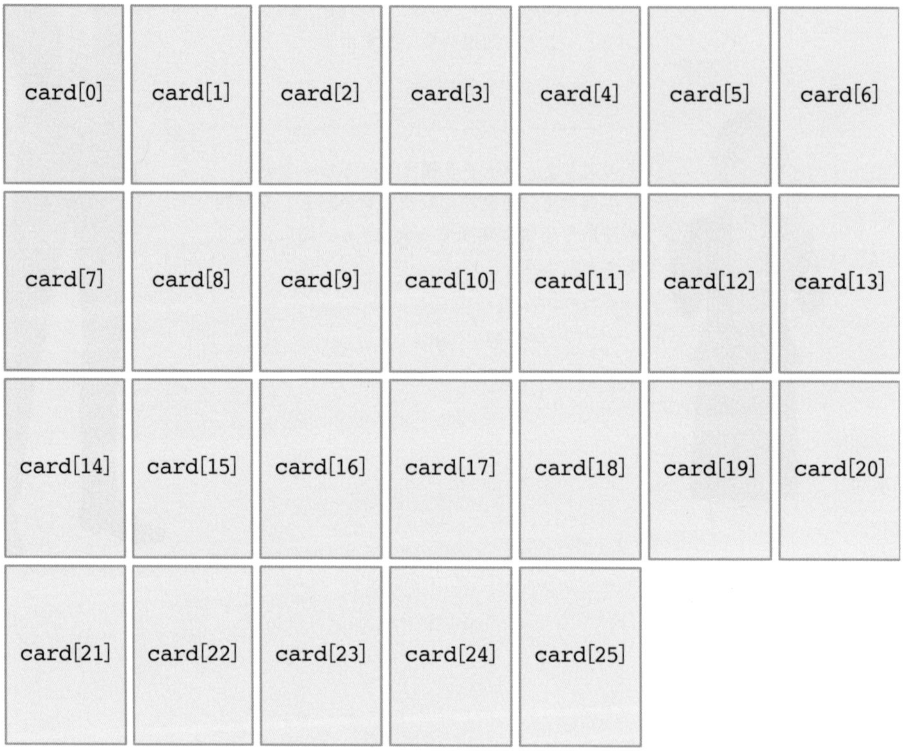

一次元リストで管理する意味

「このように並んだカードは二次元リストでデータを管理するのでは？」と考える方がいらっしゃるかもしれません。もちろん二次元リストで管理することもできますが、このゲームのカードを一次元リストで管理するのは次のような理由からです。

神経衰弱はm番目とn番目のカードをめくり、それらが同じかを判定するので、そのようなゲームは一次元リストでデータを管理すると、プログラムをすっきり記述できる。

一方、前の章で制作した三目並べのようなゲームは、m_0行n_0列目と、m_1行n_1列目のマスの値を比べるので、二次元リストでデータを管理すると、すっきりとプログラムを記述できます。また次の章で制作するリバーシも、二次元リストでデータを管理すべきゲームになります。

》》26枚のカードを扱う

card[]という要素数26のリストにカードの番号を代入し、ウィンドウにカードを表示します。card[]の値は、エースが1、2の数字が描かれたものは2、ジャックは11、クイーンは12、キングは13というように、カードの番号とします。またimg[0]にカード裏の図柄の画像を読み込んでおり、card[]の値が0ならそれを表示します。

次のプログラムの動作を確認しましょう。

リスト6-2-1▶list6_2.py　※前のプログラムからの追加変更箇所にマーカーを引いています

```
import tkinter                                              tkinterモジュールをインポート

img = [None]*14                                             画像を読み込むリスト
card = [0]*26                                               カードの番号を代入するリスト

def draw_card():                                            カードを表示する関数の定義
    for i in range(26):                                     繰り返し iは0から25まで1ずつ増える
        x = (i%7)*120+60                                    カードを表示するX座標
        y = int(i/7)*168+84                                 カードを表示するY座標
        cvs.create_image(x, y, image=img[card[i]])          カードを表示

def shuffle_card():                                         カードを用意する関数の定義
    for i in range(26):                                     繰り返し iは0から25まで1ずつ増える
        card[i] = 1+i%13                                    card[]に1から13までの番号を代入

root = tkinter.Tk()                                         ウィンドウのオブジェクトを準備
root.title("神経衰弱")                                      ウィンドウのタイトルを指定
root.resizable(False, False)                                ウィンドウサイズを変更できなくする
cvs = tkinter.Canvas(width=960, height=672)                 キャンバスの部品を用意
cvs.pack()                                                  キャンバスをウィンドウに配置
for i in range(14):                                         繰り返し iは0から13まで1ずつ増える
    img[i] = tkinter.PhotoImage(file="card/"+str(i)+".png") img[i]にカードの画像を読み込む
shuffle_card()                                              shuffle_card()関数を呼び出す
draw_card()                                                 draw_card()関数を呼び出す
root.mainloop()                                             ウィンドウの処理を開始
```

図6-2-2　実行結果

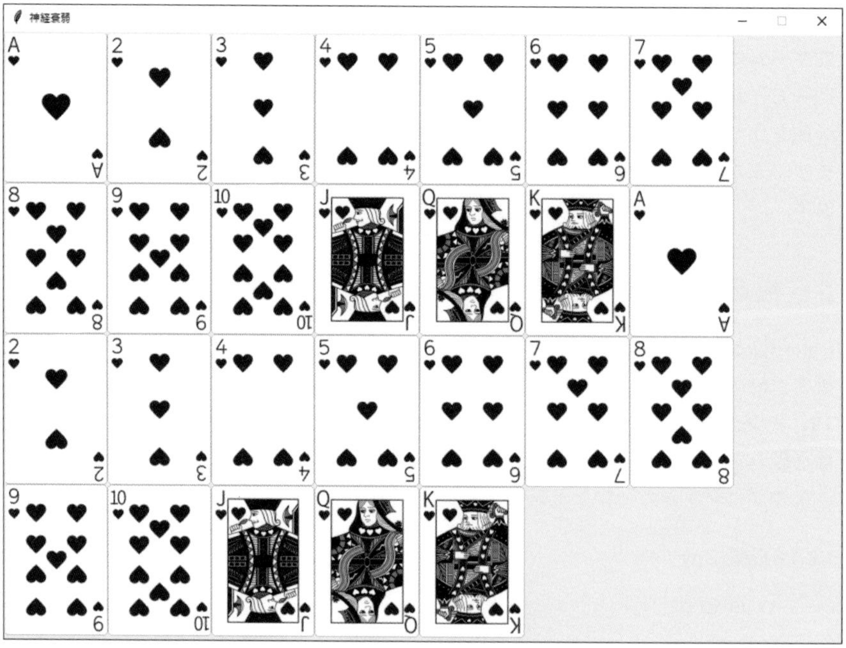

4行目でカードの番号を代入するcard[]というリストを宣言しています。

12～14行目のshuffle_card()関数で、card[0]～card[25]に、1, 2, 3, 4, 5, 6, 7, 8, 9, 10, 11, 12, 13, 1, 2, 3, 4, 5, 6, 7, 8, 9, 10, 11, 12, 13という値を代入しています。

このプログラムはカードを切り混ぜていませんが、次の節でカードをシャッフルするので、shuffleという英単語を使って関数名を付けています。shuffle_card()関数を抜き出して説明します。

```
def shuffle_card():
    for i in range(26):
        card[i] = 1+i%13
```

このforでiの値は0から始まり、25まで1ずつ増えます。card[i] = 1+i%13のi%13は、iを13で割った余りを求める記述です。iの値が0～12の間は、それらを13で割った余りも0～12です。したがってcard[0]からcard[12]には1～13が代入されます。iの値が13から25の間は、それらを13で割った余りが再び0～12になるので、card[13]からcard[25]にも1～13が入ります。

余りを求める％演算子はソフトウェア開発でよく使われます。例えば7%3は7を3で割った余りで1になり、10%5は10を5で割った余りで0になります。%の使い方をよく覚えておきましょう。

》》》カードを描く座標について

このゲームは4行×7列でカードを表示します。使うカードは26枚なので、4行目の最後の2枚は存在しません。

draw_card()関数でカードをどのように表示しているかを確認します。

```
def draw_card():
    for i in range(26):
        x = (i%7)*120+60
        y = int(i/7)*168+84
        cvs.create_image(x, y, image=img[card[i]])
```

このfor文でiの値は0～25で1ずつ増えます。x = (i%7)*120+60と、y = int(i/7)*168+8で、カードを表示するX座標とY座標を計算しています。Y座標の計算にあるint(i/7)は、iが0～6のときは0になり、iが7～13のときは1、iが14～20のときは2、iが21～25のときは3になります。X座標の式の(i%7)と、Y座標の式のint(i/7)により、各行に7枚ずつカードが並んでいきます。

つまりこの座標の計算は、横に7枚のカードを並べたら、そこで折り返して次の行に並べ始める式になっています。

カードの画像サイズは幅が120ドット、高さが168ドットになっています。X座標に+60し、Y座標に+84しているのは、create_image()が表示する画像の中心位置を指定する関数だからです。

どのカードを描くかは、create_image()の引数でimage=img[card[i]]と指定し、card[i]の番号の画像を表示するようにしています。このプログラムでは表示していませんが、card[i]が0ならカードの裏が表示されます。

実際にトランプを使って遊ぶ神経衰弱は、ジョーカーを除く52枚全てのカードか、あるいはジョーカーのペアも入れて54枚で遊びますよね。

そうね。全てのカードを使って、数人でプレイすることが多いわね。この章で制作するゲームは、プレイヤーとコンピュータの二人対戦だから、26枚くらいがちょうどよいのではないかしら。

Lesson 6-3

カードをシャッフルする

トランプを使うゲームの多くは、カードを切り混ぜてから遊びます。神経衰弱もそうです。ここではカードをシャッフルする処理を組み込みます。

ランダムに入れ替える

カードをシャッフルするには色々な方法が考えられます。ここでは乱数を用いて2枚のカードを選び、それらを入れ替えることでシャッフルします。

次のプログラムの動作を確認しましょう。ばらばらに並んだカードが表示されます。

リスト6-3-1▶list6_3.py　※前のプログラムからの追加変更箇所にマーカーを引いています

```
import tkinter
import random

img = [None]*14
card = [0]*26

def draw_card():
    for i in range(26):
        x = (i%7)*120+60
        y = int(i/7)*168+84
        cvs.create_image(x, y, image=img[card[i]])

def shuffle_card():
    for i in range(26):
        card[i] = 1+i%13
    for i in range(100):
        r1 = random.randint(0, 12)
        r2 = random.randint(13, 25)
        card[r1], card[r2] = card[r2], card[r1]

root = tkinter.Tk()
root.title("神経衰弱")
root.resizable(False, False)
cvs = tkinter.Canvas(width=960, height=672)
cvs.pack()
for i in range(14):
    img[i] = tkinter.PhotoImage(file="card/"+str(i)+".png")
shuffle_card()
draw_card()
root.mainloop()
```

tkinterモジュールをインポート
randomモジュールをインポート

画像を読み込むリスト
カードの番号を代入するリスト

カードを表示する関数の定義
繰り返し　iは0から25まで1ずつ増える
カードを表示するX座標
カードを表示するY座標
カードを表示

カードを用意する関数の定義
繰り返し　iは0から25まで1ずつ増える
card[]に1から13までの番号を代入
forで100回繰り返す
r1に0から12の乱数を代入
r2に13から25の乱数を代入
2枚のカードを入れ替える

ウィンドウのオブジェクトを準備
ウィンドウのタイトルを指定
ウィンドウサイズを変更できなくする
キャンバスの部品を用意
キャンバスをウィンドウに配置
繰り返し　iは0から13まで1ずつ増える
img[i]にカードの画像を読み込む
shuffle_card()関数を呼び出す
draw_card()関数を呼び出す
ウィンドウの処理を開始

図6-3-1　実行結果 **※実行するたびに変わります**

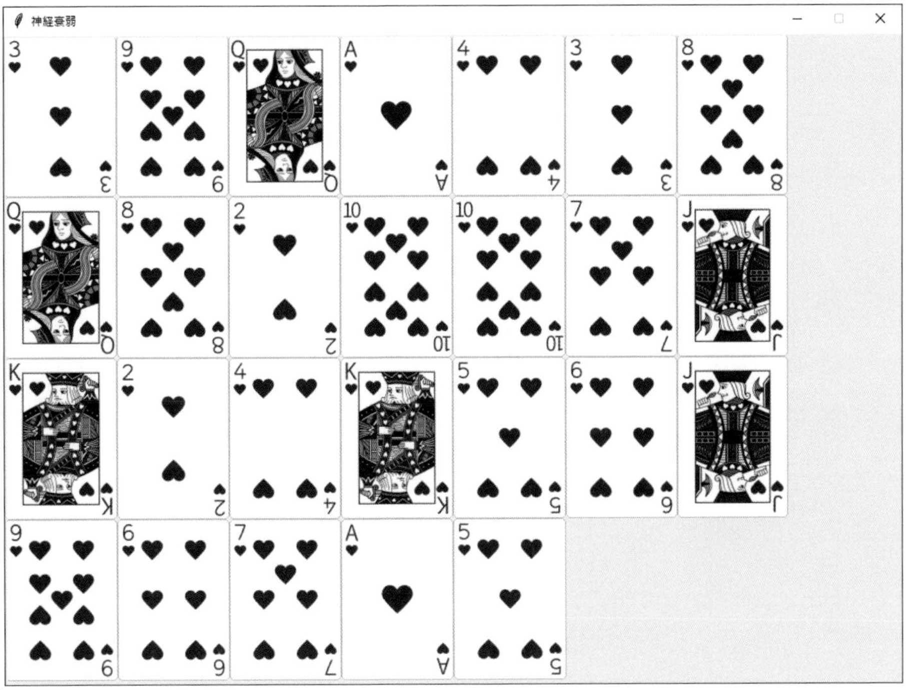

乱数を用いるので、2行目のようにrandomモジュールをインポートします。

shuffle_card()関数を抜き出して、カードをシャッフルする処理を説明します。

```
def shuffle_card():
    for i in range(26):
        card[i] = 1+i%13
    for i in range(100):
        r1 = random.randint(0, 12)
        r2 = random.randint(13, 25)
        card[r1], card[r2] = card[r2], card[r1]
```

太字部分がカードを切り混ぜる処理です。

変数r1に0から12のいずれかの数を代入し、変数r2に13から25のいずれかの数を代入しています。そしてcard[r1], card[r2] = card[r2], card[r1]という記述でcard[r1]とcard[r2]の値を入れ替えています。Pythonは**a, b = b, aと記述すると、変数a、bの値を入れ替える**ことができます。

その入れ替えをforで100回繰り返しています。この方法で2枚のカードを入れ替える様子を図にします。

図6-3-2　要素の値を入れ替える

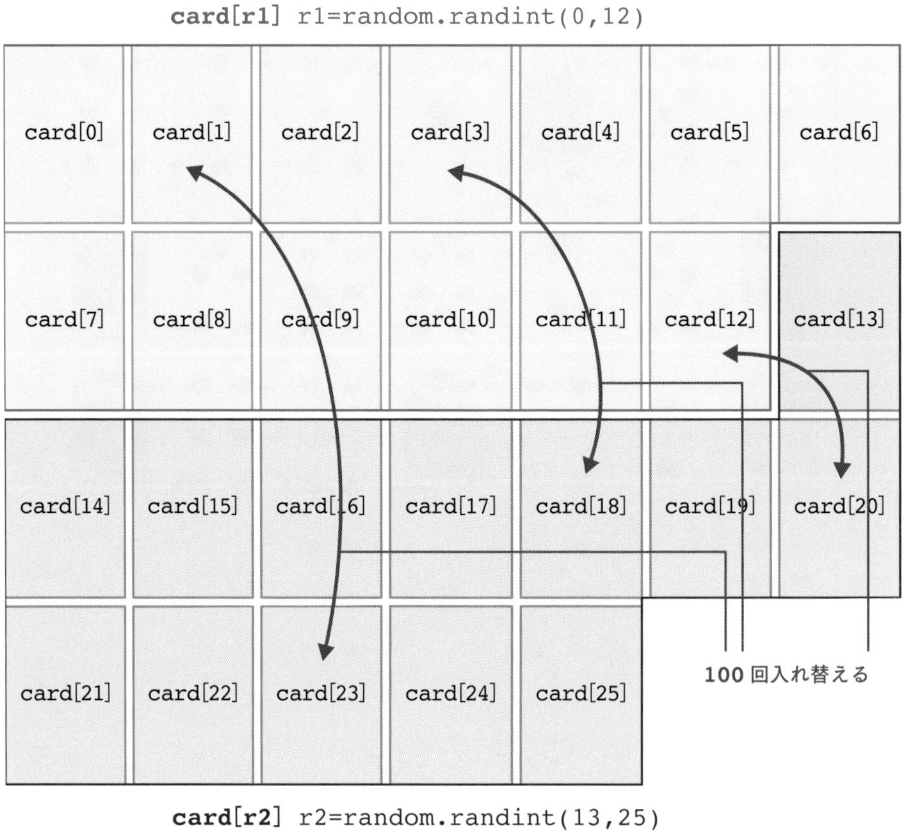

COLUMN

コンピュータゲームはアルゴリズムの塊

アルゴリズムとは何らかの問題を解く手法を意味する言葉です。プログラミングの世界では「こういった処理を行いたいけど、どうプログラミングすればよい？」という問いに答えられるソースコードがアルゴリズムそのものになります。ソースコードでなくても、一連の手順を言葉で表したり、フローチャートなどで示したものも、もちろんアルゴリズムです。

この節で組み込んだカードをシャッフルする仕組みは“小さなアルゴリズム”です。ソフトウェアを作り慣れている人の中には、これは単なるデータの入れ替えと感じる方がいるかもしれません。しかし**アルゴリズムとは問題を解く手法全般を意味する言葉**であり、「カードを混ぜるには？」という問いにこの手順で答えることができるのですから、ここで学んだ2枚のカードを入れ替える仕組みはアルゴリズムの1つになります。ゲームはこのように色々なアルゴリズムを組み合わせて制作していきます。コンピュータゲームはアルゴリズムの塊なのです。

カードを混ぜる方法は他にもあります。自分でその方法を考え出すとアルゴリズムをより理解でき、プログラミングの力を伸ばすこともできるので、ぜひ挑戦してみましょう。

Lesson 6-4 クリックしてカードをめくる

カードの表裏を管理するリストを用意し、カードを伏せた状態で表示できるようにします。そして伏せたカードをクリックしてめくり、表（番号）が表示されるようにします。

≫≫ bind()命令を用いる

前の章の三目並べで、マウスボタンをクリックしたときに呼び出す関数を用意し、bind()命令でクリックイベントが発生した際に関数が実行されるようにして、クリックしたマスに印が付くようにしました。この神経衰弱も同じ手順でクリックイベントを受け取ります。

ここで確認するプログラムは、カードが裏向きか、表向きかをface[]というリストで管理し、裏向き（伏せた状態）のカードをクリックすると表を向き、表を向いたカードをクリックすると裏向きになるようにしています。

次のプログラムの動作を確認しましょう。

リスト6-4-1▶list6_4.py　※前のプログラムからの追加変更箇所にマーカーを引いています

```
import tkinter
import random

img = [None]*14
card = [0]*26
face = [0]*26

def draw_card():
    cvs.delete("all")
    for i in range(26):
        x = (i%7)*120+60
        y = int(i/7)*168+84
        if face[i]==0:
            cvs.create_image(x, y, image=img[0])
        if face[i]==1:
            cvs.create_image(x, y, image=img[card[i]])

def shuffle_card():
    for i in range(26):
        card[i] = 1+i%13
    for i in range(100):
        r1 = random.randint(0, 12)
        r2 = random.randint(13, 25)
        card[r1], card[r2] = card[r2], card[r1]

def click(e):
    x = int(e.x/120)
    y = int(e.y/168)
    if 0<=x and x<=6 and 0<=y and y<=3:
        n = x+y*7
        if n >= 26:
```

```
tkinterモジュールをインポート
randomモジュールをインポート

画像を読み込むリスト
カードの番号を代入するリスト
カードの表裏を管理するリスト

カードを表示する関数の定義
キャンバスに描いたものを全て削除
繰り返し　iは0から25まで1ずつ増える
カードを表示するX座標
カードを表示するY座標
face[i]の値が0なら
カードの裏を表示(伏せた状態)
face[i]の値が1なら
カードの表を表示

カードを用意する関数の定義
繰り返し　iは0から25まで1ずつ増える
card[]に1から13までの番号を代入
forで100回繰り返す
r1に0から12の乱数を代入
r2に13から25の乱数を代入
2枚のカードを入れ替える

マウスボタンをクリックしたときの関数
┬どのカードをクリックしたかを
┴変数x、yに代入
xが0～6、かつ、yが0～3なら
nにx+y*7の値を代入
nが26以上ならカードがない位置を
```

次ページへ続く

```
32            return                                    クリックしたので、関数から出る
33        if face[n]==0:                                face[n]が0なら
34            face[n] = 1                               face[n]を1にする
35        else:                                         そうでないなら(face[n]が1なら)
36            face[n] = 0                               face[n]を0にする
37        draw_card()                                   カードを描く
38
39  root = tkinter.Tk()                                 ウィンドウのオブジェクトを準備
40  root.title("神経衰弱")                              ウィンドウのタイトルを指定
41  root.resizable(False, False)                        ウィンドウサイズを変更できなくする
42  root.bind("<Button>", click)                        クリック時に実行する関数を指定
43  cvs = tkinter.Canvas(width=960, height=672)         キャンバスの部品を用意
44  cvs.pack()                                          キャンバスをウィンドウに配置
45  for i in range(14):                                 繰り返し iは0から13まで1ずつ増える
46      img[i] = tkinter.PhotoImage(file="card/"+str(i)+".  img[i]にカードの画像を読み込む
    png")
47  shuffle_card()                                      shuffle_card()関数を呼び出す
48  draw_card()                                         draw_card()関数を呼び出す
49  root.mainloop()                                     ウィンドウの処理を開始
```

図6-4-1　実行結果

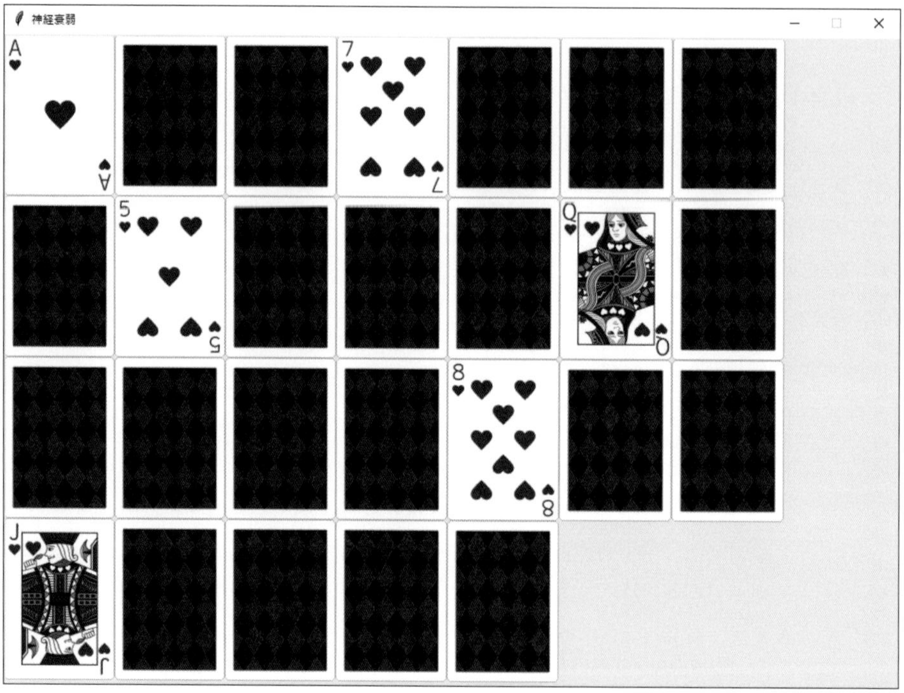

6行目でカードの表裏を管理するface[]というリストを宣言しています。この値が0なら、そのカードを裏向き、1なら表向きで表示します。それを行っているのがdraw_card()関数の13～16行目です。draw_card()関数を抜き出して、その処理を確認します。

```
def draw_card():
    cvs.delete("all")
    for i in range(26):
        x = (i%7)*120+60
        y = int(i/7)*168+84
        if face[i]==0:
            cvs.create_image(x, y, image=img[0])
        if face[i]==1:
            cvs.create_image(x, y, image=img[card[i]])
```

if文でface[i]の値を調べ、カードの裏（チェック柄の画像）あるいは表（番号や人物が描かれた画像）を表示しています。

プログラムを起動した時点では、face = [0]*26という宣言でface[0]からface[25]まで0が代入されるので、全てのカードが伏せられた状態で表示されます。

なるほど、カードの番号を管理するリストの他に、カードが表向きか裏向きかを管理するリストを用意して、draw_card()関数で表か裏を表示するのですね。

そうね。それとこのプログラムから画面を描き変えるので、draw_card()関数の最初の行でcvs.delete("all")とし、キャンバスに描いたものを全て消してからカードを表示しています。画面を描き変えるならdelete()命令を忘れずにね。

»» キャンバスをクリックしたときの処理

26～37行目にキャンバスをクリックしたときに実行するclick()関数を定義しています。この関数はカードをクリックしたとき、その位置のカードが伏せられていればface[]の値を1にして表向きにします。またクリックしたカードが表向きならface[]を0にして裏向きに戻します。

click()関数を抜き出して、その処理を確認します。太字部分が裏向きのカードを表向きに、表向きを裏向きにするif文です。

```
def click(e):
    x = int(e.x/120)
    y = int(e.y/168)
    if 0<=x and x<=6 and 0<=y and y<=3:
        n = x+y*7
        if n >= 26:
            return
        if face[n]==0:
            face[n] = 1
        else:
            face[n] = 0
        draw_card()
```

カード1枚のサイズは幅120ドット、高さ168ドットで、隣のカードと隙間を空けずに並べています。クリックしたマウスポインタの座標を、X軸方向は120で割った整数の値を変数xに、Y軸方向は168で割った整数の値を変数yに代入しています。カードは4行×7列で並べているので、0<=x and x<=6、かつ、0<=y and y<=3なら、カードが描かれた位置をクリックしたことになります。ただし4行目の最後の2枚は存在しないので、n = x+y*7としたnが26以上ならreturnで関数から出ることで、先の処理へ進まないようにしています。

このnの値は、カードの番号を管理する一次元リストの要素番号（164ページの**図6-2-1**）になります。face[n]が0なら1に、face[n]が1なら0にして、カードの表裏を切り替えています。

クリックした座標をカードのサイズで割った値から、
カードを管理するリストの添え字を求めているのか…。
そうか！ これは三目並べで学んだ、どのマスを
クリックしたかを知るのと同じ仕組みですよね？

その通りよ。飲み込みが早いじゃない。
その調子で頑張りましょう。

Lesson 6-5 同じ数字が揃ったらそのペアを消す

めくった2枚が同じカードなら、それらを消すようにします。

ゲーム進行を管理する変数

どの処理を行うかを管理する変数を用意して、1枚目をめくる→2枚目をめくる→2枚が同じ番号か調べることを順に行います。この処理には、1枚目にめくったカードの位置と、2枚目にめくったカードの位置を保持する変数が必要になります。またリアルタイム処理を用いて、これらの処理を順に行っていきます。

動作の確認

次のプログラムの動作を確認しましょう。めくった2枚が同じカードなら、そのペアが消えます。2枚が違うときは、それらが自動的に伏せられ、再び2枚を選ぶようになっています。

リスト6-5-1▶list6_5.py　※前のプログラムからの追加変更箇所にマーカーを引いています

```
import tkinter
import random

img = [None]*14
card = [0]*26
face = [0]*26
proc = 0
tmr = 0
sel1 = 0
sel2 = 0

def draw_card():
    cvs.delete("all")
    for i in range(26):
        x = (i%7)*120+60
        y = int(i/7)*168+84
        if face[i]==0:
            cvs.create_image(x, y, image=img[0])
        if face[i]==1:
            cvs.create_image(x, y, image=img[card[i]])

def shuffle_card():
    for i in range(26):
        card[i] = 1+i%13
    for i in range(100):
        r1 = random.randint(0, 12)
        r2 = random.randint(13, 25)
        card[r1], card[r2] = card[r2], card[r1]

```

import tkinter	tkinterモジュールをインポート
import random	randomモジュールをインポート
img = [None]*14	画像を読み込むリスト
card = [0]*26	カードの番号を代入するリスト
face = [0]*26	カードの表裏を管理するリスト
proc = 0	ゲームの進行を管理する変数
tmr = 0	時間の流れを管理する変数
sel1 = 0	1枚目に引いたカードの位置(要素番号)
sel2 = 0	2枚目に引いたカードの位置(要素番号)
def draw_card():	カードを表示する関数の定義
cvs.delete("all")	キャンバスに描いたものを全て削除
for i in range(26):	繰り返し　iは0から25まで1ずつ増える
x = (i%7)*120+60	カードを表示するX座標
y = int(i/7)*168+84	カードを表示するY座標
if face[i]==0:	face[i]の値が0なら
cvs.create_image(x, y, image=img[0])	カードの裏を表示(伏せた状態)
if face[i]==1:	face[i]の値が1なら
cvs.create_image(x, y, image=img[card[i]])	カードの表を表示
def shuffle_card():	カードを用意する関数の定義
for i in range(26):	繰り返し　iは0から25まで1ずつ増える
card[i] = 1+i%13	card[]に1から13までの番号を代入
for i in range(100):	forで100回繰り返す
r1 = random.randint(0, 12)	r1に0から12の乱数を代入
r2 = random.randint(13, 25)	r2に13から25の乱数を代入
card[r1], card[r2] = card[r2], card[r1]	2枚のカードを入れ替える

次ページへ続く

```
def click(e):
    global proc, tmr, sel1, sel2
    x = int(e.x/120)
    y = int(e.y/168)
    if 0<=x and x<=6 and 0<=y and y<=3:
        n = x+y*7
        if n >= 26:
            return
        if face[n]==0:
            if proc==1:
                face[n] = 1
                sel1 = n
                proc = 2
            elif proc==2:
                face[n] = 1
                sel2 = n
                proc = 3
                tmr = 0

def main():
    global proc, tmr
    tmr += 1
    draw_card()
    if proc==0:
        shuffle_card()
        proc=1
    if proc==1:
        cvs.create_text(780, 580, text="1枚目をめくってください")
    if proc==2:
        cvs.create_text(780, 580, text="2枚目をめくってください")
    if proc==3 and tmr==5: # 揃ったか判定
        if card[sel1]==card[sel2]:
            face[sel1] = 2
            face[sel2] = 2
        else:
            face[sel1] = 0
            face[sel2] = 0
        proc = 1
    root.after(200, main)

root = tkinter.Tk()
root.title("神経衰弱")
root.resizable(False, False)
root.bind("<Button>", click)
cvs = tkinter.Canvas(width=960, height=672)
cvs.pack()
for i in range(14):
    img[i] = tkinter.PhotoImage(file="card/"+str(i)+".png")
main()
root.mainloop()
```

マウスボタンをクリックしたときの関数
これらをグローバル変数として扱う
どのカードをクリックしたかを変数x、yに代入
xが0～6、かつ、yが0～3なら
nにx+y*7の値を代入
nが26以上ならカードがない位置をクリックしたので、関数から出る
face[n]が0(カードが裏)なら
procが1のとき
face[n]に1を代入して表向きにする
sel1にそのカードの位置を代入
procを2にする
そうでなくprocが2のとき
face[n]に1を代入して表向きにする
sel2にそのカードの位置を代入
procを3にしてペアの判定へ
tmrに0を代入

メイン処理を行う関数
これらをグローバル変数として扱う
tmrの値を1増やす
カードを描く
procが0のとき
shuffle_card()でカードを準備する
procを1にする
procが1のとき
説明文を表示
procが2のとき
説明文を表示
procが3、tmrが5のとき
引いた2枚が同じ番号なら
face[]に2を代入し、
それらを消す(取ったことにする)
そうでないなら(2枚が違うカードなら)
face[]を0にし、
それらのカードを伏せる
procを1にする
200ミリ秒後にmain()関数を呼び出す

ウィンドウのオブジェクトを準備
ウィンドウのタイトルを指定
ウィンドウサイズを変更できなくする
クリック時に実行する関数を指定
キャンバスの部品を用意
キャンバスをウィンドウに配置
繰り返し iは0から13まで1ずつ増える
img[i]にカードの画像を読み込む
main()関数を呼び出す
ウィンドウの処理を開始

図6-5-1　実行結果

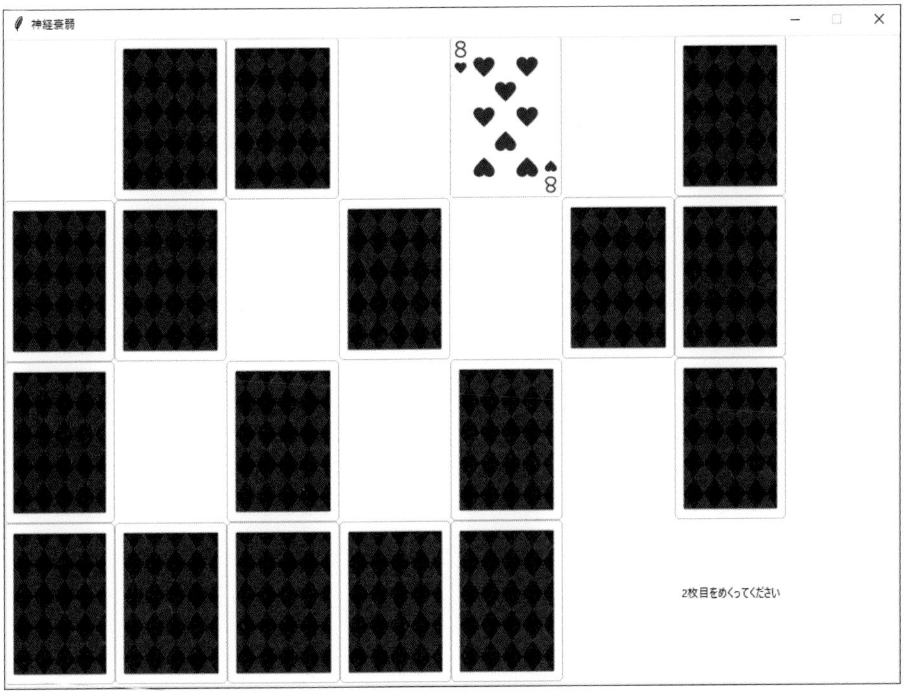

49～68行目にリアルタイム処理を行うmain()という関数を追加しています。この関数の最後の行にroot.after(200, main)と記述して、0.2秒間隔でリアルタイム処理を行っています。

今、どの処理を行っているかを管理するprocという変数と、時間の流れを管理するtmrという変数を用意しています。procはprocess（過程）の英単語を略して変数名とし、tmrはtimer（時計係）の英単語を略して変数名としました。

2枚目を引いて揃ったとき、判定が即座に進んでカードが消えると、何が起きたのか判りにくいため、main()の最初でtmrの値をカウントアップし、その値を調べて間(ま)を設けるようにしています。

それからclick()関数を改良し、1枚目と2枚目のカードをめくった番号を保持しています。main()とclick()で行われている処理を順に説明します。

》》》main()で行うリアルタイム処理

main()関数の処理の流れを次の図で説明します。

図6-5-2　main()の処理の流れ

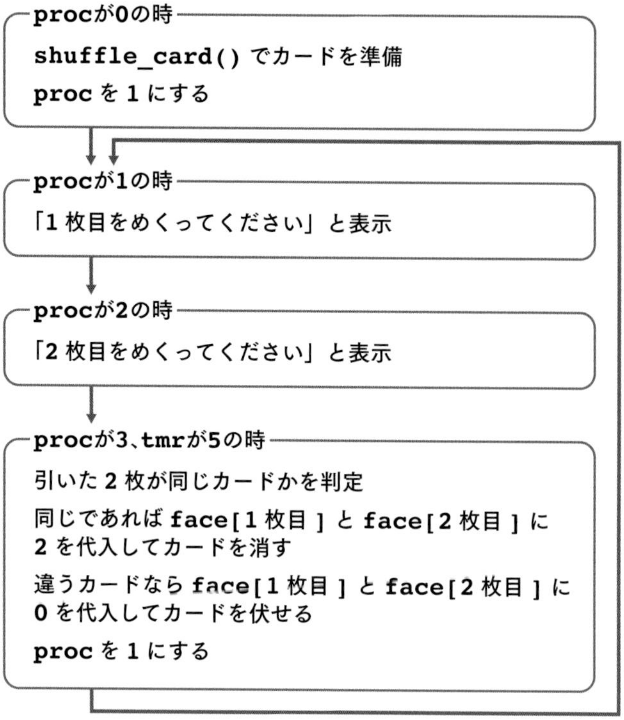

procが0の時
shuffle_card() でカードを準備
proc を 1 にする
procが1の時
「1 枚目をめくってください」と表示
procが2の時
「2 枚目をめくってください」と表示
procが3、tmrが5の時
引いた 2 枚が同じカードかを判定
同じであれば face[1 枚目] と face[2 枚目] に 2 を代入してカードを消す
違うカードなら face[1 枚目] と face[2 枚目] に 0 を代入してカードを伏せる
proc を 1 にする

揃った2枚を消すときにface[]に2を代入しています。カードを描くdraw_card()関数で、face[]が0のときにカードの裏、1のときに表を表示しており、face[]を2にするとカードが描かれなくなります。

face[]に2を代入するだけで、何らかの処理を記述しなくてもカードを消すことができます。

click()で行う処理

click()関数では次の処理を行っています。

図6-5-3　click()の処理

裏向きのカードをクリックした時

- **procが1の時**
  - **face[n] に 1 を代入して表向きにする**
  - **sel1 にどのカードを選んだかを代入**
  - **proc を 2 にする**
- **procが2の時**
  - **face[n] に 1 を代入して表向きにする**
  - **sel2 にどのカードを選んだかを代入**
  - **proc を 3 にする**

click()関数はマウスボタンを押したときにだけ実行されます。マウスボタンを1回クリックするとproc1の処理が行われ、もう一度クリックするとproc2の処理が行われます。

main()関数はafter()命令により0.2秒間隔で実行され続けます。例えばprocが1のときに裏向きのカードをクリックすると、click()関数でface[n]が1になり、main()関数でdraw_card()を呼び出しているので、カードが表向きになって描かれるという流れで処理が進みます。

常に処理を続けているのがmain()で、click()はウィンドウがクリックされたときに働きます。カードをクリックしたら、click()でsel1やsel2に値を代入し、揃ったかを調べるのはmain()の役割です。

click()は入力受付係、main()はメイン処理を行う係という感じですね。

Lesson 6-6 コンピュータがカードをめくる

プレイヤーがカードを2枚目めくったら、次はコンピュータがめくるようにします。また2枚を揃えたら、プレイヤー、コンピュータともに続けてめくれるようにします。

ゲーム進行を管理する

前の節でprocという変数を用意し、procの値によって処理を分岐させるようにしました。コンピュータにカードをめくらせることも、procの値によって処理を分岐させて行います。

具体的には、procの値が次のときに以下の処理を行うようにします。

表6-6-1　procの値と処理の内容

procの値	処理の内容
0	shuffle_card()でカードを用意する※
1	プレイヤーが1枚目をめくる
2	プレイヤーが2枚目をめくる
3	プレイヤーがめくった2枚が同じカードかを調べる
4	コンピュータが1枚目をめくる
5	コンピュータが2枚目をめくる
6	コンピュータがめくった2枚が同じカードかを調べる
7	ゲーム終了

※完成させる際に、proc0の処理は「Click to start!」と表示してゲーム開始を待つように変更します。

動作の確認

これらの処理を組み込んだプログラムを確認します。このプログラムはプレイヤーとコンピュータが交互にカードをめくり、全てのカードがなくなるまでそれを続けます。

リスト6-6-1▶list6_6.py　※前のプログラムからの追加変更箇所にマーカーを引いています

`import tkinter`	tkinterモジュールをインポート
`import random`	randomモジュールをインポート
`img = [None]*14`	画像を読み込むリスト
`card = [0]*26`	カードの番号を代入するリスト
`face = [0]*26`	カードの表裏を管理するリスト
`proc = 0`	ゲームの進行を管理する変数
`tmr = 0`	時間の流れを管理する変数
`sel1 = 0`	1枚目に引いたカードの位置(要素番号)
`sel2 = 0`	2枚目に引いたカードの位置(要素番号)
`you = 0`	プレイヤーが取った枚数を数える変数
`com = 0`	コンピュータが取った枚数を数える変数

```
def draw_card():                                        カードを表示する関数の定義
省略(この関数の処理は前のプログラムの通りです)          省略

def shuffle_card():                                     カードを用意する関数の定義
省略(この関数の処理は前のプログラムの通りです)          省略

def click(e):                                           マウスボタンをクリックしたときの関数
省略(この関数の処理は前のプログラムの通りです)          省略

def main():                                             メイン処理を行う関数
    global proc, tmr, sel1, sel2, you, com              これらをグローバル変数として扱う
    tmr += 1                                            tmrの値を1増やす
    draw_card()                                         カードを描く
    if proc==0:                                         procが0のとき
        shuffle_card()                                  shuffle_card()でカードを準備する
        proc=1                                          procを1にする
    if proc==1:                                         procが1のとき
        cvs.create_text(780, 580, text="1枚目をめくってください")   説明文を表示
    if proc==2:                                         procが2のとき
        cvs.create_text(780, 580, text="2枚目をめくってください")   説明文を表示
    if proc==3 and tmr==15: # 揃ったか判定              procが3、tmrが15のとき
        if card[sel1]==card[sel2]:                      引いた2枚が同じものなら
            face[sel1] = 2                              face[]に2を代入し、
            face[sel2] = 2                              それらを取ったことにする
            you += 2                                    youの値を2増やす
            proc = 1                                    procを1にする
            if you+com==26: proc = 7                    全てめくったらprocを7にして終了へ
        else:                                           2枚のカードが違うものなら
            face[sel1] = 0                              face[]を0にし、
            face[sel2] = 0                              それらのカードを伏せる
            proc = 4                                    procを4にし、コンピュータの処理へ
        tmr = 0                                         tmrに0を代入
    if proc==4 and tmr==5: # COM 1枚目をめくる          procが4、tmrが5のとき
        sel1 = random.randint(0, 25)                    1枚目に引くカードを乱数で決める
        while face[sel1]!=0: sel1 = (sel1+1)%26         伏せられたカードを探す
        face[sel1] = 1                                  face[]を1にしてカードを表にする
        proc = 5                                        procを5にする
        tmr = 0                                         tmrに0を代入
    if proc==5 and tmr==5: # COM 2枚目をめくる          procが5、tmrが5のとき
        sel2 = random.randint(0, 25)                    2枚目に引くカードを乱数で決める
        while face[sel2]!=0: sel2 = (sel2+1)%26         伏せられたカードを探す
        face[sel2] = 1                                  face[]を1にしてカードを表にする
        proc = 6                                        procを6にする
        tmr = 0                                         tmrに0を代入
    if proc==6 and tmr==15: # 揃ったか判定              procが6、tmrが15のとき
        if card[sel1]==card[sel2]:                      引いた2枚が同じものなら
            face[sel1] = 2                              face[]に2を代入し、
            face[sel2] = 2                              それらを取ったことにする
            com += 2                                    comの値を2増やす
            proc = 4                                    procを4にする
            if you+com==26: proc = 7                    全てめくったらprocを7にして終了へ
        else:                                           2枚のカードが違うものなら
            face[sel1] = 0                              face[]を0にし、
            face[sel2] = 0                              それらのカードを伏せる
            proc = 1                                    procを1にし、プレイヤーの処理へ
        tmr = 0                                         tmrに0を代入
    if proc==7:                                         procが7のとき
```

次ページへ続く

99	`        cvs.create_text(780, 580, text="終了です")`	「終了です」と表示
100	`    root.after(200, main)`	200ミリ秒後にmain()関数を呼び出す
101		
102	`root = tkinter.Tk()`	ウィンドウのオブジェクトを準備
103	`root.title("神経衰弱")`	ウィンドウのタイトルを指定
104	`root.resizable(False, False)`	ウィンドウサイズを変更できなくする
105	`root.bind("<Button>", click)`	クリック時に実行する関数を指定
106	`cvs = tkinter.Canvas(width=960, height=672)`	キャンバスの部品を用意
107	`cvs.pack()`	キャンバスをウィンドウに配置
108	`for i in range(14):`	繰り返し iは0から13まで1ずつ増える
109	`    img[i] = tkinter.PhotoImage(file="card/"+str(i)+".png")`	img[i]にカードの画像を読み込む
110	`main()`	main()関数を呼び出す
111	`root.mainloop()`	ウィンドウの処理を開始

実行画面は前の節の「**図6-5-1 実行結果**」と同じなので省略します。

⟫⟫⟫ どちらが何枚取ったかを管理する

このプログラムではプレイヤーが取った枚数をyouという変数に、コンピュータが取った枚数をcomという変数に代入するようにしました。それらの変数を11～12行目で宣言しています。

main()関数の62～73行目が、プレイヤーが2枚引いた後、それらが同じカードかを調べる処理です。そこを抜き出して説明します。

```
    if proc==3 and tmr==15: # 揃ったか判定
        if card[sel1]==card[sel2]:
            face[sel1] = 2
            face[sel2] = 2
            you += 2
            proc = 1
            if you+com==26: proc = 7
        else:
            face[sel1] = 0
            face[sel2] = 0
            proc = 4
        tmr = 0
```

Lesson 6-5で組み込んだように、2枚が同じものならface[]に2を代入し、そのペアを画面から消しています。このプログラムではface[]に2を代入後、youの値を2増やしています。そしてprocの値を1にし、プレイヤーが再びカードを引けるようにしますが、you+comの値が26になって全てのカードがなくなったらprocを7にしています。procが7のときは98～99行目で「終了です」と表示しています。

引いた2枚が揃わないときはface[]を0にしてカードを伏せ、procを4にしてコンピュータがカードをめくる処理に移ります。

全てのカードを取ったかを知る

プレイヤーがペアを揃えたときに変数youの値を2増やし、コンピュータが揃えたときはcomの値を2増やしています。このゲームのカードは26枚なので、全てのカードが取られるとyou+comの値が26になります。その判定を68行目と92行目のif you+com==26: proc = 7で行っています。

コンピュータがカードをめくる

コンピュータがカードをめくる処理を確認します。74〜79行目に1枚目をめくる処理を記述しています。そこを抜き出して説明します。

```
if proc==4 and tmr==5: # COM 1枚目をめくる
    sel1 = random.randint(0, 25)
    while face[sel1]!=0: sel1 = (sel1+1)%26
    face[sel1] = 1
    proc = 5
    tmr = 0
```

procの値が4のとき、コンピュータが1枚目をめくります。tmrが5になったら、変数sel1に0〜25の乱数を代入し、続くwhile文でめくるカードを決めます。tmrの値は毎フレーム1ずつ増やしています。その値が5のタイミングでめくるのは、処理が次々に進むと何が起きているのか判りにくいので、間(ま)を設けるためです。

while文で伏せられたカードを探す

乱数で選んだカードがすでに取られていることがあります。そこでwhile face[sel1]!=0: sel1 = (sel1+1)%26というwhile文で、伏せられたカードを探します。

このwhile文は、

- **sel1の位置にあるカードが裏向きでない(face[sel1]が0でない)なら、sel1 = (sel1+1)%26という式で、sel1の値を変化させる。sel1は0→1→2→‥→23→24→25→再び0と繰り返す。**
- **face[sel1]が0になればwhileから抜ける。**

ということを行っています。この仕組みを図示すると次のようになります。

図6-6-1　乱数とwhileでめくるカードを決める

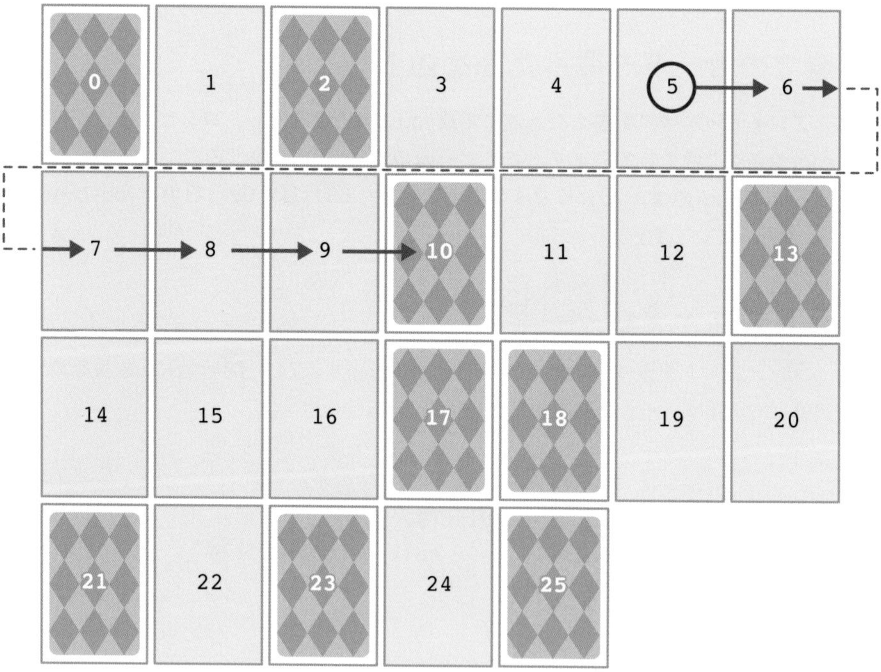

例えばsel1に5が代入されたとします。5の位置のカードは取られているので、この図の矢印のように隣の位置にカードがないかを調べていきます。この場合は10までいくとカードがあるので、sel1が10になった時点でwhileの繰り返しから抜けます。

この方法で1枚目をランダムに選び、procを5にして2枚目をめくる処理に移ります。2枚目をめくるのも、次のように1枚目のカードをめくるのと同じプログラムになっています。

```
if proc==5 and tmr==5: # COM 2枚目選ぶ
    sel2 = random.randint(0, 25)
    while face[sel2]!=0: sel2 = (sel2+1)%26
    face[sel2] = 1
    proc = 6
    tmr = 0
```

めくるカードの位置（カードを管理するリストの要素番号）を、1枚目ではsel1に代入し、2枚目ではsel2に代入しています。そして2枚目を選んだらprocを6にし、引いた2枚が同じか調べる処理に移ります。

コンピュータが引いたカードが同じものかを調べる86～97行目の処理は、プレイヤーが引いたカードを調べる処理と同じ内容です。

》》》コンピュータはほとんど当てられない

現状ではコンピュータは単にランダムに2枚を選ぶので、運良く揃うことはあるものの、ほとんどの場合、ペアを揃えることができません。完成させるときにコンピュータの思考ルーチンを組み込み、強くするので、気にせずに次の節へ進みましょう。

ターン制を組み込むことができました！
次はゲームとして一通り遊べるようにします。

Lesson 6-7

ゲームとして遊べるようにする

勝敗結果を表示し、ゲームとして一通り遊べるようにします。

》》》勝敗判定を行う

プレイヤーとコンピュータが取ったカードの枚数を、前の節で用意したyouとcomという変数に代入しています。ウィンドウにyouとcomの値を表示し、それぞれが何枚取ったか判るようにします。それから全てのカードを取ったら、youとcomの値を比較し、どちらが勝ったかを表示します。

これらの処理を組み込んだプログラムの動作を確認します。

リスト6-7-1▶list6_7.py　※前のプログラムからの追加変更箇所にマーカーを引いています

```
import tkinter                                              tkinterモジュールをインポート
import random                                               randomモジュールをインポート

img = [None]*14                                             画像を読み込むリスト
card = [0]*26                                               カードの番号を代入するリスト
face = [0]*26                                               カードの表裏を管理するリスト
proc = 0                                                    ゲームの進行を管理する変数
tmr = 0                                                     時間の流れを管理する変数
sel1 = 0                                                    1枚目に引いたカードの位置(要素番号)
sel2 = 0                                                    2枚目に引いたカードの位置(要素番号)
you = 0                                                     プレイヤーが取った枚数を数える変数
com = 0                                                     コンピュータが取った枚数を数える変数
FNT = ("Times New Roman", 36)                               フォントの定義

def draw_card():                                            カードを表示する関数の定義
    cvs.delete("all")                                       キャンバスに描いたものを全て削除
    for i in range(26):                                     繰り返し iは0から25まで1ずつ増える
        x = (i%7)*120+60                                    カードを表示するX座標
        y = int(i/7)*168+84                                 カードを表示するY座標
        if face[i]==0:                                      face[i]の値が0なら
            cvs.create_image(x, y, image=img[0])            カードの裏を表示(伏せた状態)
        if face[i]==1:                                      face[i]の値が1なら
            cvs.create_image(x, y, image=img[card[i]])      カードの表を表示

def shuffle_card():                                         切ったカードを用意する関数の定義
    for i in range(26):                                     繰り返し iは0から25まで1ずつ増える
        card[i] = 1+i%13                                    card[]に1から13までの番号を代入
        face[i] = 0                                         face[]に0を代入し、裏向きにする
    for i in range(100):                                    forで100回繰り返す
        r1 = random.randint(0, 12)                          r1に0から12の乱数を代入
        r2 = random.randint(13, 25)                         r2に13から25の乱数を代入
        card[r1], card[r2] = card[r2], card[r1]             2枚のカードを入れ替える

def click(e):                                               マウスボタンをクリックしたときの関数
    global proc, tmr, sel1, sel2, you, com                  これらをグローバル変数として扱う
    if proc == 0:                                           procが0のとき
```

```python
            shuffle_card()
            you = 0
            com = 0
            proc = 1
            return
        x = int(e.x/120)
        y = int(e.y/168)
        if 0<=x and x<=6 and 0<=y and y<=3:
            n = x+y*7
            if n >= 26:
                return
            if face[n]==0:
                if proc==1:
                    face[n] = 1
                    sel1 = n
                    proc = 2
                elif proc==2:
                    face[n] = 1
                    sel2 = n
                    proc = 3
                    tmr = 0

def main():
    global proc, tmr, sel1, sel2, you, com
    tmr += 1
    draw_card()
    if proc==0 and tmr%10<5: # スタート待ち
            cvs.create_text(780, 580, text="Click to start.", fill="green", font=FNT)
    if 1<=proc and proc<=3:
        cvs.create_rectangle(840, 60, 960, 200, fill="blue", width=0)
    cvs.create_text(900, 100, text="YOU", fill="silver", font=FNT)
    cvs.create_text(900, 160, text=you, fill="white", font=FNT)
    if 4<=proc and proc<=6:
        cvs.create_rectangle(840, 260, 960, 400, fill="red", width=0)
    cvs.create_text(900, 300, text="COM", fill="silver", font=FNT)
    cvs.create_text(900, 360, text=com, fill="white", font=FNT)
    if proc==3 and tmr==15: # 揃ったか判定
        if card[sel1]==card[sel2]:
            face[sel1] = 2
            face[sel2] = 2
            you += 2
            proc = 1
            if you+com==26: proc = 7
        else:
            face[sel1] = 0
            face[sel2] = 0
            proc = 4
        tmr = 0
    if proc==4 and tmr==5: # COM 1枚目をめくる
        sel1 = random.randint(0, 25)
        while face[sel1]!=0: sel1 = (sel1+1)%26
        face[sel1] = 1
        proc = 5
        tmr = 0
```

shuffle_card()でカードを準備する
youの値を0にする
comの値を0にする
procを1する
ここで関数から出る
どのカードをクリックしたかを変数x、yに代入
xが0～6、かつ、yが0～3なら
nにx+y*7の値を代入
nが26以上ならカードがない位置をクリックしたので、関数から出る
face[n]が0(カードが裏)なら
procが1のとき
face[n]に1を代入して表向きにする
sel1にそのカードの位置を代入
procを2にする
そうでなくprocが2のとき
face[n]に1を代入して表向きにする
sel2にそのカードの位置を代入
procを3にしてペアの判定へ
tmrに0を代入

メイン処理を行う関数
これらをグローバル変数として扱う
tmrの値を1増やす
カードを描く
procが0、tmr%10<5のとき Click to start.と表示
procが1～3のとき(プレイヤーの番)
YOUの下側に青の矩形を描く
YOUと表示
youの値を表示
procが4～6のとき(コンピュータの番)
COMの下側に赤の矩形を描く
COMと表示
comの値を表示
procが3、tmrが15のとき
引いた2枚が同じものなら
face[]に2を代入し、
それらを取ったことにする
youの値を2増やす
procを1にする
全てめくったらprocを7にして判定へ
2枚のカードが違うものなら
face[]を0にし、
それらのカードを伏せる
procを4にし、コンピュータの処理へ
tmrに0を代入
procが4、tmrが5のとき
1枚目に引くカードを乱数で決める
伏せられたカードを探す
face[]を1にしてカードを表にする
procを5にする
tmrに0を代入

次ページへ続く

```python
    if proc==5 and tmr==5: # COM 2枚目をめくる
        sel2 = random.randint(0, 25)
        while face[sel2]!=0: sel2 = (sel2+1)%26
        face[sel2] = 1
        proc = 6
        tmr = 0
    if proc==6 and tmr==15: # 揃ったか判定
        if card[sel1]==card[sel2]:
            face[sel1] = 2
            face[sel2] = 2
            com += 2
            proc = 4
            if you+com==26: proc = 7
        else:
            face[sel1] = 0
            face[sel2] = 0
            proc = 1
        tmr = 0
    if proc==7:
        if you>com:
            cvs.create_text(780, 580, text="YOU WIN!", fill="skyblue", font=FNT)
        if com>you:
            cvs.create_text(780, 580, text="COM WIN!", fill="pink", font=FNT)
        if tmr==25:
            proc = 0
    root.after(200, main)

root = tkinter.Tk()
root.title("神経衰弱")
root.resizable(False, False)
root.bind("<Button>", click)
cvs = tkinter.Canvas(width=960, height=672, bg="black")
cvs.pack()
for i in range(14):
    img[i] = tkinter.PhotoImage(file="card/"+str(i)+".png")
main()
root.mainloop()
```

procが5、tmrが5のとき
2枚目に引くカードを乱数で決める
伏せられたカードを探す
face[]を1にしてカードを表にする
procを6にする
tmrに0を代入
procが6、tmrが15のとき
引いた2枚が同じものなら
face[]に2を代入し、
それらを取ったことにする
comの値を2増やす
procを4にする
全てめくったらprocを7にして判定へ
2枚のカードが違うものなら
face[]を0にし、
それらのカードを伏せる
procを1にし、プレイヤーの処理へ
tmrに0を代入
procが7のとき
youの値がcomより大きければ
YOU WIN!と表示
comの値がyouより大きければ
COM WIN!と表示
tmrが25になったら
procを0にしてゲーム開始待ちに移行
200ミリ秒後にmain()関数を呼び出す

ウィンドウのオブジェクトを準備
ウィンドウのタイトルを指定
ウィンドウサイズを変更できなくする
クリック時に実行する関数を指定
キャンバスの部品を用意
キャンバスをウィンドウに配置
繰り返し iは0から13まで1ずつ増える
img[i]にカードの画像を読み込む
main()関数を呼び出す
ウィンドウの処理を開始

図6-7-1　実行結果

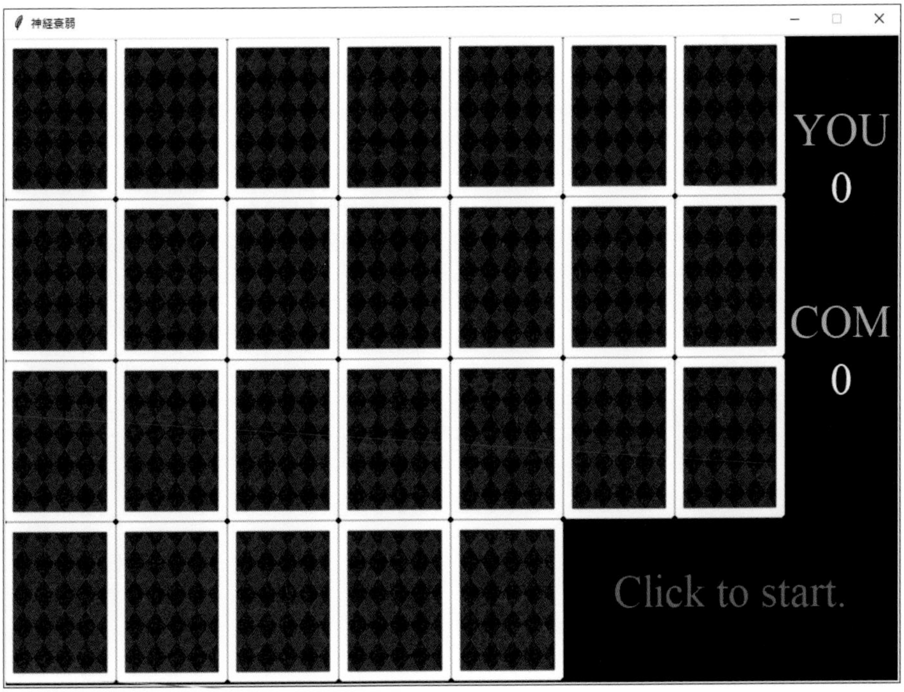

追加した処理を順に説明します。

変数procでゲームの進行を管理しています。procが0のときに画面をクリックすると、click()関数内の36～41行目でshuffle_card()を呼び出してカードを準備し、変数youとcomに0を代入、procを1にしてゲームを開始します。

main()関数内の63～72行目に次の表示処理を記述しています。

- **procが0のとき、Click to start.の文字列を点滅させて表示**
- **「YOU」という文字列と変数youの値、および、「COM」という文字列とcomの値を常に表示**
- **procが1～3のとき、プレイヤーの番と判るように、YOUの文字の下に青い矩形を表示**
- **procが4～6のとき、コンピュータの番と判るように、COMの文字の下に赤い矩形を表示**

main()関数内の110～113行目でyouとcomの値を比較し、どちらが勝ったかを表示しています。このゲームのカードは26枚で、プレイヤーとコンピュータは2枚ずつ取っていくので、引き分けになることはありません（最も僅差で12枚対14枚となり、どちらかが勝ちます）。

114～115行目のif文で、勝敗結果を5秒間表示した後、procの値を0にしてゲームの開始待ちに戻るようにしています。

一通り遊べるようにするに当たり、
キャンバスの背景色を黒にしました。

背景色を変えたことで
雰囲気が変わりましたね。

そうね、ゲームソフトはグラフィックの色使いも大切ね。
カードの絵柄を変えると、もっと雰囲気が変わります。
この章の最後のコラムでそれを紹介します。

Lesson 6-8 コンピュータに記憶させる

めくったカードの番号をコンピュータが記憶して、同じ数字のペアを狙う思考ルーチンを組み込み、コンピュータを強くします。

どのようなアルゴリズムで強くするか

私たち人間同士が神経衰弱をするとき、ゲームに参加する人は、誰かがめくったカードの番号と位置を、できるだけ覚えようと努力します。それは１枚でも多く覚えておくほど、自分の番が来たときにペアを引き当てられる可能性が高くなるからです。

ここでは人間がペアを揃えるのと似た仕組みでコンピュータを強くします。その具体的な方法ですが、めくったカードが何かを記憶するリストを用意し、プレイヤーとコンピュータがめくったときに表向きになったカードの番号を代入します。そしてコンピュータの番のとき、ペアを揃えられるカードがあるなら、それをめくるようにします。

思考ルーチンの確認

このアルゴリズムを組み込んだプログラムを確認します。神経衰弱の完成版ということで、shinkei_suijaku.pyというファイル名にしています。動作確認後にコンピュータにどのように思考させているかを説明します。

リスト6-8-1▶shinkei_suijaku.py　※前のプログラムからの追加変更箇所にマーカーを引いています

```
import tkinter                                      tkinterモジュールをインポート
import random                                       randomモジュールをインポート

img = [None]*14                                     画像を読み込むリスト
card = [0]*26                                       カードの番号を代入するリスト
face = [0]*26                                       カードの表裏を管理するリスト
memo = [0]*26                                       コンピュータに記憶させるためのリスト
proc = 0                                            ゲームの進行を管理する変数
tmr = 0                                             時間の流れを管理する変数
sel1 = 0                                            1枚目に引いたカードの位置(要素番号)
sel2 = 0                                            2枚目に引いたカードの位置(要素番号)
you = 0                                             プレイヤーが取った枚数を数える変数
com = 0                                             コンピュータが取った枚数を数える変数
FNT = ("Times New Roman", 36)                       フォントの定義

def draw_card():                                    カードを表示する関数の定義
    cvs.delete("all")                               キャンバスに描いたものを全て削除
    for i in range(26):                             繰り返し iは0から25まで1ずつ増える
        x = (i%7)*120+60                            カードを表示するX座標
        y = int(i/7)*168+84                         カードを表示するY座標
        if face[i]==0:                              face[i]の値が0なら
            cvs.create_image(x, y, image=img[0])    カードの裏を表示(伏せた状態)
```

次ページへ続く

```
        if face[i]==1:
            cvs.create_image(x, y, image=img[card[i]])

def shuffle_card():
    for i in range(26):
        card[i] = 1+i%13
        face[i] = 0
        memo[i] = 0
    for i in range(100):
        r1 = random.randint(0, 12)
        r2 = random.randint(13, 25)
        card[r1], card[r2] = card[r2], card[r1]

def click(e):
    global proc, tmr, sel1, sel2, you, com
    if proc == 0:
        shuffle_card()
        you = 0
        com = 0
        proc = 1
        return
    x = int(e.x/120)
    y = int(e.y/168)
    if 0<=x and x<=6 and 0<=y and y<=3:
        n = x+y*7
        if n >= 26:
            return
        if face[n]==0:
            if proc==1:
                face[n] = 1
                sel1 = n
                proc = 2
            elif proc==2:
                face[n] = 1
                sel2 = n
                proc = 3
                tmr = 0

def main():
    global proc, tmr, sel1, sel2, you, com
    tmr += 1
    draw_card()
    if proc==0 and tmr%10<5: # スタート待ち
            cvs.create_text(780, 580, text="Click to start.", fill="green", font=FNT)
    if 1<=proc and proc<=3:
        cvs.create_rectangle(840, 60, 960, 200, fill="blue", width=0)
    cvs.create_text(900, 100, text="YOU", fill="silver", font=FNT)
    cvs.create_text(900, 160, text=you, fill="white", font=FNT)
    if 4<=proc and proc<=6:
        cvs.create_rectangle(840, 260, 960, 400, fill="red", width=0)
    cvs.create_text(900, 300, text="COM", fill="silver", font=FNT)
    cvs.create_text(900, 360, text=com, fill="white", font=FNT)
```

face[i]の値が1なら
カードの表を表示

切ったカードを用意する関数の定義
繰り返し iは0から25まで1ずつ増える
card[]に1から13までの番号を代入
face[]に0を代入し、裏向きにする
memo[]に0を代入
forで100回繰り返す
r1に0から12の乱数を代入
r2に13から25の乱数を代入
2枚のカードを入れ替える

マウスボタンをクリックしたときの関数
これらをグローバル変数として扱う
procが0のとき
shuffle_card()でカードを準備する
youの値を0にする
comの値を0にする
procを1する
ここで関数から出る
どのカードをクリックしたかを変数x、yに代入
xが0～6、かつ、yが0～3なら
nにx+y*7の値を代入
nが26以上ならカードがない位置をクリックしたので、関数から出る
face[n]が0(カードが裏)なら
procが1のとき
face[n]に1を代入して表向きにする
sel1にそのカードの位置を代入
procを2にする
そうでなくprocが2のとき
face[n]に1を代入して表向きにする
sel2にそのカードの位置を代入
procを3にしてペアの判定へ
tmrに0を代入

メイン処理を行う関数
これらをグローバル変数として扱う
tmrの値を1増やす
カードを描く
procが0、tmr%10<5のときClick to start.と表示
procが1～3のとき(プレイヤーの番)
YOUの下側に青い矩形を描く
YOUと表示
youの値を表示
procが4～6のとき(コンピュータの番)
COMの下側に赤い矩形を描く
COMと表示
comの値を表示

```
    if proc==3 and tmr==15: # 揃ったか判定
        if card[sel1]==card[sel2]:
            face[sel1] = 2
            face[sel2] = 2
            you += 2
            proc = 1
            if you+com==26: proc = 7
        else:
            face[sel1] = 0
            face[sel2] = 0
            memo[sel1] = card[sel1]
            memo[sel2] = card[sel2]
            proc = 4
        tmr = 0
    if proc==4 and tmr==5: # COM 1枚目をめくる
        sel1 = random.randint(0, 25)
        while face[sel1]!=0: sel1 = (sel1+1)%26
        face[sel1] = 1
        proc = 5
        tmr = 0
    if proc==5 and tmr==5: # COM 2枚目をめくる
        sel2 = random.randint(0, 25)
        while face[sel2]!=0: sel2 = (sel2+1)%26
        for i in range(26):
            if memo[i]==card[sel1] and face[i]==0:
                sel2 = i
        face[sel2] = 1
        proc = 6
        tmr = 0
    if proc==6 and tmr==15: # 揃ったか判定
        if card[sel1]==card[sel2]:
            face[sel1] = 2
            face[sel2] = 2
            com += 2
            proc = 4
            if you+com==26: proc = 7
        else:
            face[sel1] = 0
            face[sel2] = 0
            memo[sel1] = card[sel1]
            memo[sel2] = card[sel2]
            proc = 1
        tmr = 0
    if proc==7:
        if you>com:
            cvs.create_text(780, 580, text="YOU WIN!", fill="skyblue", font=FNT)
        if com>you:
            cvs.create_text(780, 580, text="COM WIN!", fill="pink", font=FNT)
        if tmr==25:
            proc = 0
    root.after(200, main)

root = tkinter.Tk()
root.title("神経衰弱")
root.resizable(False, False)
root.bind("<Button>", click)
cvs = tkinter.Canvas(width=960, height=672, bg="black")
cvs.pack()
```

procが3、tmrが15のとき
引いた2枚が同じ番号なら
face[]に2を代入し、
それらを取ったことにする
youの値を2増やす
procを1にする
全てめくったらprocを7にして判定へ
2枚のカードが違うものなら
face[]を0にし、
それらのカードを伏せる
コンピュータの記憶用リストに
カードの番号を代入
procを4にし、コンピュータの処理へ
tmrに0を代入
procが4、tmrが5のとき
1枚目に引くカードを乱数で決める
伏せられたカードを探す
face[]を1にしてカードを表にする
procを5にする
tmrに0を代入
procが5、tmrが5のとき
2枚目に引くカードを乱数で決める
伏せられたカードを探す
iが0から25まで繰り返す
記憶した中に1枚目と同じものがあれば
sel2にiの値を代入
face[]を1にしてカードを表にする
procを6にする
tmrに0を代入
procが6、tmrが15のとき
引いた2枚が同じ番号なら
face[]に2を代入し、
それらを取ったことにする
comの値を2増やす
procを4にする
全てめくったらprocを7にして判定へ
2枚のカードが違うものなら
face[]を0にし、
それらのカードを伏せる
コンピュータの記憶用リストに
カードの番号を代入
procを1にし、プレイヤーの処理へ
tmrに0を代入
procが7のとき
youの値がcomより大きければ
YOU WIN!と表示
comの値がyouより大きければ
COM WIN!と表示
tmrが25になったら
procを0にしてゲーム開始待ちに移行
200ミリ秒後にmain()関数を呼び出す

ウィンドウのオブジェクトを準備
ウィンドウのタイトルを指定
ウィンドウサイズを変更できなくする
クリック時に実行する関数を指定
キャンバスの部品を用意
キャンバスをウィンドウに配置

次ページへ続く

```
133 for i in range(14):                                          # 繰り返し iは0から13まで1ずつ増える
134     img[i] = tkinter.PhotoImage(file="card/"+str(i)+".png")  # img[i]にカードの画像を読み込む
135 main()                                                       # main()関数を呼び出す
136 root.mainloop()                                              # ウィンドウの処理を開始
```

表6-8-1　用いている主なリストと変数

img[]	画像ファイルを読み込む
card[]	カードの番号を管理する
face[]	カードの表裏を管理する（0は裏向き、1は表向き）
memo[]	めくったカードの番号を記憶する
proc、tmr	ゲーム進行を管理する
sel1、sel2	1枚目、2枚目に引いたカードの位置（要素番号） ※この変数の値はカードに書かれた数字ではありません
you、com	プレイヤー、コンピュータ、それぞれが取ったカードの枚数

実行画面は前の節の「**図6-7-1 実行結果**」と同じなので省略します。

私たち人間が神経衰弱をして、例えば左上角にエースがあると覚えたとき、多くの人は1枚目にそのエースはめくらず、それ以外のカードをめくるはずです。そしてエースが出たら左上角のエースをめくり、ペアを揃えます。そうすることではじめに左上角をめくるより、ペアを揃えられる確率が上がります。ここで組み込んだコンピュータの思考ルーチンも、それと似た流れでカードをめくっています。その仕組みを説明します。

››› どの位置のカードが何かを記憶する

この完成版のプログラムはmemo[]というリストを7行目で宣言しています。そのリストにどの位置に何のカードをあるかを記憶します。例えばプレイヤーが1行目の左から3枚目のカードをめくり、それがクイーンならmemo[2]に12を代入します。これをプレイヤーがペアを引き当てられないときの85～86行目と、コンピュータがペアを引き当てられないときの114～115行目で行っています。それらはどちらも次の代入式になっています。

```
memo[sel1] = card[sel1]
memo[sel2] = card[sel2]
```

》》》コンピュータの思考ルーチン

コンピュータが1枚目のカードをめくる89～94行目の処理は、前のlist6_7.pyから変更しておらず、単にランダムにカードを選んでいます。思考ルーチンはコンピュータが2枚目を選ぶ処理に追加しています。95～103行目の2枚目を引く処理を抜き出して思考ルーチンを確認します。

```
if proc==5 and tmr==5: # COM 2枚目をめくる
    sel2 = random.randint(0, 25)
    while face[sel2]!=0: sel2 = (sel2+1)%26
    for i in range(26):
        if memo[i]==card[sel1] and face[i]==0:
            sel2 = i
    face[sel2] = 1
    proc = 6
    tmr = 0
```

sel2に乱数を代入し、続くwhile文でめくるカードを決めた後、太字部分のforとifで、1枚目のカードと同じものがある位置を記憶しているなら、sel2にその値（リストの要素番号）を代入して、1枚目と2枚目が揃うようにしています。

》》》コンピュータの強さを調整するには

私たち人間は同じカードが2枚ある位置を記憶しているなら、そのペアを確実に取りにいくでしょう。このプログラムにはその処理は組み込んでいません。コンピュータも同じカードが2枚ある位置を記憶しているなら、それらを取らせるともっと強くなります。

ただし今回組み込んだ簡素なアルゴリズムでも、コンピュータがけっこう強いと感じられる方も多いと思います。もう少しコンピュータを弱くしたいという方もおられるのではないでしょうか。

簡単にコンピュータを弱くすることができます。その方法は85～86行目、および114～115行目で、プレイヤーとコンピュータがめくったカードを記憶する記述を、次のようにどちらか1行ずつコメントアウトするだけです。こうして記憶するカードを減らせば、コンピュータは弱くなります。

```
85              memo[sel1] = card[sel1]
86  #            memo[sel2] = card[sel2]
```

```
114 #            memo[sel1] = card[sel1]
115             memo[sel2] = card[sel2]
```

もしくはいずれか1行だけをコメントアウトして、ちょうどよいバランスになるかを確認してみましょう。ぐっと弱くしたいなら、いずれか3行をコメントアウトしてみましょう。

ボクにとっては、このコンピュータ、結構強いですよ。気を抜くと一気に取られて負けてしまいます。

コンピュータの強さの調整の他にも、例えば人間同士で対戦できるようにする、先攻（先手）、後攻（後手）を選べるようにするなどのアレンジを加え、プログラミングの力を伸ばしていきましょう！

COLUMN

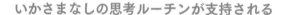

いかさまなしの思考ルーチンが支持される

いかさまとは、いかにもそれらしく見せた偽物を指す言葉です。コンピュータのテーブルゲームの中には、強さを調整するために裏で何らかの操作（計算）をし、コンピュータを強くしているものがあります。そのようなゲームソフトでは“いかさま”が行われていることになります。

ここで組み込んだ、めくったカードが何かを記憶する仕組みは、いわば正統的なアルゴリズムです。このような思考ルーチンを組み込んだゲームソフトは「いかさまなし」や「本格的思考ルーチン搭載」などと銘打つことができます。テーブルゲームをプレイするユーザーの多くは、いかさまなしの思考ルーチンを好むものです。著者は四人打ち麻雀の思考ルーチンを、いかさまなしで開発したことがあります。その麻雀ソフトは多くのユーザーに支持され、著者が経営するゲーム開発会社のヒット商品になりました。そのような経験からも、著者は正統派思考ルーチンを作る大切さをよく知っています。

その麻雀ソフトの開発話を少しだけさせていただきます。著者は学生のときから大の麻雀好きです。ある日、自社のラインナップに正統派麻雀を加えようと思い立ち、一人で開発を始めました。麻雀はいかさまをすれば、いくらでもコンピュータを強くすることができます。しかし麻雀好きの著者にとって、そのようなインチキは論外です。いかさまをせずにどれだけ強くできるか、そしていかに人間らしい打ち方をさせられるかというアルゴリズムの開発に力を注ぎました。麻雀を一から開発することは難しいものです。何とか製品化に成功し、苦労して開発した甲斐があり、発売後、十数年もの間、多くのユーザーに遊んでいただくことができたのです。

COLUMN

画像を差し替えてみよう

ゲームソフトのグラフィックを変更すれば、雰囲気や世界観をがらりと変えることができます。雰囲気や世界観の違いは、そのゲームの面白さに影響します。ここではトランプの図柄を猫の写真に変えたものを紹介します。

このコラムで使う画像ファイルは、書籍サポートページからダウンロードできるファイル中に入っています。ZIPファイルを解凍すると、「Chapter6」フォルダ内の「cat」フォルダに次のような猫たちの写真が入っています。

図6-C-1　猫の写真のカード

プログラムはshinkei_suijaku_**kai**.pyというファイル名になっています。このプログラムは42～43行目、および135行目を、shinkei_suijaku.pyから次のように変更しています。

```
42            proc = 4
43            tmr = 0
```

この変更で敵の先手としています。

```
134 for i in range(14):
135     img[i] = tkinter.PhotoImage(file="cat/"+str(i)+".png")
```

この変更で猫の画像ファイルを読み込みます。

次ページへ続く

図6-C-2　実行結果

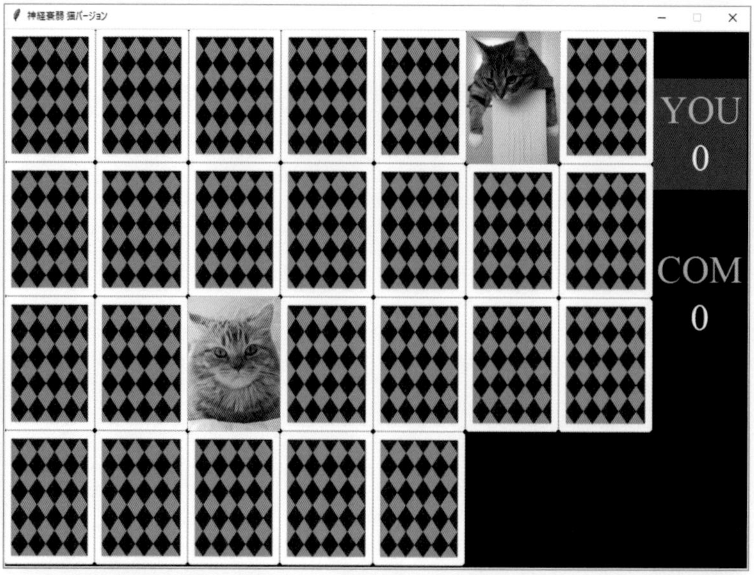

猫の写真に変えてプレイしてみると、トランプの絵柄とは違った面白さがあると感じられる方が多いのではないでしょうか。みなさん、ぜひオリジナルの写真やイラストを用意し、カードのデザインを変えて遊んでみましょう！

ご家族やご友人の写真を用いても楽しいゲームになるのではないでしょうか。

ご自身で遊ぶだけなら、アニメやゲームのキャラクター、芸能人の写真などを使ってもかまいません。
ただし、そういったものをネットで配信してはいけません。著作権や肖像権を侵害しないようにしましょう。

この章と次の章でリバーシを制作します。この章では盤をクリックして石を打ち、相手の石を挟んでひっくり返す処理を組み込み、ゲームとして一通り遊べるようにします。
次の章ではコンピュータを強くする思考ルーチンを実装し、本格的なアルゴリズムの開発方法を学びます。

リバーシを作ろう～前編～

Chapter 7

Lesson 7-1

キャンバスに盤を描く

リバーシのルールを説明し、石を打つ盤を表示するところからプログラミングを始めていきます。

›››リバーシとは

リバーシは、二人のプレイヤーが、盤に黒い石と白い石を交互に打ち、相手の石を挟んでひっくり返すボードゲームです。石の片面は黒、片面は白で、ひっくり返すと色が変わります。相手の石をひっくり返すと自分の石になります。

市販されているリバーシは、次のような盤を用いてプレイします。

図7-1-1　ボードゲームのリバーシ

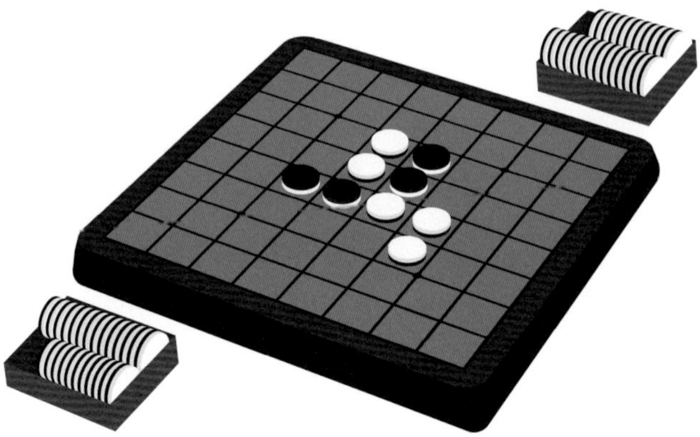

マスは8行8列のものが一般的です。本書でも8×8マスの盤でプレイするリバーシを制作します。

先手が黒い石、後手が白い石を打ちます。二人とも打てるマスがなくなったら終局（ゲーム終了）です。全てのマスが埋まらない状態で終局することもあります。

終局したら盤にある黒い石と白い石を数え、より多く置いた方の勝ちです。黒と白が同数で引き分けになることもあります。

このゲームは一般的な呼び名としてリバーシと呼ばれますが、オセロという名称で販売されているボードゲームが有名です。オセロはその商品の発売元の登録商標です。

》》》盤面を表示する

本書で制作するリバーシは、図形の描画命令で画面を構成して、画像ファイルは用いません。ウィンドウにキャンバスを配置し、盤面を表示するところからプログラミングを始めます。ウィンドウを表示するのでtkinterを用います。

次のプログラムを入力して実行し、動作を確認しましょう。

リスト7-1-1▶list7_1.py

```
import tkinter

def banmen():
    for y in range(8):
        for x in range(8):
            X = x*80
            Y = y*80
            cvs.create_rectangle(X, Y, X+80, Y+80, outline="black")

root = tkinter.Tk()
root.title("リバーシ")
root.resizable(False, False)
cvs = tkinter.Canvas(width=640, height=700, bg="green")
cvs.pack()
banmen()
root.mainloop()
```

- tkinterモジュールをインポート
- 盤面を表示する関数
- 繰り返し　yは0から7まで1ずつ増える
- 繰り返し　xは0から7まで1ずつ増える
- マス目のX座標
- マス目のY座標
- (X, Y)を左上角とした正方形を描く
- ウィンドウのオブジェクトを準備
- ウィンドウのタイトルを指定
- ウィンドウサイズを変更できなくする
- キャンバスの部品を用意
- キャンバスをウィンドウに配置
- banmen()関数を呼び出す
- ウィンドウの処理を開始

図7-1-2　実行結果

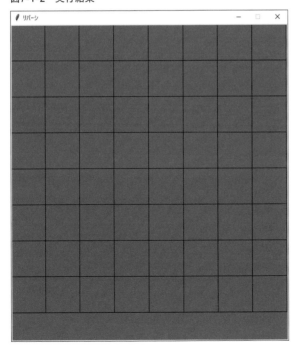

※マス目の下側（ウィンドウ下部）のスペースに、後でメッセージの文字列を表示します。

3～8行目でゲーム画面を描く関数を定義しています。関数名は盤面のローマ字でbanmen()としました。この関数で変数yとxを用いた二重ループの繰り返しにより、次の図のように左上から右下に向かって8×8のマスを表示します。

マス目は矩形を描くcreate_rectangle()命令で表示しています。

図7-1-3　二重ループでマス目を描く

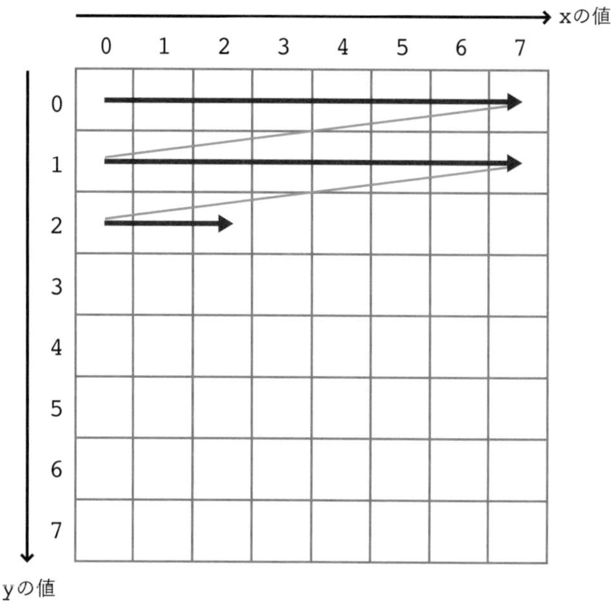

10～16行目でウィンドウを作り、キャンバスを配置し、ウィンドウの処理を開始しています。それらの記述は前章までに学んだ通りです。

一般的なリバーシは8×8マスですが、6×6のミニリバーシもありますね。

そうね。6×6のリバーシは、全ての局面がコンピュータで解析されているそうよ。8×8のリバーシは、本書出版時点では完全解析はまだ行われていないと聞いたわ。

へー、そうなのですね。
コンピュータの進歩は急速だから、いずれ解析されるでしょうね。

Lesson 7-2 リストで石を管理する

５章の三目並べは3×3のマスを二次元リストで管理しました。リバーシの8×8のマスも、どこに何色の石があるかを二次元リストで管理します。ここではクリックしたマスに石を打つプログラムで、二次元リストによるデータ管理を確認します。

》》》盤面の状態を二次元リストで管理

次のプログラムの動作を確認しましょう。何もないマスをクリックすると黒い石が置かれます。黒い石をクリックすると白い石になり、白い石をクリックすると何もないマスに戻ります。

リスト7-2-1▶list7_2.py　※前のプログラムからの追加変更箇所にマーカーを引いています

```
import tkinter

BLACK = 1
WHITE = 2
board = [
 [0, 0, 0, 0, 0, 0, 0, 0],
 [0, 0, 0, 0, 0, 0, 0, 0],
 [0, 0, 0, 0, 0, 0, 0, 0],
 [0, 0, 0, 2, 1, 0, 0, 0],
 [0, 0, 0, 1, 2, 0, 0, 0],
 [0, 0, 0, 0, 0, 0, 0, 0],
 [0, 0, 0, 0, 0, 0, 0, 0],
 [0, 0, 0, 0, 0, 0, 0, 0]
]

def click(e):
    mx = int(e.x/80)
    my = int(e.y/80)
    if mx>7: mx = 7
    if my>7: my = 7
    if board[my][mx]==0:
        board[my][mx] = BLACK
    elif board[my][mx]==BLACK:
        board[my][mx] = WHITE
    elif board[my][mx]==WHITE:
        board[my][mx] = 0
    banmen()

def banmen():
    cvs.delete("all")
    for y in range(8):
        for x in range(8):
            X = x*80
            Y = y*80
            cvs.create_rectangle(X, Y, X+80, Y+80, 
outline="black")
```

- tkinterモジュールをインポート
- 黒い石を管理するための定数
- 白い石を管理するための定数
- 盤を管理するリスト
- 盤をクリックしたときに働く関数
- ポインタのX座標を80で割りmxに代入
- ポインタのY座標を80で割りmyに代入
- mxが7を超えたら7にする
- myが7を超えたら7にする
- クリックしたマスに何もなければ
- board[my][mx]をBLACKにして黒を置く
- クリックしたマスが黒い石なら
- board[my][mx]をWHITEにして白を置く
- クリックしたマスが白い石なら
- board[my][mx]を0にして石を消す
- 盤面を描く関数を呼び出す
- 盤面を表示する関数の定義
- キャンバスに描いたものを全て削除
- 繰り返し　yは0から7まで1ずつ増える
- 繰り返し　xは0から7まで1ずつ増える
- マス目のX座標
- マス目のY座標
- (X, Y)を左上角とした正方形を描く

次ページへ続く

36	`            if board[y][x]==BLACK:`	board[y][x]の値がBLACKなら
37	`                cvs.create_oval(X+10, Y+10, X+70, Y+70, fill="black", width=0)`	黒い円を表示
38	`            if board[y][x]==WHITE:`	board[y][x]の値がWHITEなら
39	`                cvs.create_oval(X+10, Y+10, X+70, Y+70, fill="white", width=0)`	白い円を表示
40		
41	`root = tkinter.Tk()`	ウィンドウのオブジェクトを準備
42	`root.title("リバーシ")`	ウィンドウのタイトルを指定
43	`root.resizable(False, False)`	ウィンドウサイズを変更できなくする
44	`root.bind("<Button>", click)`	クリック時に実行する関数を指定
45	`cvs = tkinter.Canvas(width=640, height=700, bg="green")`	キャンバスの部品を用意
46	`cvs.pack()`	キャンバスをウィンドウに配置
47	`banmen()`	banmen()関数を呼び出す
48	`root.mainloop()`	ウィンドウの処理を開始

図7-2-1　実行結果

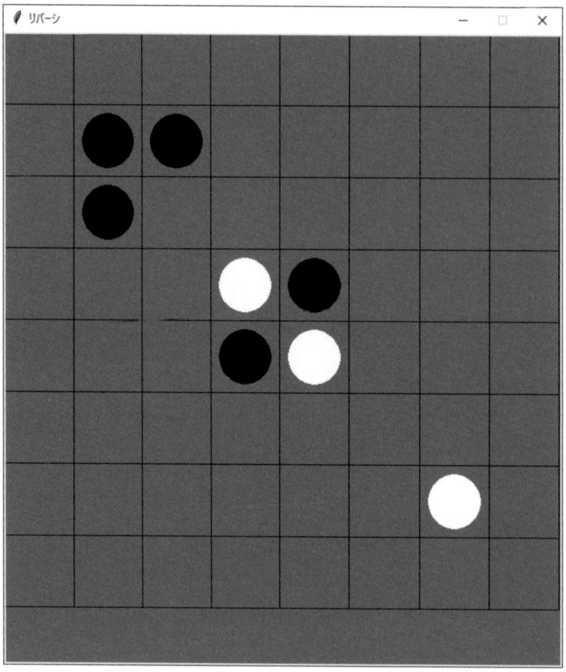

3～4行目で黒い石と白い石を管理するための定数を、BLACK=1、WHITE=2と定めています。

5～14行目で盤面を管理する二次元リストbord[][]を宣言しています。bord[][]の初期値として、盤の中央に黒い石と白い石を2つずつ置いています。

banmen()関数の36～39行目で、board[][]の値がBLACK(1)ならそのマスに黒い石を描き、値がWHITE(2)なら白い石を描いています。石は円を描くcreate_oval()命令で表示しています。

16～27行目にウィンドウ（盤面）をクリックしたときに働くclick()関数を記述しています。その関数を抜き出して説明します。

```
def click(e):
    mx = int(e.x/80)
    my = int(e.y/80)
    if mx>7: mx = 7
    if my>7: my = 7
    if board[my][mx]==0:
        board[my][mx] = BLACK
    elif board[my][mx]==BLACK:
        board[my][mx] = WHITE
    elif board[my][mx]==WHITE:
        board[my][mx] = 0
    banmen()
```

44行目でroot.bind("<Button>", click)とし、マウスボタンを押したときに、この関数が呼び出されるようにしています。

click(e)の引数eに、.xと.yを付けたe.xとe.yがマウスポインタの座標です。それらの値をマス目の大きさ（幅と高さのドット数）の80で割った整数値を、変数mxとmyに代入しています。マス目は8×8なので、mxとmyの値が7より大きくならないようにif文を記述しています。

そしてboard[my][mx]が0なら、board[my][mx]にBLACKの値を代入し、黒い石を置いています。board[my][mx]がBLACKならばWHITEを代入して白い石にし、board[my][mx]がWHITEならば0を代入して何もないマスに戻しています。

》》二次元リストの宣言について

このプログラムでは、二次元リストを次のように宣言しています。

```
board = [
 [0, 0, 0, 0, 0, 0, 0, 0],
 [0, 0, 0, 0, 0, 0, 0, 0],
 [0, 0, 0, 0, 0, 0, 0, 0],
 [0, 0, 0, 2, 1, 0, 0, 0],
 [0, 0, 0, 1, 2, 0, 0, 0],
 [0, 0, 0, 0, 0, 0, 0, 0],
 [0, 0, 0, 0, 0, 0, 0, 0],
 [0, 0, 0, 0, 0, 0, 0, 0]
]
```

この書き方は二次元リストの構造が一目瞭然で、プログラミング初心者にお勧めできる記述の仕方です。Lesson 7-5までは、この判りやすい書き方を用います。

二次元リストはこの他に、空のリストを宣言し、forとappend()命令で準備する方法があります。Lesson 7-6以降はforとappend()で二次元リストを用意します。

マウスポインタの座標をマス目のドット数で割ることで、どのマス目がクリックされたかを取得していますね。
三目並べと神経衰弱でも使った方法なので、だいぶ判ってきました。

着々と知識を身に付けているようね。
マスに何かを配置して遊ぶゲームは、この計算を必ずと言っていいほど用いるので、しっかり頭に入れておきましょう。

Lesson 7-3

挟んでひっくり返す

相手の石を挟んでひっくり返すアルゴリズム（黒い石を白に、白い石を黒にする処理）を組み込みます。

どのようなアルゴリズムでひっくり返すか

リバーシは相手の石を、縦、横、斜めに挟んだら、それらの石を全て裏返して自分の色にします。石をひっくり返すルールを、次の図の黄色のマスに黒い石を打つとして説明します。

図7-3-1　石を挟んでひっくり返すルール

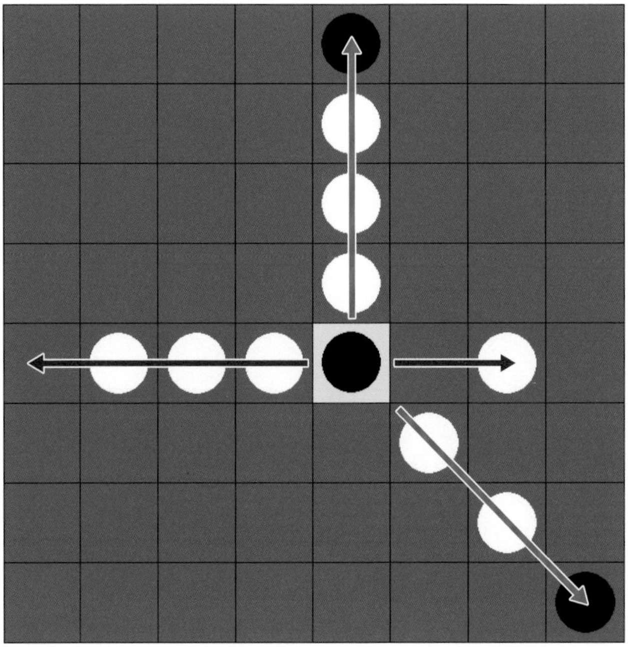

ここから先は石を裏返し、黒い石を白に、白い石を黒にすることを"返す"と言うことにします。

この図の黄色のマスから上の向きには、3つ並んだ白い石の先に黒があるので、白い石を3つとも返して黒にします。右下の斜め方向も、2つの白い石の先に黒があるので、白を2つ返して黒にします。

左の向きには白い石が3つ並んでいますが、その先に黒い石がないので返すことはできません。また右の向きは黄色のマスの隣に石がなく、飛び石になっている白を返すことはできません。

全ての向きを調べる

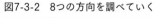

図7-3-1で説明した方向以外に、左上と右上、左下、そして下方向を合わせ、全部で8つの向きがあります。プログラムで石を返すには、次の図のように全方向に対して、相手の石があり、その先に自分の石があるかを調べます。そして相手の石が途切れることなく並んだ先に、自分の色の石がある場合、相手の石を返すようにプログラミングします。

図7-3-2　8つの方向を調べていく

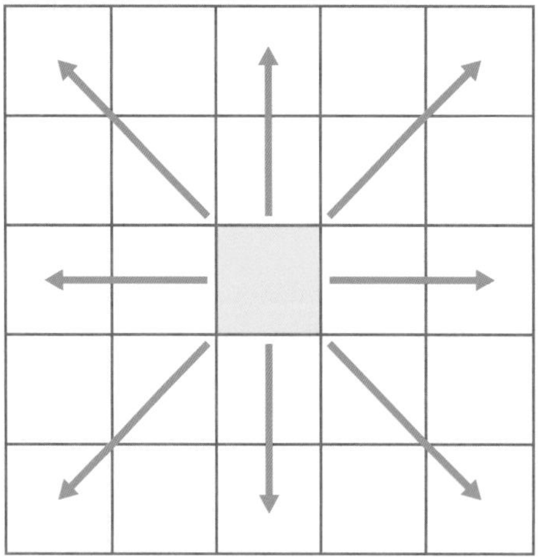

動作の確認

この処理を組み込み、石を返すようにしたプログラムを確認します。次のプログラムは、左上角のマスと、中央右下のマスに黒い石を打つと、白い石が返されます。8つの方向を調べて石を返す関数の仕組みを動作確認後に説明します。

リスト7-3-1▶list7_3.py　※前のプログラムからの追加変更箇所にマーカーを引いています

```
import tkinter                          tkinterモジュールをインポート

BLACK = 1                               黒い石を管理するための定数
WHITE = 2                               白い石を管理するための定数
board = [                               盤を管理するリスト
 [0, 2, 2, 2, 2, 2, 2, 1],
 [2, 2, 0, 0, 0, 0, 0, 0],
 [2, 0, 2, 0, 0, 1, 0, 0],
 [2, 0, 0, 1, 0, 2, 0, 0],
 [2, 0, 0, 0, 0, 2, 0, 0],
 [2, 0, 0, 1, 2, 0, 2, 1],
 [2, 0, 0, 0, 0, 2, 0, 0],
 [1, 0, 0, 0, 0, 1, 0, 0]
]

def click(e):                           盤をクリックしたときに働く関数
    mx = int(e.x/80)                    ポインタのX座標を80で割りmxに代入
```

```
18      my = int(e.y/80)
19      if mx>7: mx = 7
20      if my>7: my = 7
21      if board[my][mx]==0:
22          ishi_utsu(mx, my, BLACK)
23      banmen()
24  
25  def banmen():
26      cvs.delete("all")
27      for y in range(8):
28          for x in range(8):
29              X = x*80
30              Y = y*80
31              cvs.create_rectangle(X, Y, X+80, Y+80,
    outline="black")
32              if board[y][x]==BLACK:
33                  cvs.create_oval(X+10, Y+10, X+70, Y+70,
    fill="black", width=0)
34              if board[y][x]==WHITE:
35                  cvs.create_oval(X+10, Y+10, X+70, Y+70,
    fill="white", width=0)
36      cvs.update()
37  
38  # 石を打ち、相手の石をひっくり返す
39  def ishi_utsu(x, y, iro):
40      board[y][x] = iro
41      for dy in range(-1, 2):
42          for dx in range(-1, 2):
43              k = 0
44              sx = x
45              sy = y
46              while True:
47                  sx += dx
48                  sy += dy
49                  if sx<0 or sx>7 or sy<0 or sy>7:
50                      break
51                  if board[sy][sx]==0:
52                      break
53                  if board[sy][sx]==3-iro:
54                      k += 1
55                  if board[sy][sx]==iro:
56                      for i in range(k):
57                          sx -= dx
58                          sy -= dy
59                          board[sy][sx] = iro
60                      break
61  
62  root = tkinter.Tk()
63  root.title("リバーシ")
64  root.resizable(False, False)
65  root.bind("<Button>", click)
66  cvs = tkinter.Canvas(width=640, height=700, bg="green")
67  cvs.pack()
68  banmen()
69  root.mainloop()
```

- 18: ポインタのY座標を80で割りmyに代入
- 19: mxが7を超えたら7にする
- 20: myが7を超えたら7にする
- 21: クリックしたマスに何もなければ
- 22: 石を打ち、相手の石を返す関数を実行
- 23: 盤面を描く
- 25: 盤面を表示する関数の定義
- 26: キャンバスに描いたものを全て削除
- 27: 繰り返し yは0から7まで1ずつ増える
- 28: 繰り返し xは0から7まで1ずつ増える
- 29: マス目のX座標
- 30: マス目のY座標
- 31: (X, Y)を左上角とした正方形を描く
- 32: board[y][x]の値がBLACKなら
- 33: 黒い円を表示
- 34: board[y][x]の値がWHITEなら
- 35: 白い円を表示
- 36: キャンバスを更新し、即座に描画する
- 39: 石を打ち、相手の石をひっくり返す関数
- 40: (x, y)のマスに引数の色の石を打つ
- 41: 繰り返し dyは-1→0→1と変化
- 42: 繰り返し dxは-1→0→1と変化
- 43: 変数kに0を代入
- 44: sxに引数xの値を代入
- 45: syに引数yの値を代入
- 46: 無限ループで繰り返す
- 47～48: sxとsyの値を変化させる
- 49: 盤から出てしまうなら
- 50: whileの繰り返しを抜ける
- 51: 何も置かれていないマスなら
- 52: whileの繰り返しを抜ける
- 53: 相手の石があれば
- 54: kの値を1増やす
- 55: 自分の色の石があれば
- 56～59: はさんだ相手の石をひっくり返す
- 60: whileの繰り返しを抜ける
- 62: ウィンドウのオブジェクトを準備
- 63: ウィンドウのタイトルを指定
- 64: ウィンドウサイズを変更できなくする
- 65: クリック時に実行する関数を指定
- 66: キャンバスの部品を用意
- 67: キャンバスをウィンドウに配置
- 68: banmen()関数を呼び出す
- 69: ウィンドウの処理を開始

※47～48行目のsx += dxとsy += dyは、それぞれ sx = sx + dx、sy = sy + dy と同じ意味です。

図7-3-3　実行結果

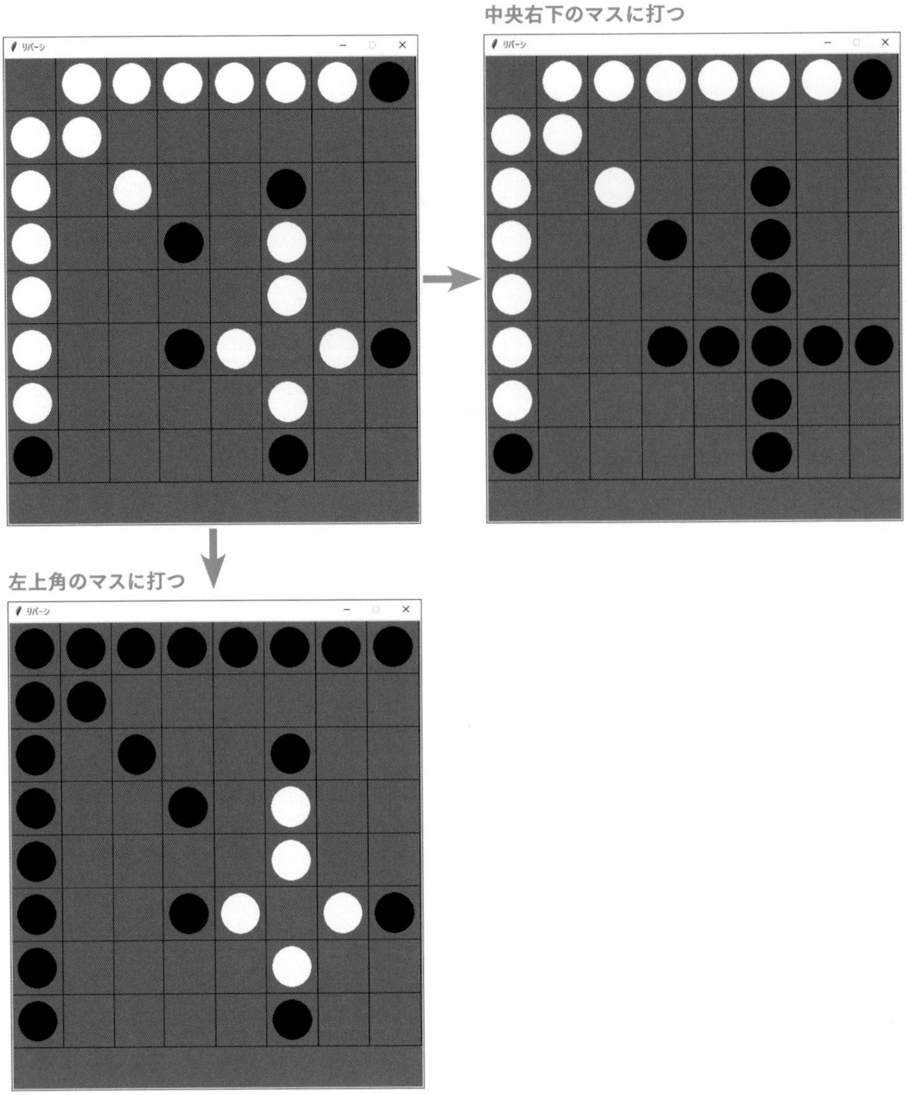

39～60行目で、自分の石（引数で指定した色の石）を打ち、相手の石を挟んだら自分の色にする関数を定義しています。

関数名はishi_utsu(x, y, iro)とし、board[y][x]のマスにiroで指定する色の石を打ちます。この関数を抜き出して説明します。

```
def ishi_utsu(x, y, iro):
    board[y][x] = iro
    for dy in range(-1, 2):
        for dx in range(-1, 2):
```

```
            k = 0
            sx = x
            sy = y
            while True:
                sx += dx
                sy += dy
                if sx<0 or sx>7 or sy<0 or sy>7:
                    break
                if board[sy][sx]==0:
                    break
                if board[sy][sx]==3-iro:
                    k += 1
                if board[sy][sx]==iro:
                    for i in range(k):
                        sx -= dx
                        sy -= dy
                        board[sy][sx] = iro
                    break
```

この関数は、まず board[y][x] = iro で、引数で指定したマスにiroの石を打ちます。今回はclick()関数内の22行目にishi_utsu(mx, my, BLACK)と記述し、クリックしたマスに黒い石を打ちます。

太字で示した変数dyとdxを用いた二重ループがポイントです。dy、dxともに-1→0→1と値が変化します。その値を使って、(x, y)のマスから8方向に盤面の状態を調べていきます。

図7-3-4　二重ループで8方向を調べる

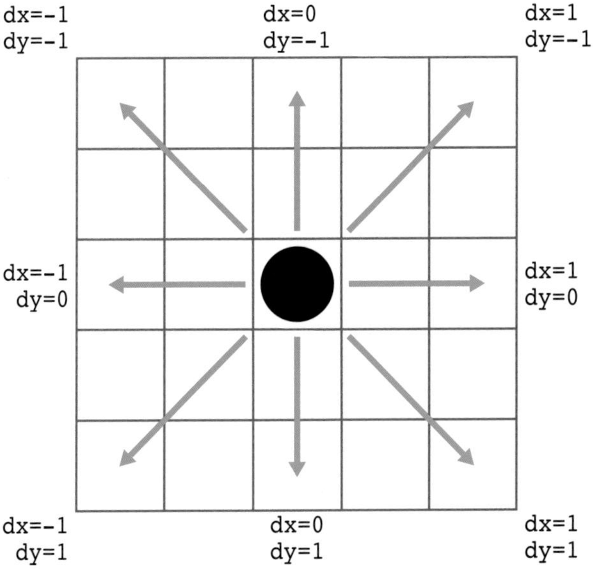

(x, y)のマスから各方向を調べ始める際、変数sxにxの値、syにyの値を代入しています。そしてwhile Trueの無限ループで、sxとsyの値を変化させながら、(sx, sy)のマスがどのような状態かを調べています。変数dyとdxの値は、dy=-1、dx=-1から始まるので、左上方向から調べ始めます。

次のアルゴリズムでマスの状態を調べています。

❶if sx<0 or sx>7 or sy<0 or sy>7 ➡ 調べる位置が盤の外に出たか？
出たなら、breakでwhileのループを抜けます。

❷if board[sy][sx]==0 ➡ 調べるマスに何もないか？
何もなければ挟んで返すことはできないので、これもbreakでループを抜けます。

❸if board[sy][sx]==3-iro ➡ 相手の石があるか？
相手の石があるなら、変数kの値を1増やして、いくつ並んでいるかを数えます。

❹if board[sy][sx]==iro ➡ 自分の石があるか？
自分の石があるなら、相手の石を返すことができます。その場合、for i in range(k)というfor文で、sxからdxの値を引き、syからdyの値を引いて、board[sy][sx]にiroの値を代入します。はじめに石を打ったマスのすぐ隣が自分の石のときはkの値が0なので、このforは実行されません。

》》》石を返すfor文

❹にあるfor i in range(k)というfor文で、石を返す様子を図示します。

図7-3-5　石をひっくり返す

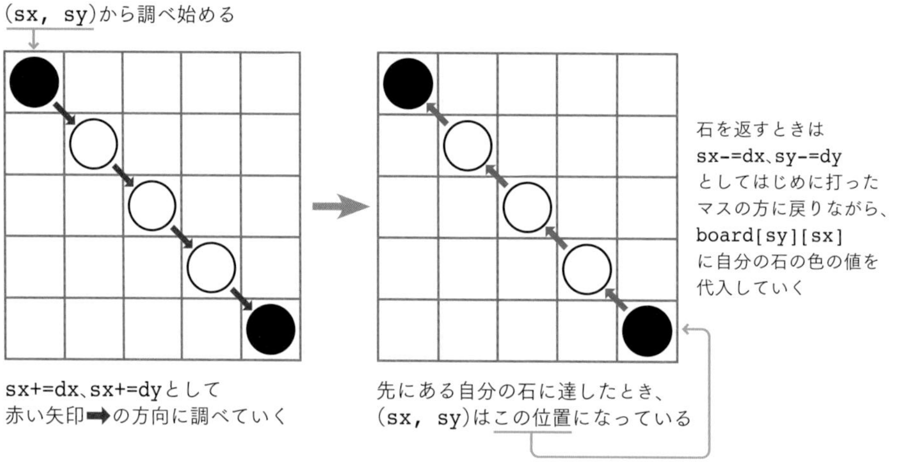

(sx, sy)から調べ始める
sx+=dx、sx+=dyとして
赤い矢印➡の方向に調べていく
石を返すときは
sx-=dx、sy-=dy
としてはじめに打った
マスの方に戻りながら、
board[sy][sx]
に自分の石の色の値を
代入していく
先にある自分の石に達したとき、
(sx, sy)はこの位置になっている

》》》dx、dyとも0のときは？

8つの方向を効率良く調べるために、二重ループのforを用いました。そのfor文でdy=0、dx=0になるときがあります。その場合、「sx、syの値は変化しないので、判定が行われないのでは？」と疑問に思う方がおられるかもしれないので、解説しておきます。

dy、dxとも0のとき、sxとsyは、引数x、yの値のままです。board[y][x]にはiroの値を代入しています。そのためif board[sy][sx]==iroの条件式が成り立ち、for i in range(k)で石を返しますが、kの値は0のままで、どの石も返りません。このように不具合が起きることはなく、全方向を調べ、石を返すことができます。

二重ループの繰り返しで、8つの向きを調べる発想は思い付きませんでした。勉強になりました。

二重ループ以外にも、例えば各方向を調べるときの座標の変化値をXP=[-1,0,1,-1,1,-1,0,1]、YP=[-1,-1,-1,0,0,1,1,1]とリストで定義して、マスを調べる方法もあるわ。

えーと、そうするなら、XP[0]、YP[0]に左上の向き、XP[7]、YP[7]に右下の向きに座標を増減する値が入っているということで、間違いないですか？

その通りよ。リストもしっかり理解できているようね。同じことを行うアルゴリズムでも、プログラムには色々な書き方があるってわけね。

Lesson 7-4

打てるマスを調べる

リバーシで石が打てるのは、そこに打つと相手の石をひっくり返せるときだけです。プレイヤー、コンピュータとも、石を打つとき、そのマスに打てるかを調べる必要があります。ここではboard[y][x]のマスに指定の色の石を打つことができるかを判断する関数を用意します。

挟んで返すアルゴリズムと同じ

あるマスに石を打つことができるかを調べる方法は、前の節で組み込んだ、相手の石を挟んで返す仕組みと一緒です。board[y][x]に石を打つ前に、そのマスを起点として、全ての方向について返せる石を数えて加算します。その値が1以上なら(x, y)のマスに石を打てます。

動作の確認

返せる石を数え、黒い石を打てるマスに水色の丸印を付けるプログラムを確認します。この印は開発過程の確認用で、次の節で削除します。

リスト7-4-1▶llist7_4.py　※前のプログラムからの追加変更箇所にマーカーを引いています

```
import tkinter

BLACK = 1
WHITE = 2
board = [
 [0, 2, 2, 0, 2, 2, 2, 1],
 [2, 0, 0, 0, 0, 0, 0, 0],
 [2, 0, 2, 0, 0, 1, 2, 0],
 [1, 0, 0, 1, 0, 2, 2, 0],
 [0, 0, 0, 0, 0, 2, 2, 0],
 [0, 0, 0, 1, 2, 0, 2, 1],
 [2, 0, 0, 2, 0, 2, 0, 0],
 [1, 0, 0, 0, 0, 1, 0, 0]
]

def click(e):
    mx = int(e.x/80)
    my = int(e.y/80)
    if mx>7: mx = 7
    if my>7: my = 7
    if board[my][mx]==0:
        ishi_utsu(mx, my, BLACK)
    banmen()

def banmen():
    cvs.delete("all")
    for y in range(8):
        for x in range(8):
```

tkinterモジュールをインポート
黒い石を管理するための定数
白い石を管理するための定数
盤を管理するリスト
盤をクリックしたときに働く関数
ポインタのX座標を80で割りmxに代入
ポインタのY座標を80で割りmyに代入
mxが7を超えたら7にする
myが7を超えたら7にする
クリックしたマスに何もなければ
石を打ち、相手の石を返す関数を実行
盤面を描く
盤面を表示する関数の定義
キャンバスに描いたものを全て削除
繰り返し yは0から7まで1ずつ増える
繰り返し xは0から7まで1ずつ増える

```
            X = x*80
            Y = y*80
            cvs.create_rectangle(X, Y, X+80, Y+80, outline="black")
            if board[y][x]==BLACK:
                cvs.create_oval(X+10, Y+10, X+70, Y+70, fill="black", width=0)
            if board[y][x]==WHITE:
                cvs.create_oval(X+10, Y+10, X+70, Y+70, fill="white", width=0)
            if kaeseru(x, y, BLACK)>0:
                cvs.create_oval(X+5, Y+5, X+75, Y+75, outline="cyan", width=2)
    cvs.update()

# 石を打ち、相手の石をひっくり返す
def ishi_utsu(x, y, iro):
    board[y][x] = iro
    for dy in range(-1, 2):
        for dx in range(-1, 2):
            k = 0
            sx = x
            sy = y
            while True:
                sx += dx
                sy += dy
                if sx<0 or sx>7 or sy<0 or sy>7:
                    break
                if board[sy][sx]==0:
                    break
                if board[sy][sx]==3-iro:
                    k += 1
                if board[sy][sx]==iro:
                    for i in range(k):
                        sx -= dx
                        sy -= dy
                        board[sy][sx] = iro
                    break

# そこに打つといくつ返せるか数える
def kaeseru(x, y, iro):
    if board[y][x]>0:
        return -1 # 置けないマス
    total = 0
    for dy in range(-1, 2):
        for dx in range(-1, 2):
            k = 0
            sx = x
            sy = y
            while True:
                sx += dx
                sy += dy
                if sx<0 or sx>7 or sy<0 or sy>7:
                    break
                if board[sy][sx]==0:
                    break
                if board[sy][sx]==3-iro:
                    k += 1
                if board[sy][sx]==iro:
                    total += k
```

マス目のX座標
マス目のY座標
(X, Y)を左上角とした正方形を描く
board[y][x]の値がBLACKなら
黒い円を表示
board[y][x]の値がWHITEなら
白い円を表示
黒い石を打てるマスなら
水色の丸を表示
キャンバスを更新し、即座に描画する
石を打ち、相手の石をひっくり返す関数
(x, y)のマスに引数の色の石を打つ
繰り返し dyは-1→0→1と変化
繰り返し dxは-1→0→1と変化
変数kに0を代入
sxに引数xの値を代入
syに引数yの値を代入
無限ループで繰り返す
sxとsyの値を変化させる
盤から出てしまうなら
whileの繰り返しを抜ける
何も置かれていないマスなら
whileの繰り返しを抜ける
相手の石があれば
kの値を1増やす
自分の色の石があれば
はさんだ相手の石をひっくり返す
whileの繰り返しを抜ける
そこに打つといくつ返せるか数える関数
(x, y)のマスに石があるなら
-1を返して関数から戻る
変数totalに0を代入
繰り返し dyは-1→0→1と変化
繰り返し dxは-1→0→1と変化
変数kに0を代入
sxに引数xの値を代入
syに引数yの値を代入
無限ループで繰り返す
sxとsyの値を変化させる
盤から出てしまうなら
whileの繰り返しを抜ける
何も置かれていないマスなら
whileの繰り返しを抜ける
相手の石があれば
kの値を1増やす
自分の色の石があれば
totalにkの値を加える

次ページへ続く

```
85                      break                                   whileの繰り返しを抜ける
86          return total                                        totalの値を戻り値として返す
87
88  root = tkinter.Tk()                                         ウィンドウのオブジェクトを準備
89  root.title("リバーシ")                                       ウィンドウのタイトルを指定
90  root.resizable(False, False)                                ウィンドウサイズを変更できなくする
91  root.bind("<Button>", click)                                クリック時に実行する関数を指定
92  cvs = tkinter.Canvas(width=640, height=700, bg="green")     キャンバスの部品を用意
93  cvs.pack()                                                  キャンバスをウィンドウに配置
94  banmen()                                                    banmen()関数を呼び出す
95  root.mainloop()                                             ウィンドウの処理を開始
```

図7-4-1　実行結果

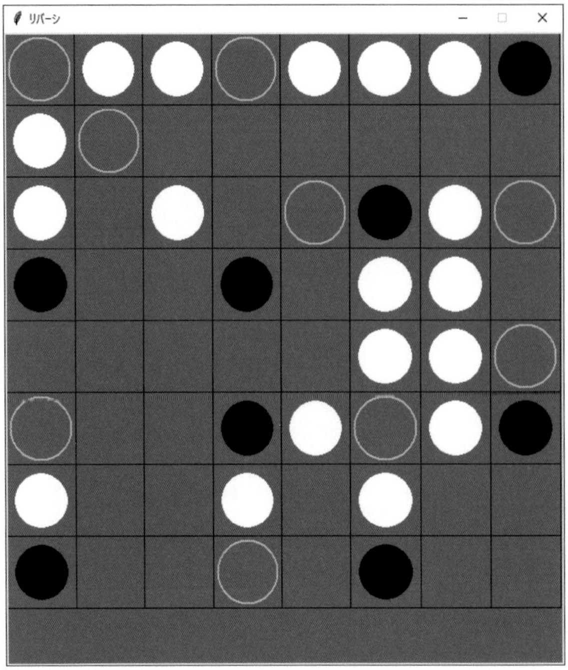

65～86行目で、指定のマスに打つといくつ返せるかを数えるkaeseru()関数を定義しています。この関数は、石を打つマスを引数xとyで、打つ石の色を引数iroで受け取り、相手の石をいくつ返せるかを計算し、それを戻り値として返します。kaeseru()関数を抜き出して確認します。

```
def kaeseru(x, y, iro):
    if board[y][x]>0:
        return -1 # 置けないマス
    total = 0
    for dy in range(-1, 2):
```

```
        for dx in range(-1, 2):
            k = 0
            sx = x
            sy = y
            while True:
                sx += dx
                sy += dy
                if sx<0 or sx>7 or sy<0 or sy>7:
                    break
                if board[sy][sx]==0:
                    break
                if board[sy][sx]==3-iro:
                    k += 1
                if board[sy][sx]==iro:
                    total += k
                    break
    return total
```


基本的な仕組みは、前の節で組み込んだishi_utsu()関数と同じです。ishi_utsu()関数は挟んだ相手の石を返しますが、このkaeseru()関数はそれを行わず、代わりに返せる石を数えています。

この関数では、はじめにif board[y][x]>0というif文で、引数(x, y)のマスに石が打たれているかを調べています。石があるならそこには打てないので、-1を返して関数の処理を終えます。0を返してもよいですが、-1を返しておけば、プレイヤーが石のあるマスに打とうとしたとき（-1が返ったとき)、「そこには石があります」というメッセージを出す改良などがしやすくなります。

それ以降の処理は前の節で学んだ通りです。もう一度、概要を説明すると、二重ループのfor文で8つの方向を1つずつ調べていきます。そして返せる相手の石を変数kで数えて、変数totalにkの値を加えています。

kaeseru()関数は、最後にtotalの値を戻り値として返しています。

ishi_utsu()関数やkaeseru()関数で行っている盤面の状態を調べる仕組みは、リバーシを完成させるために必須となるアルゴリズムです。これらのプログラムの仕組みがまだ曖昧という方は、前の節で復習しましょう。

現在の局面に打てるマスがあるかを知る

盤面全体のマスに対してkaeseru()関数を実行し、1以上が返るマスがあるかを調べれば、現在の局面に石を打てるマスがあるかを知ることができます。次の節で、プレイヤーとコンピュータが交互に石を打つようにしますが、そこで現在の局面に石を打てるマスがあるかを、kaeseru()を呼び出して調べる関数を追加します。

リバーシを完成させるのに必要な関数を、ここで用意したわけですね。

そうよ。ソフトウェア開発は必要な処理を順に用意していくの。複数の処理をまとめて組み込む熟練したプログラマーもいるけど、基本は1つずつ組み込んで、その都度、不具合がないかをチェックすることが大切ね。

Lesson 7-5

コンピュータが石を打つ

プレイヤーとコンピュータが交互に石を打つようにします。ここではプレイヤーが黒い石、コンピュータが白い石を打ちます。次の節で先手、後手を選べるようにし、後手を選ぶと、プレイヤーが打つのは白い石（コンピュータは黒い石）になります。

変数でゲーム進行を管理する

プレイヤーとコンピュータが交互に石を打ち、ひっくり返せる相手の石があるなら返すという一連の処理を、procという変数を用意し、その値によって順に行うようにします。

procは0から5の値をとるものとし、それぞれの値で処理を次のように分岐させます。これらを行うためにmain()という関数を用意し、その関数の中で処理を分岐させます。

表7-5-1　procの値と処理の内容

procの値	処理の内容
0	タイトル画面※
1	どちらの番かを表示する
2	プレイヤー、コンピュータそれぞれが石を打つマスを決める
3	打つ番を交代する
4	プレイヤーとコンピュータの打てるマスがあるかを調べ、どちらも打てないなら終局 プレイヤーもしくはコンピュータが次に打てるかを調べ、打てないなら3へ移行し、打つ番を交代する
5	勝敗判定※

※タイトル画面と勝敗判定は次の節で組み込みます。ここでは1～4の処理を組み込みます。

プレイヤーとコンピュータの処理を共通化

前の章で制作した神経衰弱は、次のようにプレイヤーとコンピュータの処理を分けていました。

表7-5-2　神経衰弱の処理

procの値	処理の内容	
1	プレイヤーが1枚目をめくる	プレイヤーの処理
2	プレイヤーが2枚目をめくる	
3	プレイヤーがめくった2枚が同じカードかを調べる	
4	コンピュータが1枚目をめくる	コンピュータの処理
5	コンピュータが2枚目をめくる	
6	コンピュータがめくった2枚が同じカードかを調べる	

リバーシでは**表7-5-1**のように、procの値が2のときにプレイヤー、コンピュータそれぞれが石を打つマスを決め、procの値が4のときに対局を続けるか調べるというように、処理を共通化します。それを行うために、どちらが打つ番かを管理する変数を用意し、その変数名をturnとします。

》》動作の確認

以上の処理を組み込んだプログラムを確認します。プレイヤーが黒い石を打ったら、コンピュータが白い石を打ちます。コンピュータが打つマスはランダムに決めています。

相手の石を返せないマスには、プレイヤーもコンピュータも打つことはできません。石を打てないときは、相手の番になります。どちらとも打てない状態になったら終了です。

リスト7-5-1▶list7_5.py　※前のプログラムからの追加変更箇所にマーカーを引いています

```
import tkinter                                                tkinterモジュールをインポート
import random                                                 randomモジュールをインポート

BLACK = 1                                                     黒い石を管理するための定数
WHITE = 2                                                     白い石を管理するための定数
mx = 0                                                        クリックしたマスの列の値
my = 0                                                        クリックしたマスの行の値
mc = 0                                                        クリックしたときに1を代入する変数
proc = 0                                                      ゲーム進行を管理する変数
turn = 0                                                      どちらの番かを管理する変数
msg = ""                                                      メッセージ表示用の変数(文字列を代入)
board = [                                                     盤を管理するリスト
 [0, 0, 0, 0, 0, 0, 0, 0],
 [0, 0, 0, 0, 0, 0, 0, 0],
 [0, 0, 0, 0, 0, 0, 0, 0],
 [0, 0, 0, 2, 1, 0, 0, 0],
 [0, 0, 0, 1, 2, 0, 0, 0],
 [0, 0, 0, 0, 0, 0, 0, 0],
 [0, 0, 0, 0, 0, 0, 0, 0],
 [0, 0, 0, 0, 0, 0, 0, 0]
]

def click(e):                                                 盤をクリックしたときに働く関数
    global mx, my, mc                                         これらをグローバル変数として扱う
    mc = 1                                                    mcに1を代入
    mx = int(e.x/80)                                          ポインタのX座標を80で割りmxに代入
    my = int(e.y/80)                                          ポインタのY座標を80で割りmyに代入
    if mx>7: mx = 7                                           mxが7を超えたら7にする
    if my>7: my = 7                                           myが7を超えたら7にする

def banmen():                                                 盤面を表示する関数
    cvs.delete("all")                                         キャンバスに描いたものを全て削除
    cvs.create_text(320, 670, text=msg, fill="silver")        メッセージの文字列を表示
    for y in range(8):                                        繰り返し yは0から7まで1ずつ増える
        for x in range(8):                                    繰り返し xは0から7まで1ずつ増える
            X = x*80                                          マス目のX座標
            Y = y*80                                          マス目のY座標
            cvs.create_rectangle(X, Y, X+80, Y+80,            (X, Y)を左上角とした正方形を描く
outline="black")
            if board[y][x]==BLACK:                            board[y][x]の値がBLACKなら
                cvs.create_oval(X+10, Y+10, X+70, Y+70,       黒い円を表示
fill="black", width=0)
```

```python
            if board[y][x]==WHITE:
                cvs.create_oval(X+10, Y+10, X+70, Y+70, fill="white", width=0)
    cvs.update()

# 石を打ち、相手の石をひっくり返す
def ishi_utsu(x, y, iro):
    board[y][x] = iro
    for dy in range(-1, 2):
        for dx in range(-1, 2):
            k = 0
            sx = x
            sy = y
            while True:
                sx += dx
                sy += dy
                if sx<0 or sx>7 or sy<0 or sy>7:
                    break
                if board[sy][sx]==0:
                    break
                if board[sy][sx]==3-iro:
                    k += 1
                if board[sy][sx]==iro:
                    for i in range(k):
                        sx -= dx
                        sy -= dy
                        board[sy][sx] = iro
                    break

# そこに打つといくつ返せるか数える
def kaeseru(x, y, iro):
    if board[y][x]>0:
        return -1 # 置けないマス
    total = 0
    for dy in range(-1, 2):
        for dx in range(-1, 2):
            k = 0
            sx = x
            sy = y
            while True:
                sx += dx
                sy += dy
                if sx<0 or sx>7 or sy<0 or sy>7:
                    break
                if board[sy][sx]==0:
                    break
                if board[sy][sx]==3-iro:
                    k += 1
                if board[sy][sx]==iro:
                    total += k
                    break
    return total

# 打てるマスがあるか調べる
def uteru_masu(iro):
    for y in range(8):
        for x in range(8):
            if kaeseru(x, y, iro)>0:
                return True
    return False
```

board[y][x]の値がWHITEなら
白い円を表示
キャンバスを更新し、即座に描画する

石を打ち、相手の石をひっくり返す関数
(x, y)のマスに引数の色の石を打つ
繰り返し dyは-1→0→1と変化
繰り返し dxは-1→0→1と変化
変数kに0を代入
sxに引数xの値を代入
syに引数yの値を代入
無限ループで繰り返す
sxとsyの値を変化させる
盤から出てしまうなら
whileの繰り返しを抜ける
何も置かれていないマスなら
whileの繰り返しを抜ける
相手の石があれば
kの値を1増やす
自分の色の石があれば
はさんだ相手の石をひっくり返す
whileの繰り返しを抜ける

そこに打つといくつ返せるか数える関数
(x, y)のマスに石があるなら
-1を返して関数から戻る
変数totalに0を代入
繰り返し dyは-1→0→1と変化
繰り返し dxは-1→0→1と変化
変数kに0を代入
sxに引数xの値を代入
syに引数yの値を代入
無限ループで繰り返す
sxとsyの値を変化させる
盤から出てしまうなら
whileの繰り返しを抜ける
何も置かれていないマスなら
whileの繰り返しを抜ける
相手の石があれば
kの値を1増やす
自分の色の石があれば
totalにkの値を加える
whileの繰り返しを抜ける
totalの値を戻り値として返す

打てるマスがあるか調べる関数
繰り返し yは0から7まで1ずつ増える
繰り返し xは0から7まで1ずつ増える
kaeseru()の戻り値が0より大きいなら
Trueを返す
Falseを返す

次ページへ続く

```
#コンピュータの思考ルーチン
def computer_0(iro): # ランダムに打つ
    while True:
        rx = random.randint(0, 7)
        ry = random.randint(0, 7)
        if kaeseru(rx, ry, iro)>0:
            return rx, ry

def main():
    global mc, proc, turn, msg
    banmen()
    if proc==0: # スタート待ち
        msg = "クリックして開始します"
        if mc==1: # ウィンドウをクリック
            mc = 0
            turn = 0
            proc = 1
    elif proc==1: # どちらの番か表示
        msg = "あなたの番です"
        if turn==1:
            msg = "コンピュータ 考え中."
        proc = 2
    elif proc==2: # 石を打つマスを決める
        if turn==0: # プレイヤー
            if mc==1:
                mc = 0
                if kaeseru(mx, my, BLACK)>0:
                    ishi_utsu(mx, my, BLACK)
                    proc = 3
        else: # コンピュータ
            cx, cy = computer_0(WHITE)
            ishi_utsu(cx, cy, WHITE)
            proc = 3
    elif proc==3: # 打つ番を交代
        turn = 1-turn
        proc = 4
    elif proc==4: # 打てるマスがあるか
        if uteru_masu(BLACK)==False and uteru_masu(WHITE)==False:
            msg = "どちらも打てないので終了です"
        elif turn==0 and uteru_masu(BLACK)==False:
            msg = "あなたは打てないのでパス"
            proc = 3
        elif turn==1 and uteru_masu(WHITE)==False:
            msg = "コンピュータは打てないのでパス"
            proc = 3
        else:
            proc = 1
    root.after(100, main)

root = tkinter.Tk()
root.title("リバーシ")
root.resizable(False, False)
root.bind("<Button>", click)
cvs = tkinter.Canvas(width=640, height=700, bg="green")
cvs.pack()
root.after(100, main)
root.mainloop()
```

```
石をランダムに打つルーチン
無限ループで繰り返す
rxに0～7の乱数を代入
ryに0～7の乱数を代入
そこに打つと相手の石を返せるなら
rxとryの値を戻り値として返す

メイン処理を行う関数
これらをグローバル変数とする
盤面を描く関数を呼び出す
┌procが0のとき（スタート待ち）
│変数msgに文字列を代入
│ウィンドウをクリックしたら
│変数mcに0を代入
│turnに0を入れプレイヤー先手とする
└procに1を代入
┌procが1のとき（どちらの番か表示）
│msgに「あなたの番です」と代入
│turnが1なら
│msgに「コンピュータ 考え中.」と代入
└procに2を代入
┌procが2のとき（石を打つマスを決める）
│プレイヤーの番なら
│マウスボタンをクリックしたとき
│mcを0にする
│打てるマスをクリックしたら
│そこに石を打つ
│procに3を代入
│コンピュータの番なら
│打つマスをランダムに決める
│そこに石を打つ
└procに3を代入
┌procが3のとき（打つ番を交代）
│turnの値が0なら1、1なら0にする
└procに4を代入
┌procが4のとき（打てるマスがあるか）
│どちらも石を打てなくなったら
│
│その旨を表示
│プレイヤーの打つマスがないなら
│その旨を表示
│procに3を代入し、パス（交代）する
│コンピュータの打つマスがないなら
│その旨を表示
│procに3を代入し、パス（交代）する
│そうでないなら（打てるマスがある）
└procに1を代入し、打つ処理へ
100ミリ秒後にmain()を呼び出す

ウィンドウのオブジェクトを準備
ウィンドウのタイトルを指定
ウィンドウサイズを変更できなくする
クリック時に実行する関数を指定
キャンバスの部品を用意
キャンバスをウィンドウに配置
main()関数を呼び出す
ウィンドウの処理を開始
```

図7-5-1　実行結果

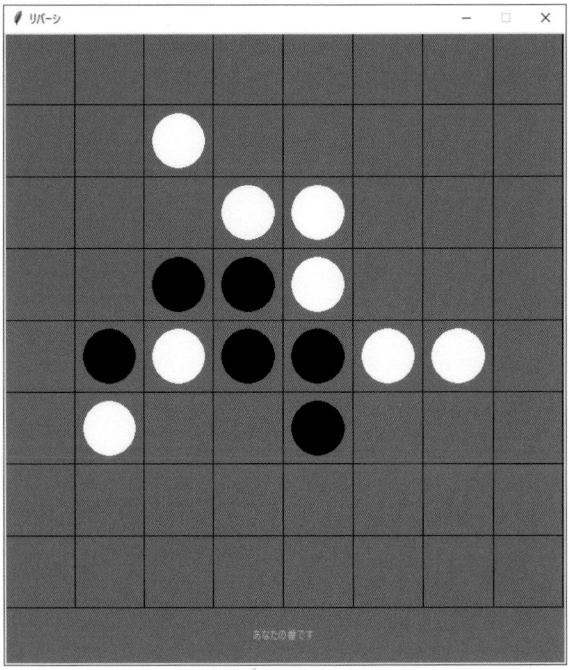

このプログラムには前のプログラムからの大きな変更が1つと、新たに加えた関数が3つあります。大きな変更点は、マウスの挙動をグローバル変数に代入するようにし、click()関数でプレイヤーが石を打っていた処理を、main()関数に移したことです。追加した関数は、現在の局面に打てるマスがあるかを調べるuteru_masu()関数、コンピュータの思考ルーチンのcomputer_0()関数、メイン処理を行うmain()関数です。それらを順に説明します。

ウィンドウにメッセージを表示

その他の小さな追加点として、画面にメッセージを出すのに用いるmsgという変数を用意しています。banmen()関数に cvs.create_text(320, 670, text=msg, fill="silver") という記述を追加し、msgに代入した文字列を表示しています。

⟫⟫⟫ マウスの挙動をグローバル変数に代入

6～7行目でmx、myという変数、8行目でmcという変数を宣言しています。mx、my、mcは、23～29行目のclick()関数内で次のようにグローバル宣言してから、それぞれの変数に値を代入しています。

```
def click(e):
    global mx, my, mc
    mc = 1
    mx = int(e.x/80)
    my = int(e.y/80)
    if mx>7: mx = 7
    if my>7: my = 7
```

mx、myにはクリックしたマスの位置（board[][]の添え字）が代入されます。mcはマウスボタンをクリックしたとき、1になります。これらの3つの変数をグローバル変数として用意することで、マウスボタンがクリックされたことや、どのマスが指定されたかを他の関数で知ることができるようにしています。

⟫⟫⟫ 打てるマスがあるかを調べる関数

94～99行目で、現在の局面に打てるマスがあるかを調べるuteru_masu()関数を定義しています。その関数を抜き出して説明します。

```
def uteru_masu(iro):
    for y in range(8):
        for x in range(8):
            if kaeseru(x, y, iro)>0:
                return True
    return False
```

二重ループでマス1つ1つに対し、前の節で組み込んだkaeseru()関数を実行しています。kaeseru()の戻り値が0より大きければ、そこに石を打つことができます。そのときはTrueを返して関数から戻ります。returnが実行された時点で、forループの途中でも、関数の処理は終わります。

また全てのマスを調べて、石を打てるところが見つからなければ、Falseを返しています。

››› コンピュータの思考ルーチン

102〜107行目でコンピュータが石を打つcomputer_0()関数を定義しています。この関数はランダムにマスを調べ、打てるマスが見つかった時点で、そのマスの列と行の値を返します。思考というには疎かですが、8章でコンピュータがちゃんと考えて石を打つように改良します。本書ではランダムに石を打つ処理もコンピュータの思考ルーチンと呼んでおきましょう。

computer_0()関数を抜き出して説明します。

```
def computer_0(iro): # ランダムに打つ
    while True:
        rx = random.randint(0, 7)
        ry = random.randint(0, 7)
        if kaeseru(rx, ry, iro)>0:
            return rx, ry
```

while Trueの無限ループで、変数rxとryにランダムなマスの位置を代入し、そこに打つとプレイヤーの石を返せるかをkaeseru()関数で調べています。打てるならreturnでrxとryの値を返します。この処理をイメージで表すと、次のようになります。

図7-5-2　打てるマスをランダムに調べる

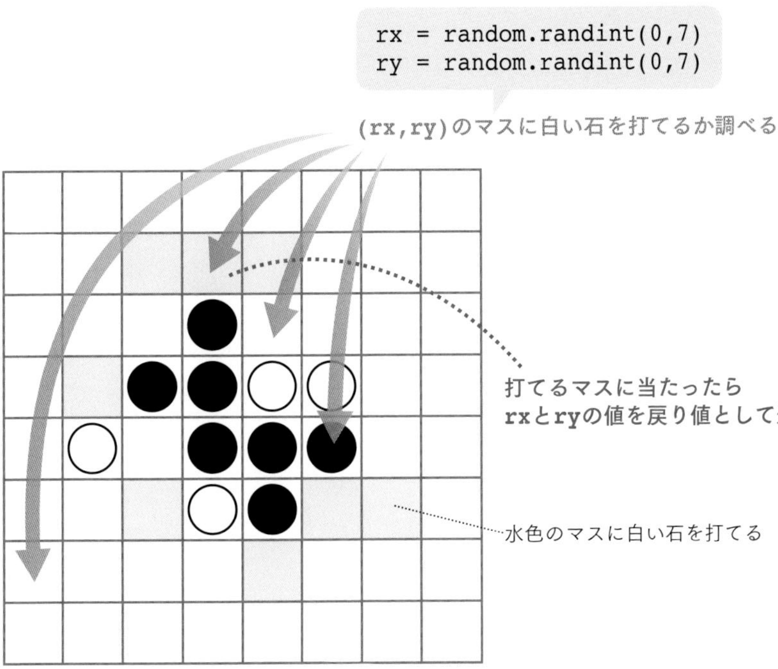
rx = random.randint(0,7)
ry = random.randint(0,7)
(rx,ry)のマスに白い石を打てるか調べる
打てるマスに当たったら
rxとryの値を戻り値として返す
水色のマスに白い石を打てる

Pythonは関数の戻り値に複数の変数を記述できます。例えば def my_function() …… return a, b, c と3つの戻り値を定めた関数を実行するときは、x, y, z = my_function() として、戻り値を代入する変数も3つ記述します。

関数に戻り値を1つしか定められないプログラミング言語もあります。
Pythonは複数の戻り値を記述でき、その使い方に慣れると、
戻り値を複数使えるのは、とても便利なことが判ります。

》》》リアルタイム処理を追加

109～148行目にリアルタイム処理を行うmain()関数を記述しています。この関数を156行目で呼び出しています。呼び出されたmain()関数は、148行目のafter()命令で自分を一定間隔で実行し続けます。

156行目を単にmain()とすると、ウィンドウの×ボタンでプログラムを終了したとき、実行中の処理の内容によっては、エラーメッセージが表示されることがあります。特に問題のないエラーですが、root.after(100, main)で処理を開始すると、エラーが出る頻度が下がるので、このプログラムではmain()をはじめて呼び出すときにafter()命令を用いています。

》》》main()関数の処理の内容

main()関数の処理を説明します。

■ 変数procの値が0のとき

変数msgに「クリックして開始します」という文字列を代入し、banmen()関数でそれを画面に表示しています。ウィンドウがクリックされたらmcの値を0にし、turnに0、procに1を代入して、石を打つ処理に移ります。turnの値は0がプレイヤーの番、1がコンピュータの番としています。

mcを0にするのは、再びウィンドウをクリックしたことが判るようにするためです。

■ procの値が1のとき

どちらの番かをmsgに代入し、procを2にしています。

■ procの値が2のとき

プレイヤー、もしくはコンピュータが石を打つマスを決めます。どちらの番かをturnという変数で管理しています。turnが0のとき（プレイヤーの番）、変数mcが1なら盤面がクリックされたので、変数mx、myのマスに黒い石を打てるかをkaeseru()関数で確認します。打てるならishi_utsu()関数で石を打ち、コンピュータの石をひっくり返し、procを3にします。

turnが1のとき（コンピュータの番）、cx, cy = computer_0(WHITE)という記述で、コンピュータが打つマスをcx、cyに代入します。ishi_utsu()関数でそこに白い石を打ち、プレイヤーの石をひっくり返し、procを3にします。

■ procの値が3のとき

turn = 1-turnという式で、turnの値が0なら1に、1なら0にして、プレイヤーとコンピュータの番を交代します。そしてprocを4にします。

■ procの値が4のとき

プレイヤーとコンピュータが石を打てるかをuteru_masu()関数で調べています。どちらも打てないときは「どちらも打てないので終了です」というメッセージを表示します。

elif turn==0 and uteru_masu(BLACK)==Falseという条件式で、プレイヤーの番のときに黒い石を打てないかを調べています。打てなければ「あなたは打てないのでパス」と表示し、procを3にしてコンピュータの番にします。

elif turn==1 and uteru_masu(WHITE)==Falseという条件式で、コンピュータの番のときに白い石が打てないかを調べ、打てなければ「コンピュータは打てないのでパス」と表示し、procを3にしてプレイヤーの番にします。

COLUMN

コンピュータの処理時間

この節で組み込んだ8×8の中で打てるマスをランダムに探すcomputer_0()の処理では、打つマスが瞬時に決まります。一方、複雑な計算を何度もコンピュータに行わせる場合、処理に時間を費やします。処理の内容によっては一度調べて正解でないもの（今回のプログラムでいえば石を打てないマス）を何度も調べることがないように、プログラムを工夫する必要があります。

アルゴリズムはその計算に掛かる時間を実際に計り、遅くて実用に耐えない場合、より高速なアルゴリズムに改良することがあります。Pythonでは３章で学んだように、timeモジュールのtime()関数で処理時間を計測できます。参考としてforで100万回繰り返したときの処理時間を計るプログラムを掲載します。

リスト7-C-1▶time_algo.py

```
01  import time                     timeモジュールをインポート
02  st = time.time()                stにこの時点のエポック秒を代入
03  n = 0                           nに0を代入
04  for i in range(1000000):        100万回繰り返す
05      n = n + 1                   nに1を加える
06  et = time.time()                etにこの時点のエポック秒を代入
07  print("計測開始エポック秒", st)   stの値を出力
08  print("計測終了エポック秒", et)   etの値を出力
09  print("処理時間", et-st)         et-stを出力
```

図7-C-1　実行結果

```
計測開始エポック秒 1609662704.4305518
計測終了エポック秒 1609662704.586529
処理時間 0.1559772491455078
```

5行目のn = n + 1をもっと複雑な式に変えると処理時間が伸びることが判ります。また4～5行目のforの代わりにアルゴリズムを実行すれば、そのアルゴリズムの処理時間を計ることができます。

Lesson 7-6 ゲームとして遊べるようにする

プレイヤーが先手か後手かを選択できるようにします。終局すると勝敗結果を表示し、ゲームとして一通り遊べるようにします。

先手と後手の石の色

リバーシは先手が黒い石を、後手が白い石を打ちます。プレイヤーとコンピュータのそれぞれが打つ石の色をcolor[]というリストを用意して管理します。

メッセージボックスで勝敗を表示

プレイヤーとコンピュータ、共に石を打つマスがなくなったらゲーム終了とし、黒い石と白い石を数えて、どちらが勝ったかを表示します。その表示をメッセージボックスで行います。

メッセージボックスとはパソコン画面に表示される小さなウィンドウのことです。そこにメッセージとなる文字列を表示し、ユーザーに情報を伝えることができます。メッセージボックスを表示するにはtkinter.messageboxモジュールを用います。

動作の確認

次のプログラムの動作を確認しましょう。「先手(黒)」か「後手(白)」の文字をクリックして対局を開始します。最後までプレイすると勝敗が表示されます。黒と白の数が同じときは、引き分けになります。

リスト7-6-1▶list7_6.py　※前のプログラムからの追加変更箇所にマーカーを引いています

`import tkinter`	tkinterモジュールをインポート
`import tkinter.messagebox`	tkinter.messageboxをインポート
`import random`	randomモジュールをインポート
`FS = ("Times New Roman", 30)`	フォントの定義(小さな文字)
`FL = ("Times New Roman", 80)`	フォントの定義(大きな文字)
`BLACK = 1`	黒い石を管理するための定数
`WHITE = 2`	白い石を管理するための定数
`mx = 0`	クリックしたマスの列の値
`my = 0`	クリックしたマスの行の値
`mc = 0`	クリックしたときに1を代入する変数
`proc = 0`	ゲーム進行を管理する変数
`turn = 0`	どちらの番かを管理する変数
`msg = ""`	メッセージ表示用の変数(文字列を代入)
`space = 0`	空いているマスの数
`color = [0]*2`	プレイヤーの石の色、コンピュータの色
`who = ["あなた", "コンピュータ"]`	文字列の定義

次ページへ続く

`board = []`	盤を管理するリスト
`for y in range(8):`	for文で
`    board.append([0,0,0,0,0,0,0,0])`	boardを二次元リスト化する
`def click(e):`	盤をクリックしたときに働く関数
`    global mx, my, mc`	これらをグローバル変数として扱う
`    mc = 1`	mcに1を代入
`    mx = int(e.x/80)`	ポインタのX座標を80で割りmxに代入
`    my = int(e.y/80)`	ポインタのY座標を80で割りmyに代入
`    if mx>7: mx = 7`	mxが7を超えたら7にする
`    if my>7: my = 7`	myが7を超えたら7にする
`def banmen():`	盤面を表示する関数
`    cvs.delete("all")`	キャンバスに描いたものを全て削除
`    cvs.create_text(320, 670, text=msg, fill="silver", font=FS)`	メッセージの文字列を表示
`    for y in range(8):`	繰り返し yは0から7まで1ずつ増える
`        for x in range(8):`	繰り返し xは0から7まで1ずつ増える
`            X = x*80`	マス目のX座標
`            Y = y*80`	マス目のY座標
`            cvs.create_rectangle(X, Y, X+80, Y+80, outline="black")`	(X, Y)を左上角とした正方形を描く
`            if board[y][x]==BLACK:`	board[y][x]の値がBLACKなら
`                cvs.create_oval(X+10, Y+10, X+70, Y+70, fill="black", width=0)`	黒い円を表示
`            if board[y][x]==WHITE:`	board[y][x]の値がWHITEなら
`                cvs.create_oval(X+10, Y+10, X+70, Y+70, fill="white", width=0)`	白い円を表示
`    cvs.update()`	キャンバスを更新し、即座に描画する
`def ban_syokika():`	盤面を初期化する関数
`    global space`	spaceをグローバル変数として扱う
`    space = 60`	spaceに60を代入
`    for y in range(8):`	繰り返し yは0から7まで1ずつ増える
`        for x in range(8):`	繰り返し xは0から7まで1ずつ増える
`            board[y][x] = 0`	board[y][x]に0を代入
`    board[3][4] = BLACK`	中央に4つの石を置く
`    board[4][3] = BLACK`	
`    board[3][3] = WHITE`	
`    board[4][4] = WHITE`	
`# 石を打ち、相手の石をひっくり返す`	
`def ishi_utsu(x, y, iro):`	石を打ち、相手の石をひっくり返す関数
`    board[y][x] = iro`	(x, y)のマスに引数の色の石を打つ
`    for dy in range(-1, 2):`	繰り返し dyは-1→0→1と変化
`        for dx in range(-1, 2):`	繰り返し dxは-1→0→1と変化
`            k = 0`	変数kに0を代入
`            sx = x`	sxに引数xの値を代入
`            sy = y`	syに引数yの値を代入
`            while True:`	無限ループで繰り返す
`                sx += dx`	sxとsyの値を変化させる
`                sy += dy`	
`                if sx<0 or sx>7 or sy<0 or sy>7:`	盤から出てしまうなら
`                    break`	whileの繰り返しを抜ける
`                if board[sy][sx]==0:`	何も置かれていないマスなら
`                    break`	whileの繰り返しを抜ける
`                if board[sy][sx]==3-iro:`	相手の石があれば
`                    k += 1`	kの値を1増やす
`                if board[sy][sx]==iro:`	自分の色の石があれば

```
                        for i in range(k):
                            sx -= dx
                            sy -= dy
                            board[sy][sx] = iro
                        break

# そこに打つといくつ返せるか数える
def kaeseru(x, y, iro):
    if board[y][x]>0:
        return -1 # 置けないマス
    total = 0
    for dy in range(-1, 2):
        for dx in range(-1, 2):
            k = 0
            sx = x
            sy = y
            while True:
                sx += dx
                sy += dy
                if sx<0 or sx>7 or sy<0 or sy>7:
                    break
                if board[sy][sx]==0:
                    break
                if board[sy][sx]==3-iro:
                    k += 1
                if board[sy][sx]==iro:
                    total += k
                    break
    return total

# 打てるマスがあるか調べる
def uteru_masu(iro):
    for y in range(8):
        for x in range(8):
            if kaeseru(x, y, iro)>0:
                return True
    return False

# 黒い石、白い石、いくつかあるか数える
def ishino_kazu():
    b = 0
    w = 0
    for y in range(8):
        for x in range(8):
            if board[y][x]==BLACK: b += 1
            if board[y][x]==WHITE: w += 1
    return b, w

#コンピュータの思考ルーチン
def computer_0(iro): # ランダムに打つ
    while True:
        rx = random.randint(0, 7)
        ry = random.randint(0, 7)
        if kaeseru(rx, ry, iro)>0:
            return rx, ry

def main():
    global mc, proc, turn, msg, space
    banmen()
```

はさんだ相手の石をひっくり返す
whileの繰り返しを抜ける
そこに打つといくつ返せるか数える関数
(x, y)のマスに石があるなら
-1を返して関数から戻る
変数totalに0を代入
繰り返し dyは-1→0→1と変化
繰り返し dxは-1→0→1と変化
変数kに0を代入
sxに引数xの値を代入
syに引数yの値を代入
無限ループで繰り返す
sxとsyの値を変化させる
盤から出てしまうなら
whileの繰り返しを抜ける
何も置かれていないマスなら
whileの繰り返しを抜ける
相手の石があれば
kの値を1増やす
自分の色の石があれば
totalにkの値を加える
whileの繰り返しを抜ける
totalの値を戻り値として返す
打てるマスがあるか調べる関数
繰り返し yは0から7まで1ずつ増える
繰り返し xは0から7まで1ずつ増える
kaeseru()の戻り値が0より大きいなら
Trueを返す
Falseを返す
黒い石と白い石を数える関数
変数bに0を代入
変数wに0を代入
繰り返し yは0から7まで1ずつ増える
繰り返し xは0から7まで1ずつ増える
board[y][x]がBLACKならbを1増やす
board[y][x]がWHITEならwを1増やす
bとwの値を戻り値として返す
石をランダムに打つルーチン
無限ループで繰り返す
rxに0～7の乱数を代入
ryに0～7の乱数を代入
そこに打つと相手の石を返せるなら
rxとryの値を戻り値として返す
メイン処理を行う関数
これらをグローバル変数とする
盤面を描く関数を呼び出す

次ページへ続く

```
    if proc==0: # タイトル画面
        msg = "先手、後手を選んでください"
        cvs.create_text(320, 200, text="Reversi", fill="gold", font=FL)
        cvs.create_text(160, 440, text="先手(黒)", fill="lime", font=FS)
        cvs.create_text(480, 440, text="後手(白)", fill="lime", font=FS)
        if mc==1: # ウィンドウをクリック
            mc = 0
            if (mx==1 or mx==2) and my==5:
                ban_syokika()
                color[0] = BLACK
                color[1] = WHITE
                turn = 0
                proc = 1
            if (mx==5 or mx==6) and my==5:
                ban_syokika()
                color[0] = WHITE
                color[1] = BLACK
                turn = 1
                proc = 1
    elif proc==1: # どちらの番か表示
        msg = "あなたの番です"
        if turn==1:
            msg = "コンピュータ 考え中."
        proc = 2
    elif proc==2: # 石を打つマスを決める
        if turn==0: # プレイヤー
            if mc==1:
                mc = 0
                if kaeseru(mx, my, color[turn])>0:
                    ishi_utsu(mx, my, color[turn])
                    space -= 1
                    proc = 3
        else: # コンピュータ
            cx, cy = computer_0(color[turn])
            ishi_utsu(cx, cy, color[turn])
            space -= 1
            proc = 3
    elif proc==3: # 打つ番を交代
        msg = ""
        turn = 1-turn
        proc = 4
    elif proc==4: # 打てるマスがあるか
        if space==0:
            proc = 5
        elif uteru_masu(BLACK)==False and uteru_masu(WHITE)==False:
            tkinter.messagebox.showinfo("", "どちらも打てないので終了です")
            proc = 5
        elif uteru_masu(color[turn])==False:
            tkinter.messagebox.showinfo("", who[turn]+"は打てないのでパスです")
            proc = 3
        else:
            proc = 1
```

- procが0のとき（タイトル画面）
  - 変数msgに文字列を代入
  - ゲームタイトルを表示
  - 「先手(黒)」と表示
  - 「後手(白)」と表示
  - ウィンドウをクリックしたら
  - 変数mcに0を代入
  - 先手の文字のマスをクリックしたら
  - 盤面を初期化
  - プレイヤーが黒い石
  - コンピュータが白い石
  - turnに0を入れプレイヤー先手とする
  - procに1を代入
  - 後手の文字のマスをクリックしたら
  - 盤面を初期化
  - プレイヤーが白い石
  - コンピュータが黒い石
  - turnに1を入れコンピュータ先手とする
  - procに1を代入
- procが1のとき（どちらの番か表示）
  - msgに「あなたの番です」と代入
  - turnが1なら
  - msgに「コンピュータ 考え中.」と代入
  - procに2を代入
- procが2のとき（石を打つマスを決める）
  - プレイヤーの番なら
  - マウスボタンをクリックしたとき
  - mcを0にする
  - 打てるマスをクリックしたら
  - そこに石を打つ
  - spaceの値を1減らす
  - procに3を代入
  - コンピュータの番なら
  - 打つマスをランダムに決める
  - そこに石を打つ
  - spaceの値を1減らす
  - procに3を代入
- procが3のとき（打つ番を交代）
  - メッセージを消す
  - turnの値が0なら1、1なら0にする
  - procに4を代入
- procが4のとき（打てるマスがあるか）
  - 全てのマスに打ったら
  - procを5にして勝敗判定へ
  - どちらも石を打てなくなったら
  - その旨をメッセージボックスで表示
  - procを5にして勝敗判定へ
  - color[turn]の石を打つマスがないなら
  - その旨をメッセージボックスで表示
  - procに3を代入し、パス（交代）する
  - そうでないなら（打てるマスがあるなら）
  - procに1を代入し、打つ処理へ

```
    elif proc==5: # 勝敗判定
        b, w = ishino_kazu()
        tkinter.messagebox.showinfo("終了", "黒={}、白={}".format(b, w))
        if (color[0]==BLACK and b>w) or (color[0]==WHITE and w>b):
            tkinter.messagebox.showinfo("", "あなたの勝ち！")
        elif (color[1]==BLACK and b>w) or (color[1]==WHITE and w>b):
            tkinter.messagebox.showinfo("", "コンピュータの勝ち！")
        else:
            tkinter.messagebox.showinfo("", "引き分け")
        proc = 0
    root.after(100, main)

root = tkinter.Tk()
root.title("リバーシ")
root.resizable(False, False)
root.bind("<Button>", click)
cvs = tkinter.Canvas(width=640, height=700, bg="green")
cvs.pack()
root.after(100, main)
root.mainloop()
```

procが5のとき（勝敗判定）
変数bに黒い石、wに白い石の数を代入
石の数をメッセージボックスで表示
この条件式が成り立つなら
「あなたの勝ち！」と表示
そうでなく、この条件式が成り立つなら
「コンピュータの勝ち！」と表示
そうでなければ
「引き分け」と表示
procに0を代入
100ミリ秒後にmain()を呼び出す

ウィンドウのオブジェクトを準備
ウィンドウのタイトルを指定
ウィンドウサイズを変更できなくする
クリック時に実行する関数を指定
キャンバスの部品を用意
キャンバスをウィンドウに配置
main()関数を呼び出す
ウィンドウの処理を開始

表7-6-1　用いている主な変数とリスト

FS、FL	フォントの定義
BLACK、WHITE	黒い石を管理するための定数、白い石を管理するための定数 BLACKの値は1、WHITEの値は2
mx、my	マウス入力用（どのマスをクリックしたか）
mc	マウス入力用（マウスボタンをクリックしたとき、1にする）
proc	ゲーム進行を管理する
turn	どちらが石を打つ番か 0ならプレイヤーの番、1ならコンピュータの番
msg	ウィンドウ下部に表示するメッセージの文字列を代入
space	空いているマスがいくつあるか
color[]	プレイヤー、コンピュータ、それぞれ何色の石を打つか BLACKもしくはWIHTEを代入する
who[]	「あなた」「コンピュータ」という文字列を定義
board[][]	盤の状態

※次の章でコンピュータの思考ルーチンを組み込むとき、新たにリストを1つ追加します。
８章の最後で、用いているリストと変数を改めて掲載します。

図7-6-1　実行結果

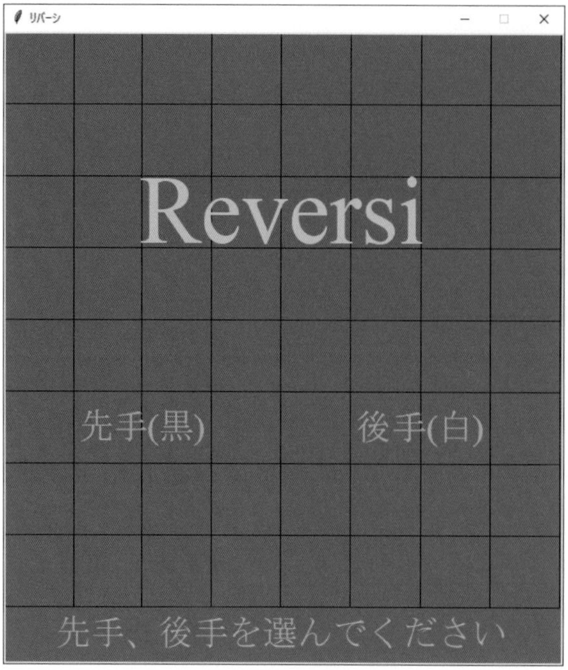

タイトル画面の文字のちらつき

OSやPythonのバージョンによってはタイトル画面の文字がちらつきます。気になる方は、banmen()関数の42行目を if proc!=0: cvs.update() と書き換えれば、ちらつきがなくなります。

append()で二次元リストを準備

前のプログラムまでは、盤を管理する二次元リストを

```
board = [
 [0, 0, 0, 0, 0, 0, 0, 0],
  :
 [0, 0, 0, 0, 0, 0, 0, 0]
]
```

と記述して宣言していました。このプログラムでは18～20行目にある次の記述で、二次元リストを用意しています。

```
board = []
for y in range(8):
    board.append([0,0,0,0,0,0,0,0])
```

board = []として空のリストを用意し、そこにforとappend()命令で[0, 0, 0, 0, 0, 0, 0, 0]を8つ追加しています。この記述はさらに簡潔にでき、8章からは次のようにします。

```
board = []
for y in range(8):
    board.append([0]*8)
```

》》》盤面を初期化する

44～53行目に記述したban_syokika()関数で、次のようにboard[][]にゲーム開始時の値を代入しています。

```
def ban_syokika():
    global space
    space = 60
    for y in range(8):
        for x in range(8):
            board[y][x] = 0
    board[3][4] = BLACK
    board[4][3] = BLACK
    board[3][3] = WHITE
    board[4][4] = WHITE
```

》》》黒い石と白い石を数える関数

112～119行目で石を数えるishino_kazu()という関数を定義しています。この関数でゲーム終了時に盤上の石を数え、勝敗を決めます。

》》》main()関数に追加した処理

main()関数で変数procの値に応じて処理を分岐させ、ゲームの進行を管理しています。

変数procの値が0のときがタイトル画面の処理です（132～150行目）。

「先手」「後手」の文字列を表示し、それらの文字列が載るマスをクリックすると、次のリストと変数に値を代入し、procを1にしてゲームを開始します。

表7-6-2　ゲーム開始時のcolor[]とturnの値

リストと変数	プレイヤー先手の値	プレイヤー後手の値
color[0]	BLACK	WHITE
color[1]	WHITE	BLACK
turn	0	1

procの値が1、2、3、4の処理は前の節と同じ内容です。ただしプレイヤーとコンピュータの石の色をcolor[]というリストで管理するようにしたので、kaeseru(mx, my, **color[turn]**)やishi_utsu(cx, cy, **color[turn]**)のように、石の色をcolor[]で指定しています。

勝敗判定について

main()関数のprocの値が5のとき、勝敗を判定しています（184～193行目)。

盤上の石を数えるishino_kazu()関数で黒と白の石を数え、それらの大小を比べて、プレイヤーの勝ち、コンピュータの勝ち、あるいは引き分けだったことをメッセージボックスで表示しています。

messageboxの使い方

このプログラムでは、プレイヤーとコンピュータどちらも打てないときのメッセージの表示と、終局したときの勝敗結果の表示を、メッセージボックスで行っています。メッセージボックスを用いるにはtkinter.messageboxモジュールをインポートします。

そして、**tkinter.messagebox.showinfo()**命令でバーに表示するタイトルとメッセージの文字列を引数で指定し、メッセージボックスを表示します。

メッセージボックスには、主に次の種類があります。

表7-6-3　メッセージボックスの種類

命令	内容
showinfo()	情報を表示するメッセージボックス
showwarning()	警告を表示するメッセージボックス
showerror()	エラーを表示するメッセージボックス
askyesno()	「はい」「いいえ」のボタンがあるメッセージボックス
askokcancel()	「ＯＫ」「キャンセル」のボタンがあるメッセージボックス

はい、いいえのボタンがあるものと、OK、キャンセルのボタンがあるメッセージボックスは、変数 = tkinter.messagebox.askyesno(引数)、変数 = tkinter.messagebox.askokcancel(引数)とし、「はい」や「OK」を選ぶと変数にTrueが代入されます。変数の値を調べることで、どのボタンが押されたか判ります。

メッセージボックスはソフトウェア開発で便利に使えるものです。
使い方を覚えておき、活用しましょう。

コンピュータが弱い

このプログラムでコンピュータはランダムなマスに石を打ちます。人間に例えれば何も考えずに打つのと一緒ですから、コンピュータは弱く、プレイヤーが負けることは、まずないでしょう。８章で次の２つのアルゴリズム（思考ルーチン）を組み込み、コンピュータを強くします。

■ 思考ルーチン1

→ 優先的に石を打つべきマスを定義し、そこに打てるなら石を打つ

■ 思考ルーチン2

→ 乱数を用いてシミュレーションを行うモンテカルロ法で、勝てる確率の高いマスを選び、そこに石を打つ

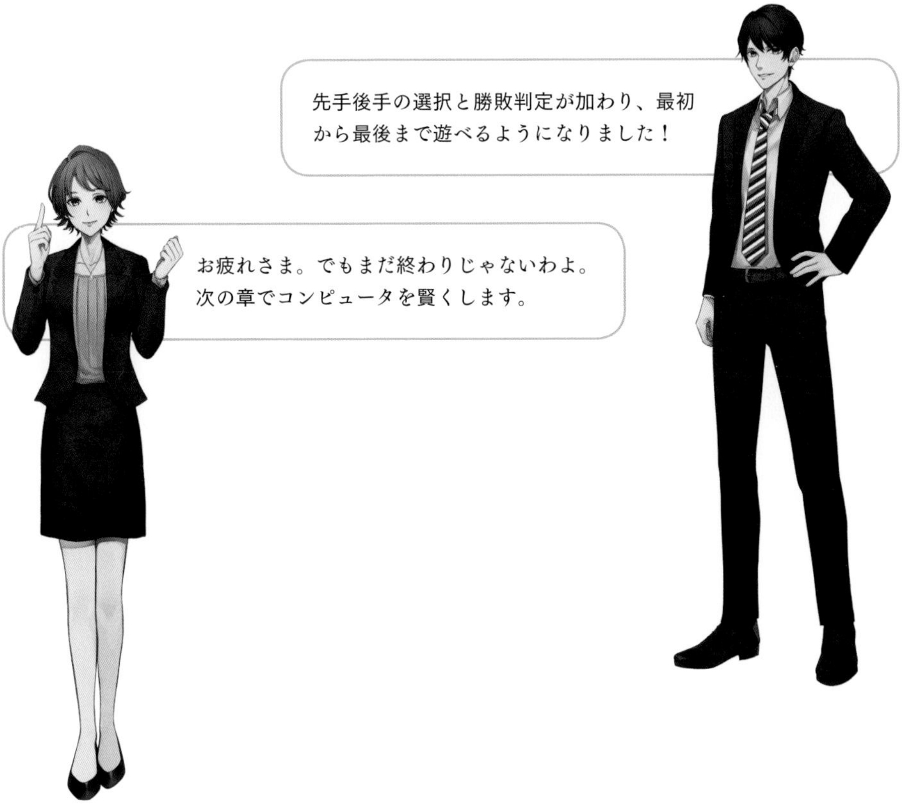

先手後手の選択と勝敗判定が加わり、最初から最後まで遊べるようになりました！
お疲れさま。でもまだ終わりじゃないわよ。次の章でコンピュータを賢くします。

COLUMN

さまざまなGUIの部品を用いる〈その2〉

４章のコラムに続き、GUIの主要部品を扱う命令を紹介します。

次のプログラムは文字列を入力するエントリーと呼ばれる部品と、3つのボタンを配置します。それぞれのボタンに、エントリーに文字列を挿入する、エントリーの文字列を削除する、エントリーの文字列を取得する機能を持たせています。

リスト7-C-2▶gui_sample_2.py

```
import tkinter                                          tkinterモジュールをインポート

def btn1_on():                                          ボタン1を押したときに実行する関数
    en.insert(tkinter.END, "ボタンを押しました")          エントリーに文字列を挿入

def btn2_on():                                          ボタン2を押したときに実行する関数
    en.delete(0, tkinter.END)                           エントリーの文字列を全て削除

def btn3_on():                                          ボタン3を押したときに実行する関数
    b3["text"] = en.get()                               ボタンにエントリーの文字列を代入

root = tkinter.Tk()                                     ウィンドウのオブジェクトを準備
root.geometry("400x200")                                ウィンドウのサイズを指定
root.title("GUIの主な部品 -2-")                          ウィンドウのタイトルを指定
en = tkinter.Entry(width=40)                            エントリーの部品を用意
en.place(x=20, y=10)                                    エントリーをウィンドウに配置
b1 = tkinter.Button(text="文字列の挿入",                 ボタン1の部品を用意
command=btn1_on)
b1.place(x=20, y=60, width=160, height=40)              ボタン1をウィンドウに配置
b2 = tkinter.Button(text="文字列の削除",                 ボタン2の部品を用意
command=btn2_on)
b2.place(x=220, y=60, width=160, height=40)             ボタン2をウィンドウに配置
b3 = tkinter.Button(text="文字列の取得",                 ボタン3の部品を用意
command=btn3_on)
b3.place(x=20, y=120, width=360, height=40)             ボタン3をウィンドウに配置
root.mainloop()                                         ウィンドウの処理を開始
```

図7-C-2　実行結果

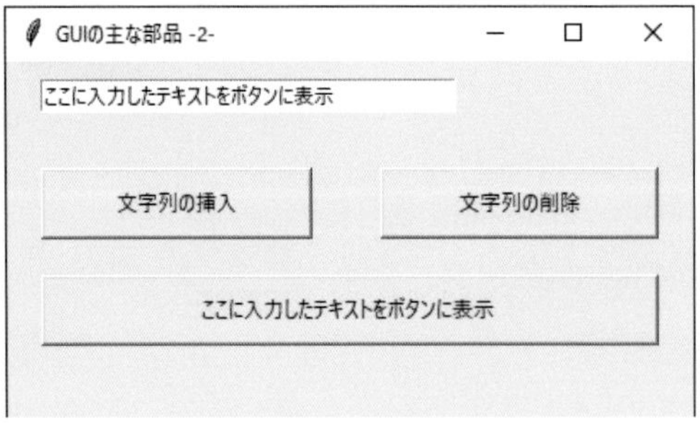

次ページへ続く

15行目の**Entry()**命令で文字列を入力するエントリーという部品を作っています。引数のwidth=で横に何文字分の大きさのエントリーにするかを指定しています。エントリーは16行目のようにplace()命令でX座標とY座標を指定して配置します。

17～18行目、19～20行目、21～22行目で、ボタン1、ボタン2、ボタン3を作り配置しています。その際、ボタンを押したときに実行する関数を、それぞれのButton()命令の引数command=で指定しています。

「文字列の挿入」と表示されたボタンを押すと、3～4行目のbtn1_on()関数が実行されます。この関数はエントリーに対して**insert()**命令を用いて、en.insert(文字列の挿入位置, 挿入する文字列)として文字列を挿入しています。挿入位置は文字列の最後を意味するtkinter.ENDとしています。

「文字列の削除」と表示されたボタンを押すと、6～7行目のbtn2_on()関数が実行されます。この関数はエントリーに対し**delete()**命令を用いて、en.delete(0, tkinter.END)として文字列を全て削除しています。引数の0は文字列の最初の位置を意味します。例えば0を1にして実行すると、最初の1文字を残して文字列が削除されます。

「文字列の取得」と表示されたボタンを押すと、9～10行目のbtn3_on()関数が実行されます。この関数は**get()**命令でエントリーの文字列を取得し、b3["text"] = en.get()としてボタンの文字列を書き換えています。

COLUMN

コンピュータの天才少年の友人

これは1980年代の話になります。当時、多くの電機メーカーが安価なパーソナルコンピュータを発売するようになり、家庭にパソコンが普及していきました。理系大学や工業高校にもコンピュータが導入され、学生の間でもパソコンや携帯型のポケットコンピュータが人気になります。私はそのような時代に中学、高校という多感な少年期を過ごしました。

私の同級生にコンピュータの天才少年K君がいました。当時のソフトウェアの多くは現在普及しているようなC系言語やPythonではなく、機械語により近いアセンブリ言語で書かれたものが多かったです（当時はまだPythonは存在せず、C言語が普及していく過程でした）。また、家庭用コンピュータの多くにBASICという初心者が学びやすいプログラミング言語が搭載されており、BASICのプログラムも色々なところで用いられていました。

K君はBASICはもちろん、アセンブリ言語も得意としていました。さらに驚くことに、彼は12～13歳の時に、機械語のデータを見れば、それがどんなプログラムかを読み取ることができたのです。K君はさまざまなソフトウェアを開発し、ゲームソフトもたくさん作って同級生たちを楽しませてくれました。私は小さな頃からテレビゲームや電子玩具が大好きで、自分でゲームソフトを作りたいとプログラミングを学び始めたのですが、中学校に入って知り合ったK君の優れた能力に魅了され、そして彼から大きな影響を受けてプログラミングの学習に励んだのです。

K君はその後、優秀な技術者、研究者になり、コンピュータ業界に偉大な業績を残しました。私がこうしてコンピュータ関連の本を執筆できるようになったのも、K君のお陰と考えています。

前の章で一通り遊べるようになったリバーシに、コンピュータを強くする思考ルーチンを組み込みます。思考ルーチンは簡易的なものと、本格的なものの、2種類を制作します。
それらの作り方を学びながら、アルゴリズムについての知識を一層、深めていきましょう。

リバーシを作ろう ～後編～

Chapter 8

Lesson 8-1

リバーシの思考ルーチンについて

リバーシの思考ルーチンに採用されるアルゴリズムについて説明します。

》》》思考ルーチンには種類がある

リバーシの思考ルーチンは、古くから複数の手法が考案されてきました。それらの中で、ミニ・マックス法（min-max法）や、それを効率化したアルファ・ベータ法（α - β法）と呼ばれる手法が有名です。ミニ・マックス法やアルファ・ベータ法では、数手先までの局面を計算し、各色の石の増減を調べ、プレイヤーは自分が有利になる手（コンピュータにとっては不利になる手）を選ぶという考えを元に、コンピュータが打つべきマスを決めます。

またリバーシには勝つためのテクニック（定石）があり、それらを組み合わせてコンピュータを強くする方法があります。著者の経営するゲーム開発会社でも、定石＋アルファ・ベータ法による実装でリバーシを開発したことがあります。

以上のような手法は1980年代に確立され、長年に渡ってリバーシの思考ルーチンに採用されてきました。現在ではそれらのアルゴリズムの他に、モンテカルロ法と呼ばれる手法で最終局面まで調べ、コンピュータが勝てる確率の高いマスに石を打つ思考ルーチンが用いられるようになりました。

本書では、思考ルーチンの新旗手のひとつであるモンテカルロ法による実装を行います。

》》》古典的な手法での先読みについて

ここからは「先の局面を調べ、次の一手を選ぶこと」を「先読み」と表現して説明します。
ミニ・マックス法やアルファ・ベータ法で先読みする仕組みを簡単に説明します。モンテカルロ法はミニ・マックス法やアルファ・ベータ法と異なるアルゴリズムですが、モンテカルロ法の実装でも先の局面を予測する意味を知っておく必要があります。

ミニ・マックス法やアルファ・ベータ法では、次の図のように変化していく局面を計算し、黒と白の石の数の増減を調べ、打つべきマスを選ぶアルゴリズムを実装します。

図8-1-1　局面は枝分かれして増えていく

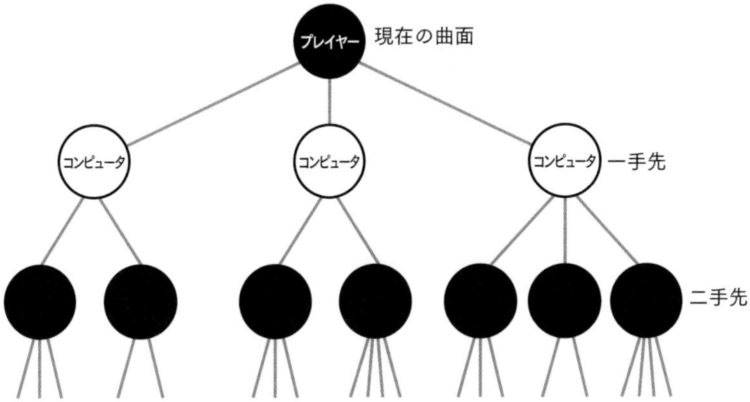

この図は、プレイヤーが黒い石を打ったときの局面で、次はコンピュータが白い石を打てるマスが3つあることを示しています。それらのマスに石を打つと、再びプレイヤーが打てるマスが複数あるという形で、局面は先にいくほど枝分かれして増えていきます。

リバーシは多くの局面で、この図よりたくさんのマスに石を打てる状態になります。そして先へいくほど局面の数は爆発的に増えていきます。

変化していく局面を先読みすることを、右の図で考えてみましょう。

「あなたはマスAとBに黒い石を打てるとします。どちらに石を打つべきでしょう？」

図8-1-2　どちらのマスに打つ？

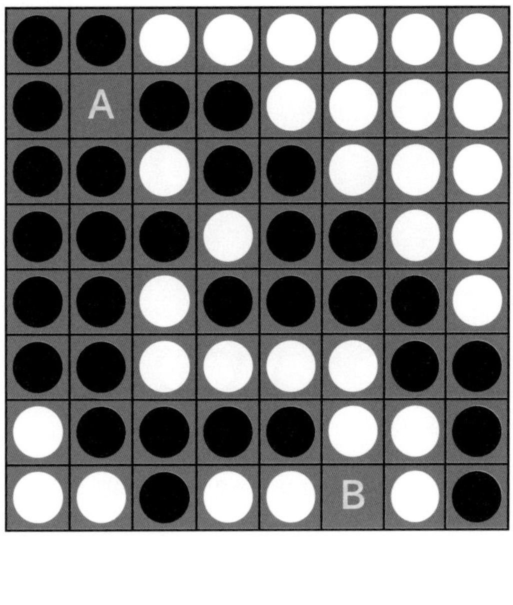

Aに打つと白い石を2つひっくり返して黒にでき、Bに打つと6つの白い石を黒にできます。最終局面なら、より多く返せるマスに石を打つべきですが、この局面はその先があり、Aに打つと次の局面で黒が1つ白になり、Bに打つと次の局面で黒が7つ白になります。

図8-1-3　二手先を考えると？

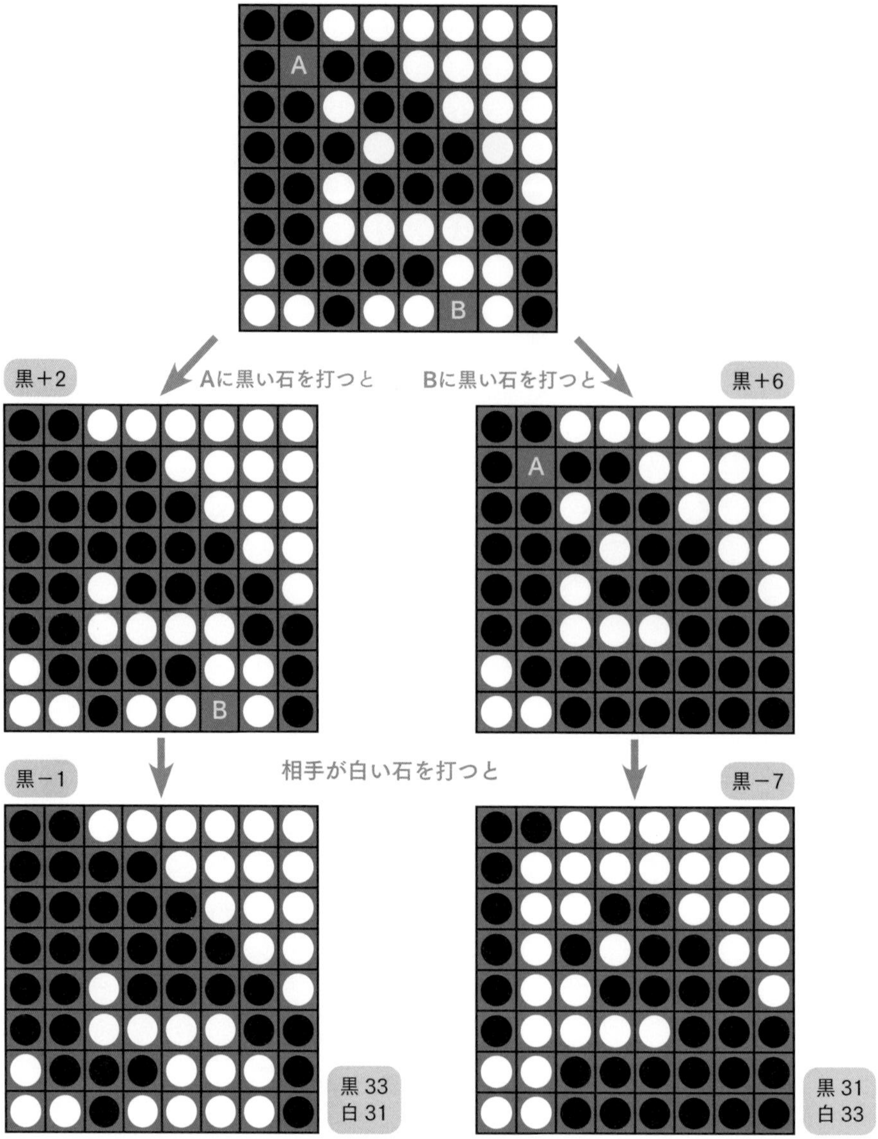

- マスAに打つ 黒＋2 → 次の局面 黒－1 よって黒の増減は＋1
- マスBに打つ 黒＋6 → 次の局面 黒－7 よって黒の増減は－1

この例では、Bに打つと逆転される形で黒が負けます。コンピュータを強くするには、Aに石を打つべきであると判断できるアルゴリズムを組み込む必要があります。

さらに先の局面があるとき、その先でやはりBに打つべきだったということがあります。より先の局面まで調べることができれば、コンピュータが勝つ可能性が高くなります。

探索アルゴリズムについて

複数のデータの中から目的のものを探すアルゴリズムを探索アルゴリズムといいます。探索アルゴリズムは、ばらばらな値が並んでいるデータから目的の値を探す線形探索と呼ばれる手法や、大きな順あるいは小さな順に並んだデータから効率良く値を探す二分探索などの手法が有名です。

リバーシの局面のように枝分かれしていくデータ内から、ミニ・マックス法などで目的の値を探すことも、広い意味での探索アルゴリズムと考えられます。

線形探索や二分探索は最も単純なアルゴリズムで、莫大なデータであっても、今のコンピュータはそれらの中から瞬時に目的の値を探し出します。一方、リバーシのように先の局面を計算しながら目的のもの（打つべきマス）を見つけるには、ミニ・マックス法やアルファ・ベータ法では何手先まで読むか、モンテカルロ法では何回の試行を行うかによりますが、処理にある程度の時間を要します。

思考時間が重要

探索アルゴリズムは目的のものをできるだけ短時間で探すことが重要です。それはコンピュータゲームの思考ルーチンにも当てはまります。ゲームでコンピュータの思考時間が長いと、プレイヤーは待たされるストレスを感じます。多くの人は、そのようなゲームを途中でプレイするのが嫌になるでしょう。

コンピュータゲームの思考ルーチンは短時間で計算を終えなくてはなりません。リバーシは先の手になるほど局面が爆発的に増えるので、全てを調べようとすると計算に多くの時間を費やします。そのため先読みは、ある時点で打ち切らなくてはなりません。コンピュータゲームの思考時間と強さは、通常、トレードオフの関係にあります。

同じ程度の強さの思考ルーチンでも、優れたプログラマーが作ったアルゴリズムは、より高速な計算方法を採用するなどして、短時間で思考を完了するものがあることを補足しておきます。

思考ルーチンの新旗手、モンテカルロ法

モンテカルロ法はLesson 8-3から詳しく説明しますが、ここで概要をお話ししておきます。

モンテカルロ法は乱数を用いて数値計算やシミュレーションを行う手法です。その手法自体は古くからあるものですが、近年コンピュータゲームの思考ルーチンに採用されるようになりました。

この章ではLesson 8-3で円周率をモンテカルロ法で求める方法を学び、モンテカルロ法の基本を理解します。そしてLesson 8-4～8-5でリバーシの思考ルーチンに応用します。Lesson 8-2ではモンテカルロ法の学習の前に、思考ルーチンを組み込む練習として、簡単な仕組みでコンピュータをある程度強くするアルゴリズムを制作します。

ミニ・マックス法やアルファ・ベータ法は、多くのコンピュータ雑誌や書物で、昔からリバーシの思考ルーチンとして紹介、解説されてきました。現在ではそれらの実装法をインターネットで紹介するサイトが多く存在します。ミニ・マックス法やアルファ・ベータ法に興味を持たれた方はネットで検索してみましょう。

COLUMN

思考ルーチンの種類とコンピュータの強さ

リバーシがどれくらい上手か（強いか）は人によって差があり、コンピュータ相手にプレイしたとき、コンピュータの強さをどう感じるかにも個人差があります。とはいえ、ひとつの目安として、思考ルーチン、実装の難易度、処理に掛かる時間、コンピュータの強さをお伝えしておくと、この先で学ぶ内容のイメージが掴みやすくなるので、“時々、リバーシを遊ぶ程度”で普通の人くらいの強さであろう著者の感覚でまとめたものを表にします。

思考ルーチン	実装の難易度	処理時間	コンピュータの強さ
❶優先的に打つべきマスを定義する方法 ※Lesson 8-2で実装	簡単	ほぼ0	リバーシ初心者の練習相手に適切な程度。ランダムに打つよりは強いが、初心者でも何度か戦ううちに確実に勝てるようになる。
❷ミニ・マックス法 アルファ・ベータ法	難しい	長い （計算回数による）	一般のプレイヤーが遊ぶのに、ほどよい強さになる。計算方法の工夫次第でさらに強くすることができる。
❸モンテカルロ法 ※Lesson 8-5で実装	普通		

モンテカルロ法は判りやすい手法です。ミニ・マックス法やアルファ・ベータ法に比べると、簡単な仕組みでコンピュータを強くできます。モンテカルロ法は初心者が理解しやすく、アルゴリズムを楽しく学ぶ題材として最良であると著者は考えています。

モンテカルロ法は計算を何度も繰り返してコンピュータが勝つ可能性の高いマスを探します。そのため古くから用いられてきた先読みの手法と同じように、計算に一定の時間を費やします。本書ではコンピュータの処理に掛かる時間と強さのバランスを調整し、ゲームとしてストレスなく遊べる範囲の思考時間でリバーシを完成させます。

Lesson 8-2

簡易的な思考ルーチンを実装する

思考ルーチンのアルゴリズムを制作する練習として、モンテカルロ法による実装の前に、コンピュータを簡単に、ある程度強くできる、優先的に打つべきマスを定義する方法を学びます。

角を取ると有利になる

リバーシは四隅の角を取ると、相手の石をひっくり返せる可能性が高くなり、その後の展開が有利になります。また四隅の角に隣接するマス（次の図のピンク色のマス）に不用意に石を打つと、相手に角を取られる恐れがあります。角を取られると、その後の展開が不利になることが多いものです。

図8-2-1　どこを取るかで形勢が変わる

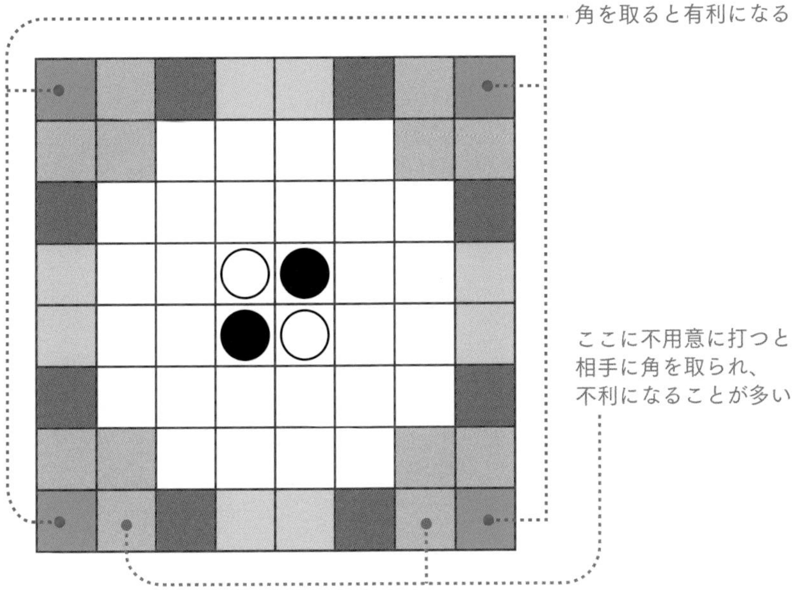
角を取ると有利になる
ここに不用意に打つと
相手に角を取られ、
不利になることが多い

このことは、ある程度リバーシを遊んだことのある方は経験的にご存知でしょう。コンピュータにもできるだけ角を取らせ、角に隣接するマスにはなるべく打たせないようにすると、ランダムに打つよりも強くなります。

優先すべきマスをデータとして定義

図8-2-1のピンク色のマス以外の周囲のマスに自分の石があると、何かと有利なことがあります。例えば紫色のマスは、そこに自分の石があると角を取れる可能性があると考えられます。そこで、青色のマス→紫色のマス→オレンジ色のマス→白いマス→ピンク色のマスの順に、コンピュータに石を打たせるようにします。

例えば、角のマスと白いマスに打てるなら、角に優先的に石を打ちます。また、リバーシには、石を打てるときに"パス"をするルールはありません。
ピンク色のマスにしか打てないなら、もちろん、そこに打つようにします。

どのマスに優先的に打つかを、次のような二次元リストで数値のデータとして定義します。

```
point = [
    [6,2,5,4,4,5,2,6],
    [2,1,3,3,3,3,1,2],
    [5,3,3,3,3,3,3,5],
    [4,3,3,0,0,3,3,4],
    [4,3,3,0,0,3,3,4],
    [5,3,3,3,3,3,3,5],
    [2,1,3,3,3,3,1,2],
    [6,2,5,4,4,5,2,6]
]
```

値が大きいほど優先度が高いマスになります。例えば現在の局面でコンピュータがAとBのマスに打てるとし、Aの値が5、Bの値が3なら、値の大きいAのマスに石を打つようにします。

プログラムの確認

優先的に打つべきマスをコンピュータに選ばせる処理を組み込んだプログラムを確認します。7章でランダムに石を打つcomputer_0()という関数を組み込みましたが、computer_0()は削除しています。そして新たにcomputer_1()という名の関数を思考ルーチンとして組み込んでいます。

リスト8-2-1▶list8_2.py　※前章の7-6のプログラムからの追加、変更箇所のみ掲載します

```
121 point = [
122     [6,2,5,4,4,5,2,6],
123     [2,1,3,3,3,3,1,2],
124     [5,3,3,3,3,3,3,5],
125     [4,3,3,0,0,3,3,4],
126     [4,3,3,0,0,3,3,4],
127     [5,3,3,3,3,3,3,5],
128     [2,1,3,3,3,3,1,2],
129     [6,2,5,4,4,5,2,6]
130 ]
131 def computer_1(iro): # 優先的に打つべきマスを選ぶ
132     sx = 0
133     sy = 0
134     p = 0
135     for y in range(8):
136         for x in range(8):
137             if kaeseru(x, y, iro)>0 and point[y][x]>p:
138                     p = point[y][x]
139                     sx = x
140                     sy = y
141     return sx, sy
```

- 121〜130：優先的に打つべきマスを定義
- 131：優先的に打つべきマスを選ぶルーチン
- 132：変数sxに0を代入
- 133：変数syに0を代入
- 134：変数pに0を代入
- 135：繰り返し　yは0から7まで1ずつ増える
- 136：繰り返し　xは0から7まで1ずつ増える
- 137：kaeseru()の戻り値が0より大きく
- 138：point[y][x]がpより大きいなら
- 139：pにpoint[y][x]の値を代入し
- 140：sxにx、syにyの値を代入する
- 141：sxとsyの値を戻り値として返す

```
179 cx, cy = computer_1(color[turn])
```

- 179：computer_1()関数で打つマスを決める

新たに組み込んだプログラムで、優先的に打つべきマスを二次元リストで定義し、現在の局面で打てるマスの中から、優先度の高いマスを選んでいます。

実行画面は省略します。実際にプレイしてコンピュータがランダムに打つより強くなったことを確認しましょう。ただし格段に強くなるわけではないので、リバーシが上手い方は、ランダムに打つのと大きくは変わらないと感じるかもしれません。

››› computer_1()関数の内容

computer_1()関数で行っている処理を説明します。打つべきマスの位置を代入する変数sx、syを132～133行目で宣言しています。またはじめに変数pに0を代入しておきます。

135～140行目にある、変数yとxを用いた二重ループで盤面全体を調べます。kaeseru(x, y, iro)>0という条件式でboard[y][x]にiroの石を打てるかを調べ、そこが打てるマスで、かつ、point[y][x]がpより大きいなら、pにpoint[y][x]の値を代入し、sxとsyにそのマスの位置を代入しています。

こうすることで二重ループの処理が終わったとき、打てるマスの中で最もpoint[][]の値が大きいマスの位置がsx、syに保持されています。そして関数の最後でsxとsyの値を戻り値として返しています。

このcomputer_1()関数を179行目で呼び出し、変数cxとcyに打つべきマスの位置を代入しています。

変更点は他に、前のプログラムまで20行目をboard.append([0,0,0,0,0,0,0,0])としていたのを、このプログラムからboard.append([0]*8)としています。これは二次元リストを準備する記述を簡略化したもので、思考ルーチンとは無関係です。

»» コンピュータの強さについて

この章の最後のコラムで、ランダムに打つcomputer_0()と、ここで組み込んだcomputer_1()を戦わせることのできるプログラムを掲載しています。そのプログラムで2つの思考ルーチンを戦わせると、computer_1()のほうが強いことを確認できます。

ただしリバーシが上手い人にとっては、ここで組み込んだ簡易的なアルゴリズムでは、コンピュータは弱いままです。次のLesson 8-3でモンテカルロ法の基礎を学び、Lesson 8-5でcomputer_1()より強い思考ルーチンを制作します。

はじめは確かにコンピュータが強くなったと感じましたが、何度がプレイするうちに勝てるようになりました。この思考ルーチンは打ち方がワンパターンなことが気になります。

そうね。コンピュータゲームはその内容によって、ある程度、ランダム性を持たせる必要があるわね。モンテカルロ法は乱数を用いるので、コンピュータの打ち方がワンパターンになることはありません。

Lesson 8-3

モンテカルロ法を理解する

モンテカルロ法を用いた思考ルーチンを実装するには、モンテカルロ法によるシミュレーションの基本的な仕組みを知る必要があります。モンテカルロ法の具体例を学び、その手法を理解しましょう。

モンテカルロ法の具体例を学ぶ

モンテカルロ法は乱数を用いて数値計算やシミュレーションを行う手法です。プログラミングを学習する題材の１つとして、モンテカルロ法で円周率を求める方法が古くから学ばれてきました。この節ではモンテカルロ法で円周率を計算するプログラムを確認し、その手法を学びます。

円周率を求める

モンテカルロ法で円周率をどのように計算するかを説明します。次の図のように一辺の長さがnの正方形内に、無数の点をランダムに打つとします。

図8-3-1　正方形内にランダムに点を打つ

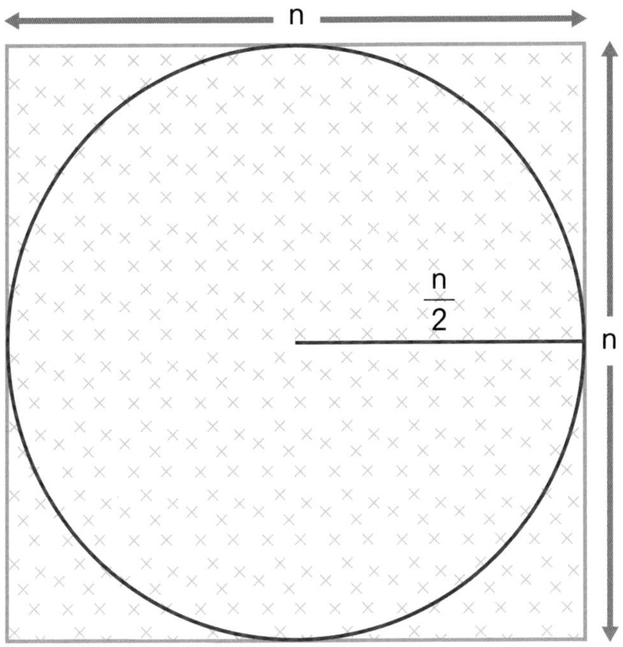

この正方形の内部に、各辺に接する正円が描かれています。

正方形の面積はn×nで、円の面積は

$\frac{n}{2}\times\frac{n}{2}\times\pi = n\times n\times\frac{\pi}{4}$ なので、正方形と円の面積の比率は $1:\frac{\pi}{4}$ になります。

正方形内に点を打つとき、打った回数を数え、その点が円の中にあればその回数を数えます。点を打った回数をrp、その点が円の中だったときの回数をcpとすると、正方形と円の面積比から

$1:\frac{\pi}{4} \fallingdotseq rp:cp$

という式が成り立ちます。ここからπ＝4*cp/rpという式を導くことができます。

ただし、この式が成り立つのは、rp、cpとも十分大きな値のとき（無数の点を打ったとき）になります。

プログラムの確認

正方形内にランダムに点を打ちながら、円周率を計算する様子をプログラムで確認します。次のプログラムはリアルタイムに、乱数で座標を決めた点をキャンバスに打ちながら、打った回数とそれが円の内部にあるときを数え、π＝4*cp/rpの式で円周率を求めていきます。

1万回の描画と計算を行うので、パソコンのスペックによっては終了するまでに時間が掛かることがあります。

スペックにもよりますが、Windowsパソコンより Macのほうが、時間が掛かります。Macをお使いの方は気長に画面を眺めてみてください。

リスト8-3-1▶monte_carlo_pi.py

```
import tkinter
import random

pi = 0
rp = 0
cp = 0
def main():
    global pi, rp, cp
    x = random.randint(0, 400)
    y = random.randint(0, 400)
    rp += 1
    col = "red"
    if (x-200)*(x-200)+(y-200)*(y-200) <= 200*200:
        cp += 1
        col = "blue"
    ca.create_rectangle(x, y, x+1, y+1, fill=col, width=0)
    ca.update()
    pi = 4*cp/rp
    root.title("円周率 "+str(pi))
    if rp < 10000:
        root.after(1, main)

root = tkinter.Tk()
ca = tkinter.Canvas(width=400, height=400, bg="black")
ca.pack()
main()
root.mainloop()
```

tkinterモジュールをインポート
randomモジュールをインポート

計算した円周率を代入する変数
点を打った回数を数える変数
円の中に点を打った回数を数える変数
リアルタイム処理を行う関数を定義
これらをグローバル変数として扱う
変数xに乱数を代入
変数yに乱数を代入
点を打つ回数を数える
変数colにred(赤)の文字列を代入
点(x, y)が円の中にあれば
円の中に点を打つ回数を数える
colにblue(青)の文字列を代入
(x, y)にcolの色で点を打つ
キャンバスを更新し、即座に描画する
円周率の値を計算してpiに代入
piの値をウィンドウのタイトルに表示
10000回、リアルタイムに
処理を続ける

ウィンドウのオブジェクトを準備
キャンバスの部品を作る
キャンバスを配置
リアルタイム処理を行う関数を実行
ウィンドウの処理を開始

※このプログラムはリバーシのプログラムと直接の関係はありません。モンテカルロ法を理解するために、この節だけで用います。

図8-3-2　実行結果

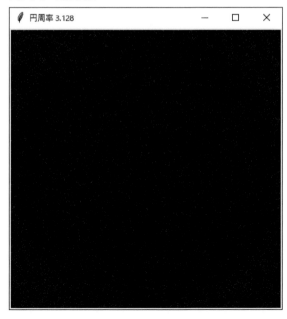

このプログラムは20～21行目のifとafter()でmain()関数を呼び出し、ウィンドウ内に点を打つ様子を表示しながら、円周率を計算しています。点を打つ正方形の一辺の長さを400ドットとしています。

main()関数の処理を確認しましょう。9～10行目で変数x、yに乱数を代入し、(x, y)の座標に点を打ちます。乱数の範囲は最小値を0、最大値を400としています。点を打った回数を変数rpで数え、その点が円内にあれば変数cpで数えています。

点が円の中にあるかは、13行目のif (x-200)*(x-200)+(y-200)*(y-200) <= 200*200で判定しています。この条件式は、数学で学ぶ**2点間の距離を求める式**と同じものです。円の中心座標を(200, 200)とし、点を打った(x, y)と中心との距離が円の半径である200以下なら、その点は円内にあるというif文になっています。

この条件式を詳しく説明します。

(x, y)と点(x_o, y_o)との距離は$\sqrt{(x-x_o)^2+(y-y_o)^2}$です。円の中心を$(x_o, y_o)$とすると、

$$\sqrt{(x-x_o)^2+(y-y_o)^2} <= \text{半径}$$

なら、座標(x, y)は円の中にあります。

この式の両辺を二乗すれば、ルートを用いずに

$$(x-x_o)^2+(y-y_o)^2 <= \text{半径の二乗}$$

と記述できます。この式をif文の条件式としています。

円周率の計算は18行目のpi = 4*cp/rpで行っています。その値を19行目でウィンドウのタイトルに表示しています。

》》》より正確な値にするには

このプログラムで求める値は、円周率の正確な値である3.141592…になりません。コンピュータの乱数は疑似的に作り出される値（疑似乱数）であり、真の乱数と比べると値に偏りが生じます。モンテカルロ法による計算は、数が均一にばらまかれる理想的な乱数を用いて、多くの試行を続けることで、正確な値に近付くと言われています。

乱数を用いたシミュレーションははじめて知りました。
円周率が計算されていく様子は、とても興味深いです。

COLUMN

ゲーム開発に用いるモンテカルロ法

モンテカルロ法によるシミュレーションや、モンテカルロ法を用いた思考ルーチンを利用する企業やプログラマーがゲーム業界で増えたと著者は感じています。その理由として、

- **コンピュータの処理速度が高速になり、短時間で多くの計算が可能となった**
- **大量のデータを扱うゲームが増え、バランス調整などをモンテカルロ法で行うと便利である**

などが挙げられるでしょう。

もう1つの大きな理由として、モンテカルロ法は他のアルゴリズムに比べ、一般的に実装が容易であることが挙げられます。リバーシの思考ルーチンを一からプログラミングする場合、長年用いられてきたミニ・マックス法やアルファ・ベータ法よりも、モンテカルロ法のほうが簡単に実装できます。

Lesson 8-4

モンテカルロ法を用いた思考ルーチン

モンテカルロ法をリバーシの思考ルーチンに応用する方法を説明します。そして次の節でモンテカルロ法による思考ルーチンを実装します。

モンテカルロ法による思考ルーチンを理解する

次の図でモンテカルロ法を用いて思考ルーチンを制作する方法を説明します。

この局面は黒い石を打つ番とします。

図8-4-1　この先の展開は？

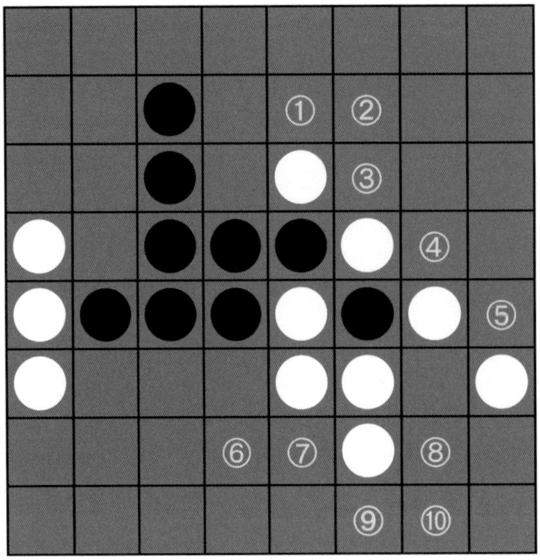

①～⑩のマスに黒い石を打つことができます。それぞれのマスに石を打って最後まで対戦すると、次のような勝敗結果になったとします。

	①	②	③	④	⑤	⑥	⑦	⑧	⑨	⑩
勝敗	白の勝ち	黒の勝ち	黒の勝ち	白の勝ち	黒の勝ち	黒の勝ち	白の勝ち	白の勝ち	黒の勝ち	白の勝ち

この結果は、たまたまこうなったのかもしれません。ただ⑧と⑩に打つと負けたのは、白が角を取りやすくなることが原因かもしれません。

では、**図8-4-1**の局面からやり直してみると、今度は次の結果になったとします。

	①	②	③	④	⑤	⑥	⑦	⑧	⑨	⑩
勝敗	白の勝ち	黒の勝ち	白の勝ち	黒の勝ち	白の勝ち	白の勝ち	黒の勝ち	白の勝ち	黒の勝ち	黒の勝ち

⑧に打ったときにまた負けましたが、⑩に打ったら勝ちました。他の番号も勝敗が変わりました。

この試行を繰り返し、①〜⑩に黒い石を打った後の展開を100回シミュレーションしたところ、黒が勝った回数が次のようになったとします。

	①	②	③	④	⑤	⑥	⑦	⑧	⑨	⑩
黒が勝った回数	47	58	45	49	51	46	49	42	53	37

この結果から②に石を打つと最も多く黒が勝つと判りました。また⑧と⑩に打つと、他のマスに打つより負ける可能性が高いことも判ります。この局面では②のマスにコンピュータに石を打たせると、プレイヤーに勝てる確率が高くなると考えられます。

以上のように、現在の局面からの先の展開を何度もシミュレーションし、石を打つと勝つ可能性の最も高くなるマスを探します。これがモンテカルロ法による思考ルーチンの基本的な仕組みです。

どのように実装する？

モンテカルロ法による思考ルーチンを実装するには、現在の局面で打てるマスに石を打ったら、その先はコンピュータが黒い石と白い石をランダムに打ち合い、終局まで戦う処理を用意します。そして勝ち負けを判定し、勝ったらその回数を記録します。

そのようなシミュレーションをなるべく多く行い、勝つ回数が最も多い次の一手（どのマスに打つか）を決めます。

なるほど、終局までコンピュータが自動的に戦う処理を用意して、
コンピュータに戦わせた結果を見て判断するわけか。

》》》実装に必要な関数

この思考ルーチンを組み込むために、次の４つの機能を持つ関数を用意します。

❶	現在の局面を保存する
❷	保存した局面の状態に復元する
❸	黒と白の石を、勝敗が決まるまでランダムに打つ
❹	現在の局面で打てるマスを調べ、そこに石を打った後、❸を行い、勝ったらその回数を数える。元の局面に戻し、❸と勝敗判定を何度も行う。打てる全てのマスに対してこれを行い、次の一手を打つと最も多く勝つマスを選ぶ

前節で学んだように、モンテカルロ法は乱数を用いたシミュレーションです。これらの関数を使って、何度も対戦した結果を確認し、より正解に近い答え（次の一手を打つと勝つ確率の高いマス）を探します。

次の節でモンテカルロ法による思考ルーチンを組み込み、リバーシを完成させます。

Lesson 8-5

本格的な思考ルーチンを実装する

モンテカルロ法を用いた思考ルーチンを実装します。これでリバーシが完成します。

≫ 思考ルーチンの確認

モンテカルロ法による思考ルーチンを組み込んだプログラムを確認します。リバーシの完成版ということで、reversi.pyというファイル名にしています。

Lesson 8-2で組み込んだ、打つべきマスを定義して簡易的に強くする処理は削除し、モンテカルロ法による思考ルーチンをcomputer_2()という関数に記述しています。組み込んだ処理を動作確認後に説明します。

リスト8-5-1▶reversi.py　※前のプログラムからの追加変更箇所にマーカーを引いています

```
import tkinter                                   tkinterモジュールをインポート
import tkinter.messagebox                        tkinter.messageboxをインポート
import random                                    randomモジュールをインポート

FS = ("Times New Roman", 30)                     フォントの定義(小さな文字)
FL = ("Times New Roman", 80)                     フォントの定義(大きな文字)
BLACK = 1                                        黒い石を管理するための定数
WHITE = 2                                        白い石を管理するための定数
mx = 0                                           クリックしたマスの列の値
my = 0                                           クリックしたマスの行の値
mc = 0                                           クリックしたときに1を代入する変数
proc = 0                                         ゲーム進行を管理する変数
turn = 0                                         どちらの番かを管理する変数
msg = ""                                         メッセージ表示用の変数(文字列を代入)
space = 0                                        空いているマスの数
color = [0]*2                                    プレイヤーの石の色、コンピュータの色
who = ["あなた", "コンピュータ"]                 文字列の定義
board = []                                       盤を管理するリスト
back = []                                        局面を保存するリスト
for y in range(8):                               ┬for文で
    board.append([0]*8)                          │boardとbackを
    back.append([0]*8)                           ┴二次元リスト化する

def click(e):                                    盤をクリックしたときに働く関数
    global mx, my, mc                            これらをグローバル変数として扱う
    mc = 1                                       mcに1を代入
    mx = int(e.x/80)                             ポインタのX座標を80で割りmxに代入
    my = int(e.y/80)                             ポインタのY座標を80で割りmyに代入
    if mx>7: mx = 7                              mxが7を超えたら7にする
    if my>7: my = 7                              myが7を超えたら7にする

def banmen():                                    盤面を表示する関数
    cvs.delete("all")                            キャンバスに描いたものを全て削除
    cvs.create_text(320, 670, text=msg, fill="silver",   メッセージの文字列を表示
font=FS)
    for y in range(8):                           繰り返し　yは0から7まで1ずつ増える
```

次ページへ続く

```
        for x in range(8):
            X = x*80
            Y = y*80
            cvs.create_rectangle(X, Y, X+80, Y+80, outline="black")
            if board[y][x]==BLACK:
                cvs.create_oval(X+10, Y+10, X+70, Y+70, fill="black", width=0)
            if board[y][x]==WHITE:
                cvs.create_oval(X+10, Y+10, X+70, Y+70, fill="white", width=0)
    cvs.update()

def ban_syokika():
    global space
    space = 60
    for y in range(8):
        for x in range(8):
            board[y][x] = 0
    board[3][4] = BLACK
    board[4][3] = BLACK
    board[3][3] = WHITE
    board[4][4] = WHITE

# 石を打ち、相手の石をひっくり返す
def ishi_utsu(x, y, iro):
    board[y][x] = iro
    for dy in range(-1, 2):
        for dx in range(-1, 2):
            k = 0
            sx = x
            sy = y
            while True:
                sx += dx
                sy += dy
                if sx<0 or sx>7 or sy<0 or sy>7:
                    break
                if board[sy][sx]==0:
                    break
                if board[sy][sx]==3-iro:
                    k += 1
                if board[sy][sx]==iro:
                    for i in range(k):
                        sx -= dx
                        sy -= dy
                        board[sy][sx] = iro
                    break

# そこに打つといくつ返せるか数える
def kaeseru(x, y, iro):
    if board[y][x]>0:
        return -1 # 置けないマス
    total = 0
    for dy in range(-1, 2):
        for dx in range(-1, 2):
            k = 0
            sx = x
            sy = y
            while True:
```

繰り返し xは0から7まで1ずつ増える
マス目のX座標
マス目のY座標
(X, Y)を左上角とした正方形を描く
board[y][x]の値がBLACKなら
黒い円を表示
board[y][x]の値がWHITEなら
白い円を表示
キャンバスを更新し、即座に描画する

盤面を初期化する関数
spaceをグローバル変数として扱う
spaceに60を代入
繰り返し yは0から7まで1ずつ増える
繰り返し xは0から7まで1ずつ増える
board[y][x]に0を代入
中央に4つの石を置く

石を打ち、相手の石をひっくり返す関数
(x, y)のマスに引数の色の石を打つ
繰り返し dyは-1→0→1と変化
繰り返し dxは-1→0→1と変化
変数kに0を代入
sxに引数xの値を代入
syに引数yの値を代入
無限ループで繰り返す
sxとsyの値を変化させる
盤から出てしまうなら
whileの繰り返しを抜ける
何も置かれていないマスなら
whileの繰り返しを抜ける
相手の石があれば
kの値を1増やす
自分の色の石があれば
はさんだ相手の石をひっくり返す
whileの繰り返しを抜ける

そこに打つといくつ返せるか数える関数
(x, y)のマスに石があるなら
-1を返して関数から戻る
変数totalに0を代入
繰り返し dyは-1→0→1と変化
繰り返し dxは-1→0→1と変化
変数kに0を代入
sxに引数xの値を代入
syに引数yの値を代入
無限ループで繰り返す

```python
                sx += dx
                sy += dy
                if sx<0 or sx>7 or sy<0 or sy>7:
                    break
                if board[sy][sx]==0:
                    break
                if board[sy][sx]==3-iro:
                    k += 1
                if board[sy][sx]==iro:
                    total += k
                    break
    return total

# 打てるマスがあるか調べる
def uteru_masu(iro):
    for y in range(8):
        for x in range(8):
            if kaeseru(x, y, iro)>0:
                return True
    return False

# 黒い石、白い石、いくつかあるか数える
def ishino_kazu():
    b = 0
    w = 0
    for y in range(8):
        for x in range(8):
            if board[y][x]==BLACK: b += 1
            if board[y][x]==WHITE: w += 1
    return b, w

# モンテカルロ法による思考ルーチン
def save():
    for y in range(8):
        for x in range(8):
            back[y][x] = board[y][x]

def load():
    for y in range(8):
        for x in range(8):
            board[y][x] = back[y][x]

def uchiau(iro):
    while True:
        if uteru_masu(BLACK)==False and uteru_masu(WHITE)==False:
            break
        iro = 3-iro
        if uteru_masu(iro)==True:
            while True:
                x = random.randint(0, 7)
                y = random.randint(0, 7)
                if kaeseru(x, y, iro)>0:
                    ishi_utsu(x, y, iro)
                    break

def computer_2(iro, loops):
    global msg
    win = [0]*64
    save()
```

sxとsyの値を変化させる
盤から出てしまうなら
whileの繰り返しを抜ける
何も置かれていないマスなら
whileの繰り返しを抜ける
相手の石があれば
kの値を1増やす
自分の色の石があれば
totalにkの値を加える
whileの繰り返しを抜ける
totalの値を戻り値として返す

打てるマスがあるか調べる関数
繰り返し　yは0から7まで1ずつ増える
繰り返し　xは0から7まで1ずつ増える
kaeseru()の戻り値が0より大きいなら
Trueを返す
Falseを返す

黒い石と白い石を数える関数
変数bに0を代入
変数wに0を代入
繰り返し　yは0から7まで1ずつ増える
繰り返し　xは0から7まで1ずつ増える
board[y][x]がBLACKならbを1増やす
board[y][x]がWHITEならwを1増やす
bとwの値を戻り値として返す

盤の状態を保存する関数
繰り返し　yは0から7まで1ずつ増える
繰り返し　xは0から7まで1ずつ増える
back[y][x]にboard[y][x]の値を代入

盤の状態を復元する関数
繰り返し　yは0から7まで1ずつ増える
繰り返し　xは0から7まで1ずつ増える
board[y][x]にback[y][x]の値を代入

コンピュータがランダムに打ち合う関数
無限ループで繰り返す（外側のwhile）
どちらも石を打てなくなったら
繰り返しを抜ける
色を交代（黒→白、白→黒）
その色の石を打てるマスがあるなら
無限ループで繰り返す（内側のwhile）
xに0～7の乱数を代入
yに0～7の乱数を代入
そこに打つと相手の石を返せるなら
そのマスに石を打つ
無限ループを抜ける

モンテカルロ法で打つマスを決める関数
msgをグローバル変数として扱う
リストwin[]を全ての要素の値0で用意
局面を保存

次ページへ続く

```
    for y in range(8):
        for x in range(8):
            if kaeseru(x, y, iro)>0:
                msg += "."
                banmen()
                win[x+y*8] = 1
                for i in range(loops):
                    ishi_utsu(x, y, iro)
                    uchiau(iro)
                    b, w = ishino_kazu()
                    if iro==BLACK and b>w:
                        win[x+y*8] += 1
                    if iro==WHITE and w>b:
                        win[x+y*8] += 1
                    load()
    m = 0
    n = 0
    for i in range(64):
        if win[i]>m:
            m = win[i]
            n = i
    x = n%8
    y = int(n/8)
    return x, y

def main():
    global mc, proc, turn, msg, space
    banmen()
    if proc==0: # タイトル画面
        msg = "先手、後手を選んでください"
        cvs.create_text(320, 200, text="Reversi",
fill="gold", font=FL)
        cvs.create_text(160, 440, text="先手(黒)",
fill="lime", font=FS)
        cvs.create_text(480, 440, text="後手(白)",
fill="lime", font=FS)
        if mc==1: # ウィンドウをクリック
            mc = 0
            if (mx==1 or mx==2) and my==5:
                ban_syokika()
                color[0] = BLACK
                color[1] = WHITE
                turn = 0
                proc = 1
            if (mx==5 or mx==6) and my==5:
                ban_syokika()
                color[0] = WHITE
                color[1] = BLACK
                turn = 1
                proc = 1
    elif proc==1: # どちらの番か表示
        msg = "あなたの番です"
        if turn==1:
            msg = "コンピュータ 考え中."
        proc = 2
    elif proc==2: # 石を打つマスを決める
        if turn==0: # プレイヤー
            if mc==1:
                mc = 0
                if kaeseru(mx, my, color[turn])>0:
```

繰り返し yは0から7まで1ずつ増える
繰り返し xは0から7まで1ずつ増える
(x, y)のマスに打つと石を返せるなら
msgの文字列に.を加える
盤面を描き直す
win[x+y*8]に1を代入
引数loopsの回数、繰り返す
(x, y)のマスに石を打つ
コンピュータに打ち合わせる
変数bに黒い石、wに白い石の数を代入
iroがBLACKで黒のほうが多いなら
win[x+y*8]の値を1増やす
iroがWHITEで白のほうが多いなら
win[x+y*8]の値を1増やす
局面を復元
変数mに0を代入
変数nに0を代入
繰り返し iは0から63まで1ずつ増える
win[i]がmの値より大きければ
mにwin[i]の値を代入
nにiの値を代入
xにn%8を代入
yにn/8の整数値を代入
xとyの値を戻り値として返す

メイン処理を行う関数
これらをグローバル変数とする
盤面を描く関数を呼び出す
procが0のとき(タイトル画面)
変数msgに文字列を代入
ゲームタイトルを表示
「先手(黒)」と表示
「後手(白)」と表示
ウィンドウをクリックしたら
変数mcに0を代入
先手の文字のマスをクリックしたら
盤面を初期化
プレイヤーが黒い石
コンピュータが白い石
turnに0を入れプレイヤー先手とする
procに1を代入
後手の文字のマスをクリックしたら
盤面を初期化
プレイヤーが白い石
コンピュータが黒い石
turnに1を入れコンピュータ先手とする
procに1を代入
procが1のとき(どちらの番か表示)
msgに「あなたの番です」と代入
turnが1なら
msgに「コンピュータ 考え中.」と代入
procに2を代入
procが2のとき(石を打つマスを決める)
プレイヤーの番なら
マウスボタンをクリックしたとき
mcを0にする
打てるマスをクリックしたら

```
                    ishi_utsu(mx, my, color[turn])
                    space -= 1
                    proc = 3
        else: # コンピュータ
            MONTE = [300, 300, 240, 180, 120, 60, 1]
            cx, cy = computer_2(color[turn], MONTE[int(space/10)])
            ishi_utsu(cx, cy, color[turn])
            space -= 1
            proc = 3
    elif proc==3: # 打つ番を交代
        msg = ""
        turn = 1-turn
        proc = 4
    elif proc==4: # 打てるマスがあるか
        if space==0:
            proc = 5
        elif uteru_masu(BLACK)==False and uteru_masu(WHITE)==False:
            tkinter.messagebox.showinfo("", "どちらも打てないので終了です")
            proc = 5
        elif uteru_masu(color[turn])==False:
            tkinter.messagebox.showinfo("", who[turn]+"は打てないのでパスです")
            proc = 3
        else:
            proc = 1
    elif proc==5: # 勝敗判定
        b, w = ishino_kazu()
        tkinter.messagebox.showinfo("終了", "黒={}、白={}".format(b, w))
        if (color[0]==BLACK and b>w) or (color[0]==WHITE and w>b):
            tkinter.messagebox.showinfo("", "あなたの勝ち！")
        elif (color[1]==BLACK and b>w) or (color[1]==WHITE and w>b):
            tkinter.messagebox.showinfo("", "コンピュータの勝ち！")
        else:
            tkinter.messagebox.showinfo("", "引き分け")
        proc = 0
    root.after(100, main)

root = tkinter.Tk()
root.title("リバーシ")
root.resizable(False, False)
root.bind("<Button>", click)
cvs = tkinter.Canvas(width=640, height=700, bg="green")
cvs.pack()
root.after(100, main)
root.mainloop()
```

そこに石を打つ
spaceの値を1減らす
procに3を代入
コンピュータの番なら
コンピュータに何回打ち合わせるか
モンテカルロ法で打つマスを決める
そこに石を打つ
spaceの値を1減らす
procに3を代入
procが3のとき(打つ番を交代)
メッセージを消す
turnの値が0なら1、1なら0にする
procに4を代入
procが4のとき(打てるマスがあるか)
全てのマスに打ったら
procを5にして勝敗判定へ
どちらも石を打てなくなったら
その旨をメッセージボックスで表示
procを5にして勝敗判定へ
color[turn]の石を打つマスがないなら
その旨をメッセージボックスで表示
procに3を代入し、パス(交代)する
そうでないなら(打てるマスがあるなら)
procに1を代入し、打つ処理へ
procが5のとき(勝敗判定)
変数bに黒い石、wに白い石の数を代入
石の数をメッセージボックスで表示
この条件式が成り立つなら
「あなたの勝ち！」と表示
そうでなく、この条件式が成り立つなら
「コンピュータの勝ち！」と表示
そうでなければ
「引き分け」と表示
procに0を代入
100ミリ秒後にmain()を呼び出す
ウィンドウのオブジェクトを準備
ウィンドウのタイトルを指定
ウィンドウサイズを変更できなくする
クリック時に実行する関数を指定
キャンバスの部品を用意
キャンバスをウィンドウに配置
main()関数を呼び出す
ウィンドウの処理を開始

表8-5-1　用いている主な変数とリスト

FS、FL	フォントの定義
BLACK、WHITE	黒い石を管理するための定数、白い石を管理するための定数 (BLACKの値は1、WHITEの値は2)
mx、my	マウス入力用(どのマスをクリックしたか)
mc	マウス入力用(マウスボタンをクリックしたとき、1にする)
proc	ゲーム進行を管理する
turn	どちらが石を打つ番か(0ならプレイヤーの番、1ならコンピュータの番)
msg	ウィンドウ下部に表示するメッセージの文字列を代入
space	空いているマスがいくつあるか
color[]	プレイヤー、コンピュータ、それぞれ何色の石を打つか。 BLACKもしくはWIHTEを代入する
who[]	「あなた」「コンピュータ」という文字列を定義
board[][]	盤の状態
back[][]	局面を保存するためのリスト

図8-5-1　実行結果

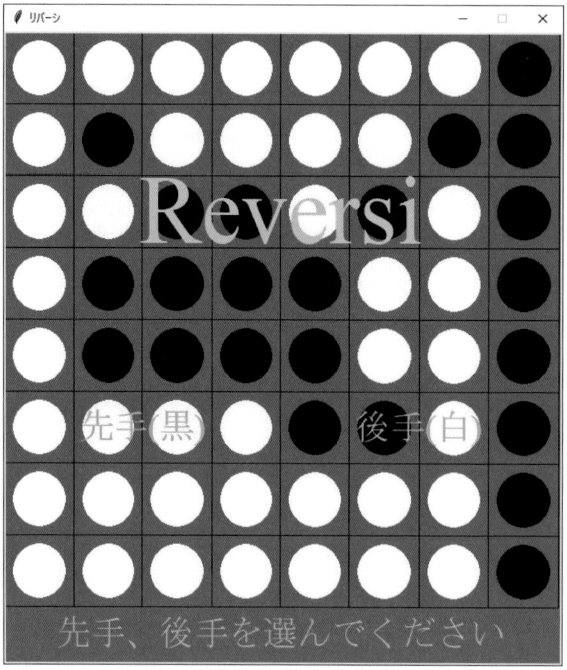

モンテカルロ法による思考ルーチンを組み込むために用意した4つの関数を説明します。

››› save()、load()関数

124～127行目に、局面の状態を保存するsave()という関数を記述しています。この関数は保存用の二次元リストback[][]にboard[][]の値を代入します。

129～132行目に、局面の状態を復元するload()という関数を記述しています。この関数はboard[][]にback[][]の値を代入します。

››› uchiau()関数

134～145行目に、黒と白の石をランダムに打ち合うuchiau()という関数を記述しています。この関数で黒白ともに打てなくなるまで石を打ち続けます。computer_2()関数の中で、打てるマスに石を配置してから、この関数を実行しています。

uchiau()関数を抜き出して説明します。

```
def uchiau(iro):
    while True:
        if uteru_masu(BLACK)==False and uteru_masu(WHITE)==False:
            break
        iro = 3-iro
        if uteru_masu(iro)==True:
            while True:
                x = random.randint(0, 7)
                y = random.randint(0, 7)
                if kaeseru(x, y, iro)>0:
                    ishi_utsu(x, y, iro)
                    break
```

この関数は、whileの中にもう1つのwhileが入る構造になっています。外側のwhileでは、石が打てるマスがある限り、iro = 3-iroという式で黒い石と白い石の番を交代し、内側のwhileを実行しています。内側のwhileは、ランダムなマスに石を打つ処理です。if uteru_masu(iro)==Trueというif文で、石を打てるマスがあるなら、内側のwhileを実行します。

この関数の引数iroにはBLACK(値1)かWHITE(値2)が入ります。iroが1(BLACK)なら3-iroは2(WHITE)に、iroが2(WHITE)なら3-iroは1(BLACK)になります。

内側のwhileは、前の章で組み込んだ、ランダムなマスに石を打つ仕組みと同じですね。

⟫⟫ computer_2()関数

147～174行目のcomputer_2()が、モンテカルロ法による思考ルーチンの中心的な役割を担う関数です。computer_2()関数を抜き出して説明します。

```
def computer_2(iro, loops):
    global msg
    win = [0]*64
    save()
    for y in range(8):
        for x in range(8):
            if kaeseru(x, y, iro)>0:
                msg += "."
                banmen()
                win[x+y*8] = 1
                for i in range(loops):
                    ishi_utsu(x, y, iro)
                    uchiau(iro)
                    b, w = ishino_kazu()
                    if iro==BLACK and b>w:
                        win[x+y*8] += 1
                    if iro==WHITE and w>b:
                        win[x+y*8] += 1
                    load()
    m = 0
    n = 0
    for i in range(64):
        if win[i]>m:
            m = win[i]
            n = i
    x = n%8
    y = int(n/8)
    return x, y
```

computer_2()関数には、何色の石を打つかを指定する引数iroと、ランダムに打ち合い勝敗を調べることを何度行うかを指定する引数loopsを設けています。打ち合うことを繰り返すので、はじめに現在の局面をsave()関数で保持しておきます。

この関数の構造は、変数yとxを用いた二重のfor文の中に、変数iを用いたfor文があり、つまり三重のループ（多重ループ）になっています。

yとxの二重ループで盤面全体を確認し、(x, y)のマスにiroの石を打てるなら、uchiau()関数で決着がつくまでランダムに打ち合うことを、変数iのfor文でloops回行い、勝った回数を数えています。繰り返し試行するので、打ち合った後、load()関数で局面の状態を元に戻していることも確認してください。

勝った回数は、関数内で宣言したwin[]というリストに代入しています。例えば左上角にコンピュータが石を打った後、ランダムに打ち合って勝ったらwin[0]を1増やします。

if kaeseru(x, y, iro)>0で打てるマスを見つけたら、石を打ち合う前にwin[x+y*8] = 1としてwin[]に1を代入しています。これは、勝つ回数が最も多いマスはどれかを調べるときに、それを行う記述を簡潔にするためです。勝つ回数が最も多いマスを選ぶ処理を説明します。

勝つ回数が最も多いマスを選ぶ

computer_2()関数で、勝つ回数が最も多いマスを選ぶのは、m=0、n=0と、それに続くfor i in range(64)の部分です。そこを抜き出してwin[]の値が最も大きなマスをどのように選んでいるかを説明します。

```
m = 0
n = 0
for i in range(64):
    if win[i]>m:
        m = win[i]
        n = i
x = n%8
y = int(n/8)
return x, y
```

変数mとnを用意し、for文で8×8の64マス全てを調べていきます。if win[i]>mという条件式が成り立てば、mにwin[i]の値を代入し、nにはマスの番号（iの値）を代入しています。こうして繰り返しが終わると、mにwin[]の中で最も大きな値が、nにそのマスの番号が代入されています。

nの値からx = n%8、y = int(n/8)という式で、マスの位置（board[y][x]のyとxの値）を求めています。マスの番号と位置を図示します。プログラムと次の図を合わせて確認しましょう。

図8-5-2　マスの番号とboard[y][x]の添え字

boad[y][x]	0	1	2	3	4	5	6	7
0	0	1	2	3	4	5	6	7
1	8	9	10	11	12	13	14	15
2	16	17	18	19	20	21	22	23
3	24	25	26	27	28	29	30	31
4	32	33	34	35	36	37	38	39
5	40	41	42	43	44	45	46	47
6	48	49	50	51	52	53	54	55
7	56	57	58	59	60	61	62	63

→列の値

↓行の値

マスの番号（for文のiの値）

例えばnが20のとき、xは20%8で4、yはint(20/8)で2になります。nが20のマスはboard[2][4]であることを図で確認しましょう。

求めたxとyの値は、関数の最後で戻り値としてreturnしています。以上の仕組みで、この関数を呼び出すと、その局面で、打つと勝つ可能性が最も高いマスが見つかるようになっています。

ランダムに打ち合って勝てなかったときも、そのマスに打たなくてはならないことがあります。負けが確定して何度シミュレーションしても負けるときなどです。その場合win[]は加算されませんが、打てるマスのwin[]に1を入れておけば、for i in range(64)のブロックにあるif win[i]>mという記述だけで、打つマスを決めることができます。そのために156行目でwin[x+y*8] = 1としているのです。

思考中ということが判るようにする

コンピュータの思考にある程度の時間を費やすので、その間、ゲーム画面が止まると、プレイヤーはストレスを感じたり、あるいは不具合が起きてソフトウェアが止まったのではないかと心配になります。そこでコンピュータの思考中、「コンピュータ 考え中.」という文字列のピリオドを増やし、処理が進んでいることが判るようにしています。computer_2()関数の154～155行目のmsg += "." とbanmen()でそれを行っています。

コンピュータの思考時間を短くする

computer_2()関数にはiroとloopsの2つの引数があり、loopsでランダムに打ち合い勝敗を調べる回数を指定します。loopsをいくつにするかを、main()関数の212行目でMONTE = [300, 300, 240, 180, 120, 60, 1] と定義しています。続く213行目でcx, cy = computer_2(color[turn], **MONTE[int(space/10)]**)とし、盤上の空きマスの数に応じてloopsの値を変え、computer_2()を呼び出しています。

spaceの値は、まだ石を打っていないマスの数で、はじめに60を代入し、石を打つごとに1減らしています。その数と、ランダムに打ち合い勝敗を調べる回数（試行回数）を表で示します。

表8-5-2 空きマスの数とモンテカルロ法の試行回数

spaceの値	0～9	10～19	20～29	30～39	40～49	50～59	60
試行回数	300	300	240	180	120	60	1

対戦を始めてしばらくは試行回数を少なくし、コンピュータが短時間で石を打つようにしています。そして後半ほど試行回数を多くしています。

リバーシ、将棋、囲碁のような二人で対戦するゲームで、はじめから相手が長考すると、多くの人は早く打って欲しいという気持ちになりがちです。一方、局面が進むと自分も考える必要があるので、ゲームの中盤や終盤で相手が長く考えても、序盤ほどは待たされるストレスを感じないことが多いでしょう。

そのような人の心理を想像し、後半ほどモンテカルロ法の試行回数を増やすようにしています。また、ゲームの序盤は試行回数が少なくても、勝敗にはさほど大きな影響はないと考えられます。これがコンピュータの思考時間を調整し、プレイヤーにストレスを与えない工夫になります。

Lesson 8-2で組み込んだcmputer_1()よりも強くなっていますね。
ボクはあまりリバーシをしたことがなかったから、cmputer_2()にはなかなか勝てないです。

私はけっこうリバーシで遊んできたから、もう少し強いといいかも。
次ページのコラムに、もっと強くするヒントがあるわ。

COLUMN

もっと強くするには

この完成版のリバーシで何度も遊んでみると、序盤から中盤でプレイヤーが角を取りやすくなるマスに石を打つなど、コンピュータが定石を無視した打ち方をすることがあるのに気付きます。モンテカルロ法の計算上、そこに打つことが決まったわけですが、リバーシは定石から外れた打ち方をすると、負ける確率がぐんと上がってしまいます。リバーシをある程度プレイしたことのある方は、一手をミスったと後悔したときから急に不利になる経験、あるいは逆に相手がミスを犯し、そこから急に有利になる経験をされたことがあると思います。序盤から中盤にかけて定石も成り立つようにプログラムを改良すれば、コンピュータをより強くすることができるでしょう。

新しい処理を追加せず簡易的に強くするなら、モンテカルロ法の試行回数を増やせばよいです。ただし試行回数を増やす際には、プレイヤーにストレスを与えるほどの長考になってはいけません。また著者が実験した結果では、このプログラムでは100回の試行より200回の試行のほうが強くなりますが、200と300では300回のほうが気持ち強くなる程度で、それ以上試行回数を増やしても格段に強くなることはありませんでした。モンテカルロ法は一般的に試行回数を増やすほど正しい解に近付くものですが、リバーシは打ち方によって局面が刻一刻と変化し、1つの定まった答えがあるものではなく、また局面は爆発的に増えていくので、数百回程度まで試行回数を増やすだけでは完璧な答えが出ないと想像できます。

それから今回組み込んだモンテカルロ法は、現在の局面で打てる全てのマスに対し、同じ回数だけ調べる簡単な仕組みになっています。負ける可能性の高いマスは探索を打ち切り、勝てる可能性のあるマスをもっと調べるようにするなどの工夫で、さらに強くできるのではないでしょうか。

改良した思考ルーチンは、改良前と改良後のアルゴリズムを戦わせることで、本当に強くなったかを客観的に判断できます。次ページのコラムで、2つの思考ルーチンを戦わせることができるプログラムを紹介します。

COLUMN

アルゴリズム同士を戦わせる

コンピュータゲームの思考ルーチンを開発するとき、思考方法の違うアルゴリズム同士や、パラメータを変えた2つのアルゴリズムを戦わせ、どちらが強いかを調べることで、それぞれの強さを客観的に判断できます。またコンピュータ同士の対戦を観察すると、より強いアルゴリズムを作るヒントを得られることがあります。

このコラムでは、完成させたreversi.pyに変更を加え、アルゴリズム同士が対戦するようにしたプログラムを紹介します。

▪ reversi_auto.pyを実行しよう

書籍サポートページからダウンロードできるファイルの中の「Chapter8」フォルダに「reversi_auto.py」というプログラムが収録されています。reversi_auto.pyを実行すると、優先して打つべきマスを定義したcomputer_1()関数と、モンテカルロ法のcomputer_2()関数が対戦します。対戦結果は1試合ごとにシェルウィンドウに表示し、100試合ごとにメッセージを出して一時停止するようにしています。

図8-C-1　アルゴリズム同士を戦わせるreversi_auto.pyの実行画面

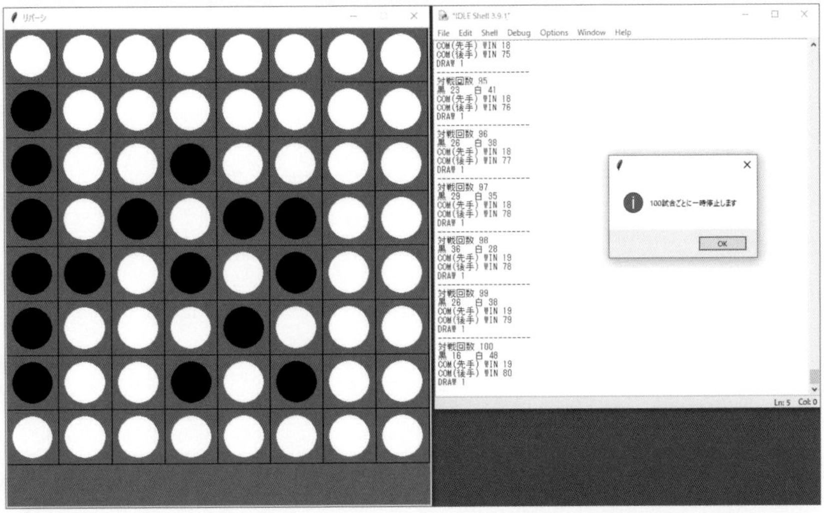

reversi_auto.pyのモンテカルロ法による思考ルーチンは、空きマスの数に関係なく、常に30回試行しています。試行回数は少ないですが、computer_1()のアルゴリズムより強いことが判ります。

reversi_auto.pyは1ミリ秒ごとに処理を行っている影響で、×ボタンで終了するときにエラーメッセージが出ることがありますが、特に問題はありません。

次ページへ続く

▪ アルゴリズムを戦わせるプログラム

2つのアルゴリズムを戦わせるために、追加、変更した主な部分を抜き出して説明します。

❶ 対戦結果を保持するリスト、対戦回数を数える変数

```
score = [0]*3 # 対戦結果
match = 0 # 対戦回数
```

❷ main()関数のproc0の処理を、自動的に対戦が始まるように変更

```
    if proc==0: # タイトル画面
        cvs.create_text(320, 200, text="Reversi AUTO", fill="gold", font=FL)
        ban_syokika()
        color[0] = BLACK
        color[1] = WHITE
        turn = 0
        proc = 1
```

❸ main()関数のproc2の処理を、プレイヤーではなくアルゴリズムが石を打つように変更

```
    elif proc==2: # 石を打つマスを決める
        if turn==0: # アルゴリズム 先手
            cx, cy = computer_1(color[turn])
            ishi_utsu(cx, cy, color[turn])
            space -= 1
            proc = 3
        else: # アルゴリズム 後手
            cx, cy = computer_2(color[turn], 30)
            ishi_utsu(cx, cy, color[turn])
            space -= 1
            proc = 3
```

❹ main()関数のproc5の処理で、勝敗結果をシェルウィンドウに表示

```
    elif proc==5: # 勝敗判定
        b, w = ishino_kazu()
        if (color[0]==BLACK and b>w) or (color[0]==WHITE and w>b):
            score[0] += 1
        elif (color[1]==BLACK and b>w) or (color[1]==WHITE and w>b):
            score[1] += 1
        else:
            score[2] += 1

        # 結果を表示する
        match += 1
        print("--------------------")
        print("対戦回数", match)
        print("黒", b, "  白", w)
        print("COM(先手) WIN", score[0])
        print("COM(後手) WIN", score[1])
        print("DRAW", score[2])
        if match%100==0:
            tkinter.messagebox.showinfo("", "100試合ごとに一時停止します")
        proc = 0
```

5 リアルタイム処理を1ミリ秒ごとに行い、対戦結果をできるだけ早く確認できるようにする

```
        root.after(1, main) # アルゴリズムの対戦 100msecを1msec
```

その他、proc4の処理でtkinter.messagebox.showinfo()でメッセージボックスを表示すると、そこで処理が一時停止してしまうので、メッセージボックスを用いていた箇所を、msg = "そのメッセージ" と書き換えて処理が止まらないようにしています。

■ 対戦過程を見せている

このプログラムは対戦過程を表示するようにしましたが、研究で行うアルゴリズム同士の対戦シミュレーションでは、なるべく多くのデータを短時間で集めるため、途中の過程を表示しないことがあります。

結果だけを確認するなら、banmen()関数のはじめの位置で次のようにreturnして、

```
def banmen():
    return
    cvs.delete("all")
    :
```

after()命令の引数のミリ秒指定をroot.after(0, main)と0にして、プログラムを実行しましょう。

■ アルゴリズムを戦わせよう

reversi_auto.pyには、単にランダムに石を打つcomputer_0()関数も記述しています。computer_0()、computer_1()、computer_2()を色々な組み合わせで対戦させると、興味深い結果が得られます。例えば著者が確認した範囲では、ランダムに打つcomputer_0()同士を戦わせると、先手と後手による強さの違い（有利・不利）が現れました。

reversi_auto.pyを少し書き換えて1万回、2万回、10万回の対戦を行ったところ、後手のほうが、やや有利であることが判ったのです。

リバーシの先手と後手による有利・不利についてはさまざまな議論や意見があります。「いくつかの理由から後手が有利」と考える方がいますが、「人間同士が戦う場合は互角」「8×8マスのリバーシではまだ解明されていない」という意見も多いと思います。

著者が行ったのは、Pythonの疑似乱数によるシミュレーションで、この方法に限ると後手がやや有利であると判りましたが、人間同士の対戦での有利不利についての結論でないことを、念のためお伝えしておきます。

みなさん、オリジナルの思考ルーチン作りにも挑んでみましょう。新たな思考ルーチンを戦わせることで、さらに興味深い結果が得られるのではないかと思います。今すぐに思考ルーチンを作ることは難しい方も、プログラミングを続けるうちに技術力は確実に伸びていきます。自分の力で新しいアルゴリズムが作れるようになることを目標のひとつとして、これからも楽しく学び続けていただければと思います。

COLUMN

今後ますます必要になるコンピュータ関連の知識

21世紀は世界に存在するあらゆる機器や機械に電子回路が組み込まれ、それらがプログラムにより制御される時代になりました。冷蔵庫やエアコンなどの家電、自動車や電車などの乗り物、信号機や道路わきに置かれている自動販売機など、プログラムにより動いているものを数え上げればキリがありません。我々の生活はもはや電子回路とプログラム無しには成り立たず、コンピュータに関するしっかりとした知識を持つことが、誰にとってもますます必要になることでしょう。

さて、そのような流れの中で政府がプログラミングを義務教育化したことは意義のあることです。欧米諸国は日本より先行してプログラミング教育に力を入れてきたと言われています。経済大国日本の地位を没落させないためにも義務教育でプログラミングを学ばせることは必要不可欠でしょうが、私は何より子供たちが平等にコンピュータの仕組みやプログラミングを学べる機会を得られることが素晴らしいと思います。

ただ1つ懸念していることがあります。私にとっては学校教育で学んだことの多くは、面白くなかった思い出があり、同様の思いを持つ方も多いのではないでしょうか。義務教育化されたプログラミングが、小難しくつまらない授業にならないことを願います。子供達が楽しく学べる題材を提供することを、政府や学校関係者に強く望みます。そして人に期待するだけでなく、私自身、楽しく易しくプログラミングやコンピュータ技術を学べる本を今後も執筆していきたいと考えています。

全ての章を読破されたみなさん、おつかれさまでした！　みなさんは、プログラミングの技術とアルゴリズムについてのさまざまな知識を学びました。繰り返し学んでいただくことで、その知識と技術が完全に自分のものになります。難しかった章やあいまいな部分を、ぜひ復習してみましょう。
ここでは、プログラミングの力をさらに高めていただけるように、最後に「エアホッケー」というゲームの制作方法をお伝えします。

特別付録

エアホッケーを作ろう

Appendix

Appendix 1

エアホッケーとは

まずは、エアホッケーについて簡単に説明します。

エアホッケーとは？

エアホッケーはゲームセンターなどにある業務用のゲーム機です。二人のプレイヤーがテーブルをはさんで向かい合い、スマッシャー（あるいはマレット）と呼ばれる器具でパックを打ち合います。相手側にあるゴールにパックが入るとポイントになります。どちらかが規定ポイントに達するか、一定時間プレイするとゲーム終了です。

図A-1　エアホッケー

コンピュータと対戦

業務用ゲーム機のエアホッケーは二人でプレイしますが、ここではコンピュータと対戦するエアホッケーを制作します。コンピュータゲームのジャンルとしては**アクションゲーム**になります。あるいはエアホッケーをスポーツの1つと考えれば、**スポーツゲーム**ということができるでしょう。Pythonの標準的な機能だけで、アクションゲームやスポーツゲームも作ることができるのです。

本書はアルゴリズムを学ぶことに重点を置いており、このエアホッケーにも**コンピュータがパックを打ち返し、ゴールを守る思考ルーチン**を組み込みます。

マウスで操作する

プレイヤーのスマッシャーはマウスで動かすようにします。スマッシャーでパックを打つと、現実のエアホッケーに近い動きで、パックが画面上を滑るように移動するようにします。

Appendix 2 エアホッケーを作るのに必要な処理

次に、エアホッケーを完成させるために必要な処理を説明します。

》》》スマッシャーとパックの動作

1 プレイヤーがスマッシャーを動かす

マウス操作でスマッシャーを動かせるようにします。スマッシャーの座標をマウスポインタの座標にすることで、スマッシャーの動きを表現できます。

2 コンピュータがスマッシャーを動かす

コンピュータがスマッシャーを動かしてパックを打ち、また自分のゴールを守るように、座標を計算します。これがコンピュータの思考ルーチンで、いくつかのif文と計算式で実現します。

3 パックを動かす

パックとスマッシャーが接触したら、スマッシャーで打った向きにパックを飛ばします。現実のエアホッケーはパックとテーブル面との摩擦が小さく、氷上を滑るようにパックが移動します。

このゲームも画面内を滑って移動するように座標を計算します。またパックを画面の上下左右で跳ね返らせます。

》》》判定を行う関数

4 二点間の距離を求める

ゲーム内にある物体同士が接触したかを調べることを**ヒットチェック**といいます。二点間の距離を求める関数を用意し、その関数でスマッシャーとパックのヒットチェックを行います。

5 ゴールに入ったかを判定する

ウィンドウに表示したテーブルの画像の、左右の端がゴールになります。そこにパックが入ったかを判定します。

エアホッケーはテーブルの端にスリット状の穴があり、そこにパックが入るようになっています。このゲームはパックがゴールに入ったら、その穴を光らせる演出を行います。

ゲーム全体の流れ

ゲームは次のように進行します。

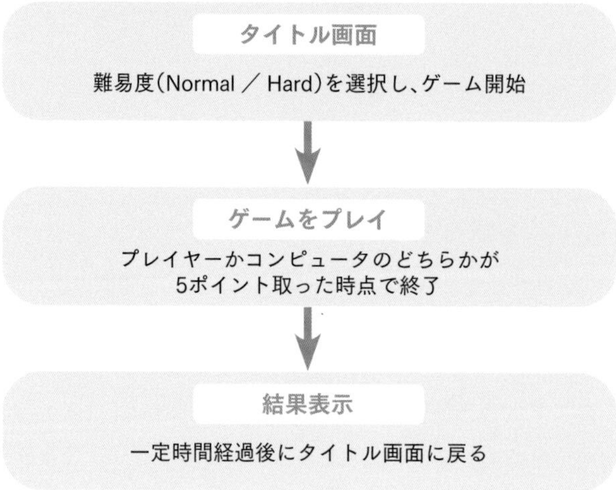

ゲームの進行をprocという変数、ゲーム内の時間の流れをtmrという変数で管理します。

使用する画像

ゲームは、次の画像を使用して制作します。画像は、書籍サポートページからダウンロードできるファイルの中の「Appendix」フォルダに入っています。

図A-2　エアホッケーの制作に用いる画像

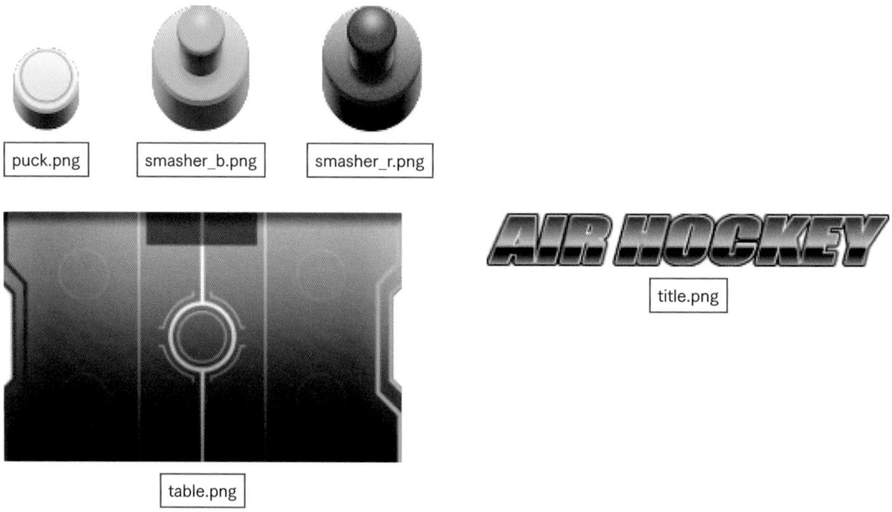

Appendix 3

プログラムと動作の確認

エアホッケーの完成版のプログラムと動作を確認します。次のプログラムを実行して、ゲームをプレイしましょう。

タイトル画面で画面左側をクリックするとNormalモード、右側をクリックするとHardモードでゲームがスタートします。HardはNormalよりもコンピュータのスマッシャーの動きが速く、難しくなります。

コンピュータは赤いスマッシャー、プレイヤーは水色のスマッシャーを操作します。操作方法はマウスポインタを動かしてスマッシャーを移動させるだけです。黄色のパックを打って相手側にあるゴールに入れましょう。ゴールに入れると1ポイント入り、5ポイント取ったほうの勝ちです。

リストA-1▶air_hockey.py

`import tkinter`	tkinterモジュールをインポート
`FNT = ("Times New Roman", 60)`	フォントの定義
`mx = 0`	マウスポインタのX座標を代入
`my = 0`	マウスポインタのY座標を代入
`mc = 0`	マウスをクリックしたとき1にする変数
`proc = 0`	ゲーム進行を管理する変数
`tmr = 0`	時間の流れを管理する変数
`you_x = 750`	プレイヤーのスマッシャーのXY座標
`you_y = 300`	
`you_vx = 0`	そのX軸方向、Y軸方向の速さ
`you_vy = 0`	
`com_x = 250`	コンピュータのスマッシャーのXY座標
`com_y = 300`	
`com_vx = 0`	そのX軸方向、Y軸方向の速さ
`com_vy = 0`	
`pu_x = 500`	パックのXY座標
`pu_y = 300`	
`pu_vx = 10`	そのX軸方向、Y軸方向の速さ
`pu_vy = 5`	
`level = 0`	ゲームの難易度 Normalは0、Hardは1
`point_you = 0`	プレイヤーのポイント
`point_com = 0`	コンピュータのポイント
`POINT_WIN = 5`	何ポイント取ると終了か
`goal = [0, 0]`	ゴールにパックが入ったときの演出用
`def click(e):`	マウスをクリックしたときに働く関数
`    global mc`	mcをグローバル変数として扱う
`    mc = 1`	mcに1を代入
`def move(e):`	マウスポインタを動かしたときに働く関数
`    global mx, my`	これらをグローバル変数として扱う
`    mx = e.x`	mxにポインタのX座標を代入
`    my = e.y`	myにポインタのY座標を代入

次ページへ続く

```python
def draw_table():
    cvs.delete("all")
    for i in range(2):
        if goal[i]>0:
            goal[i] -= 1
            if goal[i]%2==0:
                cvs.create_rectangle(980*i, 180, 980*i+20, 420, fill="yellow")
    cvs.create_image(500, 300, image=img_table)
    cvs.create_image(pu_x, pu_y, image=img_puck)
    cvs.create_image(you_x, you_y, image=img_sma_b)
    cvs.create_image(com_x, com_y, image=img_sma_r)
    cvs.create_text(500, 40, text=str(point_com)+" - "+str(point_you), font=FNT, fill="white")
    if proc==0:
        cvs.create_image(500, 160, image=img_title)
        cvs.create_text(250, 440, text="Normal", font=FNT, fill="lime")
        cvs.create_text(750, 440, text="Hard", font=FNT, fill="gold")
    if proc==2:
        if point_you==POINT_WIN:
            cvs.create_text(1000-tmr*10, 300, text="YOU WIN!", font=FNT, fill="cyan")
        else:
            cvs.create_text(tmr*10, 300, text="COM WIN!", font=FNT, fill="red")

def smasher_you():
    global you_x, you_y, you_vx, you_vy
    you_vx = mx - you_x
    you_vy = my - you_y
    you_x = mx
    you_y = my

def smasher_com():
    global com_x, com_y, com_vx, com_vy
    dots = 20+level*10
    x = com_x
    y = com_y
    if get_dis(com_x,com_y,pu_x,pu_y)<50*50:
        com_x -= dots
    elif pu_vx<4 and com_x<900:
        if com_y<pu_y-dots: com_y += dots
        if com_y>pu_y+dots: com_y -= dots
        if com_x<pu_x-dots: com_x += dots
        if com_x>pu_x+dots: com_x -= dots
    else:
        com_x += ( 60-com_x)/(16-level*6)
        com_y += (300-com_y)/(16-level*6)
    com_vx = com_x - x
    com_vy = com_y - y

def puck_comeout():
    global pu_x, pu_y, pu_vx, pu_vy
    pu_x = 500
    pu_y = 0
    pu_vx = 0
    pu_vy = 20

```

ゲーム画面を描く関数
キャンバスに描いたものを全て削除
繰り返し iは0→1と変化
goal[i]が0より大きいなら
goal[i]の値を1減らす
2フレームに1回、ゴールの位置に
黄色の矩形を描き、点滅させる
背景(テーブルの絵)を表示
パックを表示
プレイヤーのスマッシャーを表示
コンピュータのスマッシャーを表示
ポイントを表示
procの値が0のとき(タイトル画面)
タイトルロゴを表示
画面左にNormalの文字を表示
画面右にHardの文字を表示
procの値が2のとき(ゲーム終了)
プレイヤーが勝ったら
「YOU WIN!」と表示
そうでない(コンピュータの勝ち)なら
「COM WIN!」と表示

プレイヤーのスマッシャーを動かす関数
これらをグローバル変数とする
スマッシャーの速さを計算
スマッシャーの座標を
マウスポインタの座標にする

コンピュータの思考ルーチン
これらをグローバル変数とする
スマッシャーを何ドットずつ動かすか
xにスマッシャーの現在のX座標を代入
yにスマッシャーの現在のY座標を代入
パックとの距離が50ドット未満なら
スマッシャーのX座標を左に移動
パックが左に進むか、ゆっくり右に
進んでいるとき、スマッシャーの座標を
パックに近付ける
パックが右に移動していれば
ゴールを守る位置に
スマッシャーを移動する
スマッシャーの速さを計算

パックを中央上から出現させる関数
これらをグローバル変数とする
パックの座標を代入
パックの速さを代入

`def puck():`	パックを動かす関数
`    global pu_x, pu_y, pu_vx, pu_vy`	これらをグローバル変数とする
`    r = 20 # パックの半径`	rにパックの半径の値を代入
`    pu_x += pu_vx`	X座標にX軸方向の速さ（移動量）を足す
`    pu_y += pu_vy`	Y座標にY軸方向の速さ（移動量）を足す
`    if pu_y<r and pu_vy<0:`	画面上端にぶつかったとき
`        pu_vy = -pu_vy`	Y軸方向の速さを反転し下へ向かわせる
`    if pu_y>600-r and pu_vy>0:`	画面下端にぶつかったとき
`        pu_vy = -pu_vy`	Y軸方向の速さを反転し上へ向かわせる
`    if pu_x<r and pu_vx<0:`	画面左端にぶつかったとき
`        pu_vx = -pu_vx`	X軸方向の速さを反転し右へ向かわせる
`    if pu_x>1000-r and pu_vx>0:`	画面右端にぶつかったとき
`        pu_vx = -pu_vx`	X軸方向の速さを反転し左へ向かわせる
`    if pu_y<0: pu_y = 0`	Y座標が0未満なら0にする
`    if pu_y>600: pu_y = 600`	Y座標が600を超えたら600にする
`    if pu_x<0: pu_x = 0`	X座標が0未満なら0にする
`    if pu_x>1000: pu_x = 1000`	X座標が1000を超えたら1000にする
`    pu_vx = pu_vx*0.95`	減速する（移動量を減らす）
`    pu_vy = pu_vy*0.95`	
`    if get_dis(pu_x,pu_y,you_x,you_y)<50*50:`	プレイヤーのスマッシャーと接触したら
`        pu_vx = you_vx*1.2`	パックの速さを新たに代入
`        pu_vy = you_vy*1.2`	
`    if get_dis(pu_x,pu_y,com_x,com_y)<50*50:`	コンピュータのスマッシャーと接触したら
`        pu_vx = com_vx*1.2`	パックの速さを新たに代入
`        pu_vy = com_vy*1.2`	
`def get_dis(x1, y1, x2, y2):`	二点間の距離を求める関数
`    return (x1-x2)**2 + (y1-y2)**2`	距離の二乗の値を返す
`def judge():`	ゴールしたかを判定する関数
`    global point_you, point_com`	これらをグローバル変数とする
`    if pu_x<20 and 200<pu_y and pu_y<400:`	左のゴールにパックが入ったら
`        point_you += 1`	point_youを1増やす
`        goal[0] = 60`	goal[0]に60を代入（演出用）
`        return True`	Trueを返す
`    if pu_x>980 and 200<pu_y and pu_y<400:`	右のゴールにパックが入ったら
`        point_com += 1`	point_comを1増やす
`        goal[1] = 60`	goal[1]に60を代入（演出用）
`        return True`	Trueを返す
`    return False`	ゴールに入らないときはFalseを返す
`def main():`	メイン処理を行う関数
`    global mc, proc, tmr, level, point_you, point_com`	これらをグローバル変数とする
`    tmr += 1`	tmrの値を1増やす
`    draw_table()`	ゲーム画面を描く
`    if proc==0 and mc==1: # タイトル画面`	procの値が0のとき、クリックしたら
`        mc = 0`	mcを0にする
`        level = 0`	levelに0を代入
`        if mx>500: level = 1`	画面右側をクリックでlevelに1を代入
`        point_you = 0`	point_youに0を代入
`        point_com = 0`	point_comに0を代入
`        puck_comeout()`	パックを画面中央上から出現させる
`        proc = 1`	procを1にしてゲームスタート
`    if proc==1: # ゲーム中`	procの値が1のとき
`        puck()`	パックを動かす
`        smasher_you()`	プレイヤーがスマッシャーを動かす
`        smasher_com()`	コンピュータがスマッシャーを動かす
`        if judge()==True:`	ゴールに入ったら
`            puck_comeout()`	パックを出現位置に移動させる

次ページへ続く

```
            if point_you==POINT_WIN or point_com==POINT_
WIN:
                proc = 2
                tmr = 0
    if proc==2 and tmr==100: # 勝敗結果
        mc = 0
        proc = 0
    root.after(33, main)

root = tkinter.Tk()
img_title = tkinter.PhotoImage(file="title.png")
img_table = tkinter.PhotoImage(file="table.png")
img_puck = tkinter.PhotoImage(file="puck.png")
img_sma_r = tkinter.PhotoImage(file="smasher_r.png")
img_sma_b = tkinter.PhotoImage(file="smasher_b.png")
root.title("パイソン☆ホッケー")
root.resizable(False, False)
root.bind("<Button>", click)
root.bind("<Motion>", move)
cvs = tkinter.Canvas(width=1000, height=600, bg="black")
cvs.pack()
main()
root.mainloop()
```

どちらかが規定ポイントに達したら
procを2にして勝敗表示へ
tmrの値を0にする
proが2、tmrが100のとき
mcに0を代入
procを0にしてタイトル画面に戻す
33ミリ秒後にmain()関数を実行

ウィンドウのオブジェクトを準備
各画像を変数に読み込む
ウィンドウのタイトルを指定
ウィンドウサイズを変更できなくする
クリックしたら実行する関数を指定
マウスを動かしたら実行する関数を指定
キャンバスの部品を用意
キャンバスをウィンドウに配置
main()関数を呼び出す
ウィンドウの処理を開始

表A-1　用いている主な変数とリスト

FNT	フォントの定義
mx、my	マウス入力用（マウスポインタの座標）
mc	マウス入力用（マウスボタンをクリックしたとき、1にする）
proc、tmr	ゲーム進行を管理する
you_x、you_y	プレイヤーのスマッシャーの座標
you_vx、you_vy	プレイヤーのスマッシャーのX軸方向とY軸方向の速さ※
com_x、com_y	コンピュータのスマッシャーの座標
com_vx、com_vy	コンピュータのスマッシャーのX軸方向とY軸方向の速さ※
pu_x、pu_y	パックの座標
pu_vx、pu_vy	パックのX軸方向とY軸方向の速さ※
level	ゲームの難易度　Normalは0、Hardは1
point_you、point_com	プレイヤーのポイント、コンピュータのポイント
POINT_WIN	何ポイント取れば勝ちか
goal[0]、goal[1]	ゴールしたときの演出用

※このゲームでの速さとは、1フレームで移動するドット数になります

これらの変数の他に、画像を読み込む変数img_title、img_table、img_puck、img_sma_r、img_sma_bを用いています。

図A-3　実行結果

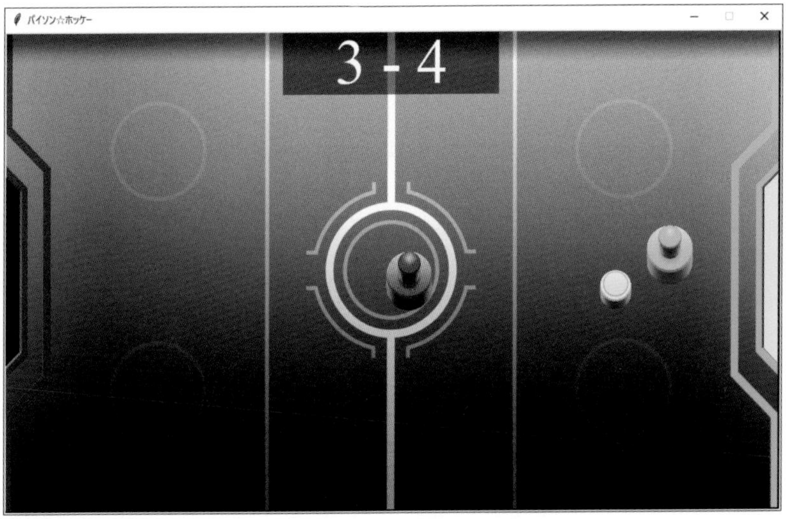

》》》定義した関数について

air_hockey.pyに記述した関数と、それらの処理を表にします。

表A-2　関数と処理の内容

関数名	処理
click(e)	マウスボタンをクリックしたとき、変数mcに1を代入
move(e)	マウスポインタを動かしたとき、mxとmyにポインタの座標を代入
draw_table()	ゲーム画面を描く
smasher_you()	プレイヤーのスマッシャーを移動させる
smasher_com()	コンピュータのスマッシャーを移動させる
puck_comeout()	パックを画面中央上の位置から出現させる
puck()	パックを動かす
get_dis(x1, y1, x2, y2)	二点間の距離を求める（距離の二乗の値を返す）
judge()	ゴールに入ったかを判定する
main()	メイン処理を行う

主要な関数で行っている処理の内容を説明します。

❯❯❯ smasher_you()関数

この関数でマウスポインタの動きに合わせて、プレイヤーのスマッシャーを動かしています。

```
def smasher_you():
    global you_x, you_y, you_vx, you_vy
    you_vx = mx - you_x
    you_vy = my - you_y
    you_x = mx
    you_y = my
```

you_vx = mx - you_x、you_vy = my - you_yで、マウスポインタの座標と、現在のスマッシャーの座標（移動させる前の座標）の差を、you_vxとyou_vyに代入しています。これらの値がスマッシャーを動かす速さになります。速さを求めた後に、you_x = mx、you_y = myとして、スマッシャーの座標をマウスポインタの座標にしています。

ここで言う速さとは、1フレームごとにX軸方向とY軸方向に、それぞれ何ドットずつ移動するかという値になります。これらの値はパックを動かす関数の中で、パックを打つ速さとして用います。

❯❯❯ smasher_com()関数

この関数がコンピュータの思考ルーチンです。プレイヤーと互角に戦えるように、スマッシャーを動かす計算を行っています。

```
def smasher_com():
    global com_x, com_y, com_vx, com_vy
    dots = 20+level*10
    x = com_x
    y = com_y
    if get_dis(com_x,com_y,pu_x,pu_y)<50*50:
        com_x -= dots
    elif pu_vx<4 and com_x<900:
        if com_y<pu_y-dots: com_y += dots
        if com_y>pu_y+dots: com_y -= dots
        if com_x<pu_x-dots: com_x += dots
        if com_x>pu_x+dots: com_x -= dots
    else:
        com_x += ( 60-com_x)/(16-level*6)
        com_y += (300-com_y)/(16-level*6)
    com_vx = com_x - x
    com_vy = com_y - y
```

この関数内に記述されている変数levelは、Normalを選んだときは0、Hardを選んだときは1になっています。コンピュータがスマッシャーを動かす基本的な速さ（ドット数）を、dotsという変数に代入しています。その値はdots = 20+level*10という式で、Normalなら20、Hardなら30になります。

この関数では、まずif get_dis(com_x,com_y,pu_x,pu_y)<50*50というif文で、コンピュータのスマッシャーとパックが重なっているかを調べています。重なっているならcom_x -= dotsとしてスマッシャーを左に移動し、パックが右に来るようにします。ただし、パックとスマッシャーの位置関係によっては、パックを左に押していくこともあります。

続いてelif pu_vx<4 and com_x<900というif文で、パックのX軸方向の速さとコンピュータのスマッシャーのX座標を調べ、パックが左に進むか止まっている、あるいはゆっくり右に進んでいるとき、続く4つのif文でスマッシャーをパックの位置に向かわせています。
この計算でプレイヤー側にパックを打ち込む動きを表現しています。com_x<900という条件式は、コンピュータのスマッシャーが画面右端ギリギリまでいかないようにするために入れています。

最後のelseは、パックが一定以上の速さで右に進んでいるときの処理です。そのときはcom_x += (60-com_x)/(16-level*6)、com_y += (300-com_y)/(16-level*6)という式でスマッシャーを(60, 300)の座標に移動させます。
この座標は、プレイヤーが打ち込んだパックを弾き返せるゴール前の位置です。つまり、この計算でゴールを守る動きを実現しています。
16-level*6はNormalで16、Hardで10になり、Hardのほうが素早くゴールを守る位置に移動します。

それからスマッシャーを移動させる計算を行う前に、x = com_x、y = com_yとして現在の座標を変数x、yに代入しています。そしてスマッシャーの座標を変化させた後、com_vx = com_x - x、com_vy = com_y - yという式で、スマッシャーの速さをcom_vxとcom_vyに代入しています。
これらの速さの値は、パックを動かす関数の中でパックを打つ速さとして用います。

puck()関数

この関数でパックを動かしています。

```
def puck():
    global pu_x, pu_y, pu_vx, pu_vy
    r = 20 # パックの半径
    pu_x += pu_vx
    pu_y += pu_vy
    if pu_y<r and pu_vy<0:
        pu_vy = -pu_vy
    if pu_y>600-r and pu_vy>0:
        pu_vy = -pu_vy
    if pu_x<r and pu_vx<0:
        pu_vx = -pu_vx
    if pu_x>1000-r and pu_vx>0:
        pu_vx = -pu_vx
    if pu_y<0: pu_y = 0
    if pu_y>600: pu_y = 600
    if pu_x<0: pu_x = 0
    if pu_x>1000: pu_x = 1000
    pu_vx = pu_vx*0.95
    pu_vy = pu_vy*0.95
    if get_dis(pu_x,pu_y,you_x,you_y)<50*50:
        pu_vx = you_vx*1.2
        pu_vy = you_vy*1.2
    if get_dis(pu_x,pu_y,com_x,com_y)<50*50:
        pu_vx = com_vx*1.2
        pu_vy = com_vy*1.2
```

pu_vxの値がパックのX軸方向の速さ、pu_vyの値がY軸方向の速さです。それらの値をpu_xとpu_yに加え、パックの座標を変化させています。

座標を変えたら、

```
    if pu_y<r and pu_vy<0:
        pu_vy = -pu_vy
```

などの4つのif文で、画面の上下左右にパックが達したかを調べています。画面端に達したら、X軸方向の速さ、あるいはY軸方向の速さを反転し、画面端でパックが跳ね返るようにしています。

それらのif文では、if pu_y<r and **pu_vy<0**やif pu_x>1000-r and **pu_vx>0**のように、各軸方向の速さの正負（向き）も調べています。これを単にif pu_y<rやif pu_x>1000-rと記述す

ると、パックの座標と速さによっては、うまく跳ね返らないことがあります。

パックは少しずつ減速させています。その計算をpu_vx = pu_vx*0.95、pu_vy = pu_vy*0.95という式で行っています。掛ける0.95の値を小さくすれば、すぐに止まるようになり、1.0に近付ければ、なかなか止まらなくなります。

業務用のエアホッケーのテーブルには無数の穴があり、そこから空気が吹き出し、パックが浮いてテーブル面との摩擦が小さくなります。スマッシャーで打ったパックは勢いよく滑り、それに近い動きを、これらの計算式で表現しています。

スマッシャーでパックを打つ計算は、if get_dis(pu_x,pu_y,you_x,you_y)<50*50と、それに続く式で行っています。二点間の距離を求めるget_dis()関数で、パックがプレイヤーのスマッシャーとぶつかったかを調べています（ヒットチェック）。

ぶつかれば、pu_vx = you_vx*1.2、pu_vy = you_vy*1.2という式で新たな速さを代入しています。*1.2の値を大きくすれば、打ったときに、もっと勢いよく飛ぶようになります。

››› get_dis(x1, y1, x2, y2)関数

二点間の距離を求める関数です。ここで言う距離とはドット数のことです。この関数はパックとスマッシャーのヒットチェックに用いています。

```
def get_dis(x1, y1, x2, y2):
    return (x1-x2)**2 + (y1-y2)**2
```

二点間の距離を求める式は、8章の254ページで説明したように、√を用いずに二乗した値を返すようにしています。この関数を呼び出すとき、get_dis(pu_x,pu_y,you_x,you_y)<50*50のように、関数の戻り値＜距離の二乗と記述して判定しています。

√を用いた計算は、mathモジュールをインポートし、sqrt()という関数で行います。mathは数学的な計算機能を備えたモジュールです。

judge() 関数

両サイドにあるゴールにパックが入ったかを調べる関数です。

```
def judge():
    global point_you, point_com
    if pu_x<20 and 200<pu_y and pu_y<400:
        point_you += 1
        goal[0] = 60
        return True
    if pu_x>980 and 200<pu_y and pu_y<400:
        point_com += 1
        goal[1] = 60
        return True
    return False
```

if pu_x<20 and 200<pu_y and pu_y<400 と if pu_x>980 and 200<pu_y and pu_y<400 で、パックの座標を調べ、ゴールに入ったかを判定しています。

ゴールに入ったらポイントを1増やし、goal[] に60を代入し、Trueを返して関数の処理を終えています。この関数を呼び出したときにTrueが返れば、ゴールに入ったことが判るようになっています。

goal[0] とgoal[1] は、ゴールの穴を黄色くフラッシュさせる演出で用いるリストです。draw_table() 関数にある if goal[i]>0 の処理も確認しましょう。

main() 関数

この関数でゲーム全体の流れを管理しています。

procの値が0のときにタイトル画面の処理を行っています。画面をクリックしたかを変数mcの値で確認しています。クリックしたら、変数mxの値で画面の左右どちらをクリックしたかを判断し、Normalモードか Hardモードかを決めています。そして、プレイヤーとコンピュータのポイントを0にし、ゲームをスタートします。

procが1のときにゲームをプレイする処理を行っています。定義した各種の関数を用いて、パック、プレイヤーのスマッシャー、コンピュータのスマッシャーを制御し、ゴールしたかを判定しています。規定ポイントに達した場合はprocを2にして勝敗表示に移ります。

procが2のときに勝敗が決まった処理を行っています。どちらが勝ったかを表示し、一定時間経過した後にタイトル画面に戻しています。

main()関数はroot.after(33, main)として、33ミリ秒ごとに実行し続けており、1秒間におおよそ30回のリアルタイム処理を行っています。1秒間に画面を描き替える回数を「**フレームレート**」と呼び、このエアホッケーは約30FPS（frame per second）で動いています。

りかさん、このゲームは一人プレイなので、
コンピュータに勝つまでの時間を計って、
どちらが早く勝てるか勝負しませんか？

いいわよ。スマホのストップウォッチで計りましょう。
あとでプログラムを改良して、ゲーム開始から決着までの時間を表示してみるわ。

そうか、Pythonで時間を計る方法も学びました。
学んだ知識を使えば、そういうこともできますね。

何かを学んだら、その知識を生かすことが大切ね。
一歩ずつでいいから、そうやって進んでいけば、
いずれずっと先までいけると思うの。

学んだことを生かし、一歩ずつ進んでいくと。
りかさんの言葉、ためになるなぁ。
ボクの研修はこれで終わり、営業販売部門に正式配属されるけど、先までいけるように頑張ります！

その意気よ。
じゃ、勝負しましょう。
今度はお昼ご飯でも賭けてみる？

えっ…、いや、その。
りかさん強そうだから、それはなしで（笑）

筆者からのアドバイス

りかや優斗が話しているように、プログラムを改良してみることも、ぜひ行ってみましょう。改良することでプログラムの中身への理解が深まり、プログラミングの力を伸ばすことにつながります。

このエアホッケーは、行っている計算と物体の動きを正しく理解できるように、あえて乱数を用いていませんが、ゲームソフトは乱数などで不確定要素を入れると、スリルが増したり、より面白くなることが多いものです。例えば、コンピュータのスマッシャーの動きに乱数で変化を持たせるなどの改良にもチャレンジしてみましょう！

あとがき

みなさん、最後まで読んでくださり、ありがとうございました。

本書執筆に当たり、力を貸してくれたクリエイターの方々に感謝いたします。また、ゲームの開発技術を広く伝えたいという私の願いを、三度も叶えて下さったソーテック社の皆様に心からお礼申し上げます。本書に掲載したゲームは妻と娘にテストプレイしてもらい、バランス調整を行いました。いつも私を支えてくれる家族に感謝します。

本書はゲーム制作を通してアルゴリズムを楽しく学んでいただくことを目標に、執筆・編集されたものです。みなさんに楽しみながら学んでいただけたようでしたら、著者と出版社の願いが叶ったことになりますが、いかがでしたでしょうか。

Pythonは業務用のソフトウェア開発や学術研究の分野で力を発揮するプログラミング言語です。本書はコンピュータゲームをテーマに各種の解説を行いましたが、Pythonを習得すればさまざまな仕事に活かすことができます。

最後に1つお伝えしたいことがあります。私は10年間企業に勤め、その後、ゲームソフトを中心としたソフトウェアを制作する法人を設立し、会社を経営しながら教育機関でプログラミングを指導する活動を続けています。毎日のように業務としてプログラミングを行っており、時には「この仕事しんどいなぁ」という気持ちになることを痛感しています。

また、学習過程の方はつまずくこともあり、投げ出したくなる気持ちになることもあるでしょう。そんなときは、自分の力で書いたプログラムが初めて動いた時の感動を思い出していただければと思います。初めの頃の純粋な気持ちを忘れないことで、先へ進むことができます。私自身がそうでした。

また、みなさんとお会いできること、そしてこれからもみなさんと共に歩んでいけることを願いながら、筆を置かせていただきます。

2021年 初春
廣瀬 豪

Index

協力デザイナー

◇キャラクターイラスト
大森 百華

◇Chapter 1 ゲーム画面
セキ リュウタ

◇Chapter 3 イラスト
遠藤 梨奈

◇Chapter 4 グラフィック素材
WWSデザインチーム

◇Chapter 6 神経衰弱
イロトリドリ

◇特別付録 エアホッケー
横倉 太樹

◇Special Thanks
菊地 寛之 先生

Attention

サンプルプログラムのパスワード

サンプルプログラムはZIP形式で圧縮され、パスワードが設定されています。
以下のパスワードを**半角文字で大文字／小文字を正しく入力し**、解凍してお使いください。
パスワード：PyGameAlgo（l：エル、o：オー）

著者紹介

廣瀬 豪（ひろせ つよし）

早稲田大学理工学部卒業。ナムコ、および任天堂とコナミが設立した合弁会社に勤めた後、ワールドワイドソフトウェア有限会社を設立して独立。
多数のゲームソフト開発を手がけ、プログラミングの技術力を生かして、さまざまなアプリケーション・ソフトウェア開発も行ってきた。
現在は会社を経営しながら、教育機関でプログラミングやゲーム制作を指導したり、本を執筆している。
プログラミングを始めたのは中学生のとき。以来、本業、趣味ともに、アセンブリ言語、C/C++、C#、Java、JavaScript、Pythonなど数多くのプログラミング言語で開発を続けている。

【著書】
「いちばんやさしい JavaScript 入門教室」「いちばんやさしい Java 入門教室」
「Pythonでつくる ゲーム開発 入門講座」「Pythonでつくる ゲーム開発 入門講座 実践編」
「仕事を自動化する！ Python入門講座」
（以上、ソーテック社）

Python（パイソン）で作って学べる ゲームのアルゴリズム入門

2021年3月31日　初版　第1刷発行
2022年9月30日　初版　第2刷発行

著　　者	廣瀬豪
装　　丁	宮下裕一［imagecabinet］
発 行 人	柳澤淳一
編 集 人	久保田賢二
発 行 所	株式会社ソーテック社 〒102-0072　東京都千代田区飯田橋4-9-5　スギタビル4F 電話（注文専用）03-3262-5320　FAX 03-3262-5326
印 刷 所	大日本印刷株式会社

Printed in Japan
ISBN978-4-8007-1284-4